普通高等教育电子信息类系列教材

Altium Designer 23
原理图及 PCB 设计教程

姜 杰 周润景 张震宇 徐宏伟 编著

机械工业出版社
CHINA MACHINE PRESS

本书内容是基于 Altium Designer 23 软件平台编写的，通过单片机应用实例，按照实际的设计步骤讲解 Altium Designer 23 的使用方法，详细介绍 Altium Designer 的操作步骤。本书主要内容包括：Altium Designer 环境设置、库操作、原理图绘制、原理图绘制的优化方法、PCB 的基础知识、PCB 布局规则、PCB 布线规则、PCB 后续设计、报表文件和光绘文件的输出。读者在熟悉 Altium Designer 23 软件操作的同时，可以进一步掌握电子产品的设计思路。

本书可作为普通高校电子信息、通信、自动化、计算机等专业课程的教材，也可作为从事 PCB 设计的工程技术人员的参考书。

本书配有电子课件和相应的工程源文件，读者可登录 www.cmpedu.com 注册后下载，或注明姓名、学校等信息后发邮件至 jinacmp@163.com 索取。

图书在版编目（CIP）数据

Altium Designer 23 原理图及 PCB 设计教程 / 姜杰等编著. 一北京：机械工业出版社，2024.4
普通高等教育电子信息类系列教材
ISBN 978-7-111-75549-4

Ⅰ.①A… Ⅱ.①姜… Ⅲ.①印刷电路-计算机辅助设计-应用软件-高等学校-教材 Ⅳ.①TN410.2

中国国家版本馆 CIP 数据核字（2024）第 070233 号

机械工业出版社（北京市百万庄大街 22 号 邮政编码 100037）
策划编辑：吉 玲 责任编辑：吉 玲 张振霞
责任校对：张爱妮 刘雅娜 封面设计：张 静
责任印制：邓 博
北京盛通数码印刷有限公司印刷
2024 年 6 月第 1 版第 1 次印刷
184mm×260mm·20 印张·491 千字
标准书号：ISBN 978-7-111-75549-4
定价：69.00 元

电话服务 网络服务
客服电话：010-88361066 机 工 官 网：www.cmpbook.com
010-88379833 机 工 官 博：weibo.com/cmp1952
010-68326294 金 书 网：www.golden-book.com
封底无防伪标均为盗版 机工教育服务网：www.cmpedu.com

前　言

在当前伟大的社会主义现代化建设征程中，教育、科技、人才被赋予了基础性、战略性的使命，正如党的二十大报告所强调的："教育、科技、人才是全面建设社会主义现代化国家的基础性、战略性支撑。必须坚持科技是第一生产力、人才是第一资源、创新是第一动力，深入实施科教兴国战略、人才强国战略、创新驱动发展战略，开辟发展新领域新赛道，不断塑造发展新动能新优势。"所以，不论是在校接受高等教育的学生，还是广大科研工作者，要想成为一名适应时代发展的科技人才，必须不断更新知识，不断提高科技创新能力，尤其是在电子技术领域，新技术层出不穷，日新月异，需要不断学习和实践。Altium Designer 是国内外多年来被广泛使用的电路设计自动化、一体化的电子产品开发软件，现已成为市场上常用的印制电路板设计工具，应用于电子产品的设计、开发和制造等领域。

Altium Designer 23 不仅在原理图输入、PCB 设计和数据管理等关键领域进行了改进，而且在使用体验上追求更高的完善度，为用户提供更为优越的操作体验。因此，本书编者紧密关注软件的升级与优化，在编写时对书中内容进行了相应的调整与更新，确保读者能够更好地理解和应用这一软件。

在编写本书的过程中，编者秉承科技强国、育人育才的理念。读者通过阅读本书将进一步了解 Altium Designer 23 的设计环境、功能特性，并能运用在实践工作中，不仅可以为个人的职业发展打下坚实基础，也将为国家科技进步、创新驱动发展发挥自己的作用。

本书共分 10 章，以电子产品设计的完整过程为主线，涵盖了库元器件的绘制、原理图的绘制，以及 PCB 的布局、布线等关键内容。通过阅读本书，读者不仅能够全面认识 PCB 设计，还将具备设计电路板的实际操作能力。尽管 Altium Designer 23 功能丰富多样，但由于篇幅限制，本书将聚焦于介绍相对核心实用的功能，以确保读者能够迅速地掌握关键技能。

第 1 章 Altium Designer 的介绍：主要介绍了 Altium Designer 的发展历史和特点。

第 2 章元器件库的创建：主要讲解了如何创建原理图元器件库、PCB 元器件库和元器件集成库。

第 3 章绘制电路原理图：主要介绍了原理图的绘制环境和如何实现从设计到图形的转变。

第 4 章电路原理图绘制的优化方法：主要介绍了 4 种原理图优化的方法及其他参数的优化设计。

第 5 章 PCB 设计预备知识：主要介绍了 PCB 的基础知识，包括层的管理、封装的定义和电路板的尺寸定义等。

第 6 章 PCB 设计基础：主要介绍了 PCB 的设计环境和一些必要的参数设置。

第 7 章元器件布局：主要介绍了 PCB 布局规则设置、布局方法和布局注意事项。

第 8 章 PCB 布线：主要介绍了布线的基本规则、布线前规则的设置、布线策略的设置、

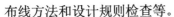

布线方法和设计规则检查等。

第 9 章 PCB 后续设计：主要介绍了完成 PCB 布局、布线后应该做的一些后续工作，包括测试点的设置、补泪滴、包地和铺铜以及 3D 环境下的精确测量等。

第 10 章 PCB 的输出：主要介绍了 PCB 加工方需要的输出文件并介绍了输出方法。

本书具有以下特色：

1．注重基础。本书为了使读者能够零基础开始学习，对很多基础概念进行了全面讲解和扩展，通过本书读者能够更全面地学习和掌握 PCB 设计的整个过程。

2．注重实用。本书采用一个具体的电路设计实例贯穿全书，对其做全面分析，并适当地讲解电路设计在每个环节的注意事项，克服了空洞的文字描述的缺点。

3．注重经验。本书语言简洁易懂，但并不是简单的使用说明书，在电路设计过程中的总结是编者多年工作经验的积累，有助于用户提高设计质量与设计效率。

4．注重全面。本书除第 1 章以外均附有习题，可使读者更容易复习和掌握课程的内容。

本书的编写分工如下：姜杰编写了第 1、2 章，徐宏伟编写了第 3、4 章，张震宇编写了第 6、9 章，其余章节由周润景编写。

由于编者水平有限，书中难免有疏漏和不足之处，敬请读者批评指正！

作　者

目 录

第1章

Altium Designer 的介绍

内容提要:

1. Protel 的产生及发展。
2. Altium Designer 的优势及特点。
3. PCB 设计的工作流程。
4. Altium Designer 的安装。
5. 切换英文编辑环境到中文编辑环境。
6. Altium Designer 的各个编辑环境。

目标: 了解 Altium Designer 的发展历史,学会 PCB 设计的工作流程,掌握 Altium Designer 的安装,熟悉 Altium Designer 23 的软件环境。

随着计算机技术的发展,20 世纪 80 年代中期计算机在各个领域得到广泛的应用。在这种背景下,1987 年由美国 ACCEL Technologies Inc. 推出了第一个应用于电子线路设计的软件包 TANGO,这个软件包开创了电子设计自动化(EDA)的先河。这个软件包现在看来比较简陋,但在当时它给电子线路设计带来了设计方法和方式的革命,人们纷纷开始用计算机来设计电子线路,直到今天国内许多科研单位还在使用这个软件包。

1.1 Protel 的产生及发展

随着电子技术的飞速发展,TANGO 逐渐显现出其不适应时代发展需要的弱点。为了适应电子技术的发展,Protel Technology 公司以其强大的研发能力推出了 Protel for DOS 作为 TANGO 的升级版本,从此 Protel 这个名字在业内日益响亮。

20 世纪 80 年代末期,Windows 系统开始盛行,Protel 相继推出 Protel for Windows 1.0、Protel for Windows 1.5 等版本来支持 Windows 操作系统。这些版本的可视化功能给用户设计电子线路带来了很大的方便。人员不用记一些烦琐的操作命令,大大提高了设计效率,并且让用户体验到了资源共享的优势。

20 世纪 90 年代中期,Windows 95 系统开始普及,Protel Technology 公司也紧跟潮流,推出了基于 Windows 95 的 3.x 版本。Protel 3.x 版本加入新颖的主从式结构,但在自动布线方面却没有出众的表现。另外,由于 Protel 3.x 版本是 16 位和 32 位的混合型软件,所以其稳定性比较差。

1998 年,Protel Technology 公司推出了给人全新感觉的 Protel 98。Protel 98 这个 32 位产品是第一个包含 5 个核心模块的 EDA 工具,并以其出众的自动布线功能获得了业内人士的一致好评。

1999 年，Protel 公司又推出了新一代的电子线路设计系统——Protel 99。它既有原理图的逻辑功能验证的混合信号仿真，又有 PCB 信号完整性分析的板级仿真，构成从电路设计到真实电路板分析的完整体系。

2005 年底，Protel 软件的原厂商 Altium 公司推出了 Protel 系列的高端版本 Altium Designer，它是完全一体化电子产品开发系统的下一个版本。Altium Designer 是业界首例将设计流程、集成化 PCB 设计、可编程器件（如 FPGA）设计和基于处理器设计的嵌入式软件开发功能整合在一起的产品。

2006 年，Altium Designer 6.0 成功推出，它集成了更多工具，使用更方便，功能更强大，特别在印制电路板（PCB）设计上性能大大提升。

2008 年，Altium Designer Summer 8.0 推出，它将 ECAD 和 MCAD 这两种文件格式结合在一起。Altium 公司在其最新版的一体化设计解决方案中为电子工程师带来了全面验证机械设计（如外壳与电子组件）与电气特性关系的能力；另外，还加入了对 OrCAD 和 PowerPCB 的支持能力。

2009 年，Altium Designer Winter 8.2 推出，再次增强了软件功能和运行速度，使其成为最强大的电路一体化设计工具。

2011 年，Altium Designer 10 推出，它提供了一个强大的高集成度的板级设计发布过程，它可以验证并将设计和制造数据进行打包，这些操作只需一键完成，从而避免了人为交互中可能出现的错误。

2013 年，Altium Designer 14 推出，它着重关注 PCB 核心设计技术，进一步夯实了 Altium 在原生 3D PCB 设计系统领域的领先地位。Altium Designer 已支持软性和软硬复合设计，将原理图捕获、3D PCB 布线、分析及可编程设计等功能集成到单一的一体化解决方案中。

2014 年，Altium Designer 15 推出，它强化了软件的核心理念，持续关注生产力和效率的提升。优化了一些参数，也新增了一些额外的功能，主要包括：高速信号引脚对设置（大幅提升高速 PCB 设计功能），支持最新的 IPC-2581 和 Gerber X2 格式标准，分别为顶层和底层阻焊层设置参数值以及支持矩形焊孔等。

2015 年 11 月，Altium Designer 16.1.12 推出，此版本在以前版本的基础上又增加了一些新功能，主要包括精准的 3D 测量和支持 xSignals Wizard USB 3.1。同时，设计环境得到进一步增强，主要表现在原理图设计得到增强，PCB 设计得到增强，同步连接组件得到增强。为使用者提供更可靠、更智能、更高效的电路设计环境。

2016 年，Altium Designer 17 推出，它提供高速、多网络、多层布线的自动交互式布线技术 ActiveRoute；提供了一种全新、简化的方法来发布 PCB 设计工程 Project Releaser；对 PCB 设计规则增强了很多功能；新增的混合仿真功能中包含了复制图表功能。

2018 年 1 月，Altium Designer 18 正式推出，它显著地提高了用户体验和运行效率，利用时尚界面使设计流程流线化，同时实现了前所未有的性能优化。使用 64 位体系结构和多线程的结合实现了在 PCB 设计中更好的稳定性、更快的速度和更强的功能。

2018 年 12 月，Altium Designer 19 推出，它不仅增加了新功能，增强了软件核心技术性能，而且还解决了客户通过 AltiumLive Community 的 BugCrunch 系统提出的许多问题。除了具有一系列开发和完善现有技术的新功能，还整合了整个软件的 bug 修复和增强功能，帮助设计人员持续创造尖端电子产品。Altium Designer 19 拥有先进的层堆栈管理，可定义多层高速 PCB 的层堆栈本，通过权衡层顺序、材料、厚度和过孔配置之间的关系，获得满足设计要求所需的阻抗；支持微孔（μVias）；拥有对象级焊盘和过孔热连接；加强了 Draftsman 功能和增强型交互式布线工具。

2019 年 12 月，Altium Designer 20 推出，它的升级主要体现在以下几个方面：即时更改焊盘和过孔的热连接样式；Draftsman 的改进功能使用户可以更轻松地创建 PCB 制造和装配图样；有无限的机械层；有 Stackup Materials Library；路由跟随模式；组件回收；有高级层堆栈管理器 Stackup Impedance Profiles Manager；实时跟踪更正；差分对光泽；跟踪光泽；零件搜索面板；印刷电子支持；HDI 设计支持；主题的切换。

2020 年 12 月，Altium Designer 21 推出。经历了 9 个较大的版本更新，使软件获得更好的性能优化。Altium Designer 21 增加了许多新的功能，主要有以下内容：①新的线长调制模式，引入了新的 Trombone（长号）和 Sawtooth（锯齿）调整模式，并对 Accordion（手风琴）模式进行了改进，现在一共支持 3 种调制模式。②原理图功能的改进，支持原理图页自动标号、网络（Net）名称识别、全局高亮指定网络等。③新的 PCB 设计规则编辑器，这应该说是 AD21 最大的变化之一。现在的规则编辑器，不仅可以用原来的对话框模式，还支持新的文档编辑模式。④在电源层上使用多边形铺铜。切割平面的操作与之前完全一样，唯一的区别是内电层平面现在可以进行独立的 Polygon Repour 操作，这样就可以人为地进行设置，避免死铜的出现。⑤支持在 PCB 上摆放矩形，并可以控制倒角、圆角尺寸。这是一个非常简单但刚需的功能，以前要画一个矩形的板框只能依次画 4 根 Track，如果需要做圆角或者倒角更是烦琐。⑥仿真界面/功能的更新，增加了仿真的综合看板 Dashboard。⑦支持差分对的拖拽（Dragging）。⑧支持在 PCB 上直接摆放图片，以前如果需要在丝印层上放置一个比较复杂的 Logo 或者图形，只能使用脚本。

2021 年 12 月，Altium Designer 22 发布。此次主要改进了以下内容：①原理图的改进，原理图图样入口和 PDF 输出的交叉选择。②PCB 设计改进，包括新的"光滑与重布"面板和优选设置页面、IPC-4761 支持增强、焊盘进出功能增强、支持沉孔。③数据管理改进，包括为项目添加了虚拟 BOM，显示"独立"评论等。

2022 年 12 月，Altium Designer 23 发布。新版本除了常规功能的更新，值得注意的是，Altium 与是德科技（Keysight Technologies）合作开发的 PCB 电源分布网络可视化分析功能，通过 Power Analyzer 的直流分析功能，可以帮助设计人员在 PCB 设计过程中快速识别和解决电源问题，快速定位、了解和解决电源问题，而无须依赖昂贵的原型设计、复杂的工具或仿真专家。同时，本次发布首次实现了 Harness Design 功能。新入行的工程师（参与产品设计过程）也可使用该新工具，在 Altium Designer 中工作。其将全面线束设计支持引入与 PCB 和系统设计相同的环境中，从而消除了以前对第三方软件的严重依赖。

1.2　Altium Designer 的优势及特点

与以前的 Protel 版本相比较，Altium Designer 具有以下几点优势。

1. 供布线的新工具

高速的设备切换和新的信息命令技术意味着需要将布线处理成电路的组成部分，而不是

"想的相互连接"。需要将全面的信号完整性分析工具、阻抗控制交互式布线、差分信号对发送和交互长度调节协调工作,才能确保信号及时同步到达。通过灵活的总线拖动、引脚和零件的互换以及 BGA 逃逸布线,可以轻松地完成布线工作。

2.为复杂的板间设计提供良好的环境

在 Altium Designer 中,具有 Shader Model 3.0 的 DirectX 图形功能,可以使 PCB 编辑效率大大提高。对于在板的底部上工作时,只要从菜单中选择【翻转板子】命令,就可以像是在板的顶部一样进行工作。通过优化的嵌入式板数组支持,可完全控制设计中所有多边形的多边形管理器、PCD 垫中的插槽、PCB 层集和动态视图管理选项的协同工作,即可提供更高效率的设计环境。它具有智能粘贴功能,不仅可以将网络标签转移到端口,还可以使用文件编辑和自动片体条目创建来简化从旧工具转移设计的步骤,使其成为一个更好的设计环境。

3.提供高级元器件库管理

元器件库是有价值的设计源,它提供给用户丰富的原理图组件库和 PCB 封装库,并且为设计新的元器件提供了封装向导程序,简化了封装设计过程。随着计算机技术的发展,需要利用公司数据库对它们进行栅格化。当数据库连接提供从 Altium Designer 返回到数据库的接口时,新的数据库就新增了很多功能,可以直接将数据从数据库放置到电路图。新的元器件识别系统可管理元器件到库的关系,覆盖区管理工具可提供项目范围的覆盖区控制,这样,便于提供更好的元器件管理解决方案。

4.增强的电路分析功能

为了提高设计板的成功率,Altium Designer 中的 PSPICE 模型、功能和变量支持以及灵活的新配置选项,增强了混合信号模拟。在完成电路设计后,可对其进行必要的电路仿真,观察观测点信号是否符合设计要求。从而提高设计的成功率,并大大缩短开发周期。

5.统一的光标捕获系统

Altium Designer 的 PCB 编辑器提供了很好的栅格定义系统,通过可视栅格、捕获栅格、元器件栅格和电气栅格等都可以有效地放置设计对象到 PCB 文档。Altium Designer 统一的光标捕获系统已达到一个新的水平,该系统汇集了 3 个不同的子系统,共同驱动并达到将光标捕获到最优选的坐标集:①用户可定义的栅格,直角坐标和极坐标之间可按照需求选择;②捕获栅格,它可以自由地放置并提供随时可见的、对于对象排列进行参考的线索;③增强的对象捕捉点,使得放置对象时自动定位光标到基于对象热点的位置。按照合适的方式,使用这些功能的组合,可轻松地在 PCB 工作区放置和排列对象。

6.增强的多边形铺铜管理器

Altium Designer 的多边形铺铜管理器对话框提供了更强大的功能,包含关于管理 PCB 中所有多边形铺铜的附加功能。附加功能包括创建新的多边形铺铜、访问对话框的相关属性和多边形铺铜删除等,极大地丰富了多边形铺铜管理器对话框的内容,并将多边形铺铜管理整体功能提升到新的高度。

7.强大的数据共享功能

Altium Desginer 完全兼容 Protel 系列以前版本的设计文件,并提供对 Protel 99 SE 下创建的 DDB 和库文件的导入功能,同时它还增加了 P-CSD、OrCAD 等软件的设计文件和库文件

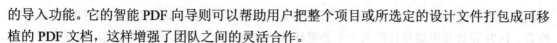

的导入功能。它的智能 PDF 向导则可以帮助用户把整个项目或所选定的设计文件打包成可移植的 PDF 文档，这样增强了团队之间的灵活合作。

8．全新的 FPGA 设计功能

Altium Designer 与微处理器相结合，可充分利用大容量 FPGA 器件的潜能，更快地开发出更加智能的产品。其设计的可编程硬件元素不用重大改动即可重新定位到不同的 FPGA 器件中，设计人员不必受特定 FPGA 厂商或系列器件的约束。它无须对每个采用不同处理器或 FPGA 器件的项目更换不同的设计工具，因此可以节省成本，保证设计人员工作于不同项目时的高效性。

9．支持 3D PCB 设计

Altium Designer 全面支持 STEP 格式，与 MCAD 工具无缝连接；依据外壳的 STEP 模型生成 PCB 外框，减少中间步骤，配合更加准确；3D 实时可视化，使设计充满乐趣；应用器件体生成复杂的器件 3D 模型，解决了器件建模的问题；支持设计圆柱体或球形器件设计；3D 安全间距实时监测，设计初期解决装配问题；在原生 3D 环境中精确测量电路板布局，在3D 编辑状态下，电路板与外壳的匹配情况可以实时展现，将设计意图清晰地传达给制造厂商。

10．支持 xSignals Wizard USB 3.0

Altium Designer 支持 USB 3.0 技术，使用 USB 3.0 技术将高速设计流程自动化，并生成精确的电路板布局。提高电路实际设计效率，有利于快速印制电路板。

1.3 PCB 设计的工作流程

1．方案分析

方案分析决定电路原理图如何设计，同时也影响 PCB 如何规划。根据设计要求进行方案的比较和选择，以及元器件的选择等。方案分析是开发项目中最重要的环节之一。

2．电路仿真

在设计电路原理图之前，有时候会对某一部分电路的设计并不十分确定，因此需要通过电路仿真来验证。电路仿真还可以用于确定电路中某些重要元器件的参数。

3．设计原理图组件

Altium Designer 提供元器件库，但不可能包括所有元器件。在元器件库中找不到需要的元器件时，用户需动手设计原理图库文件，建立自己的元器件库。

4．绘制原理图

找到所有需要的原理图元器件后，即可开始绘制原理图。可根据电路的复杂程度决定是否需要使用层次原理图。完成原理图后，用 ERC（电气法则检查）工具检查，找到出错原因并修改电路原理图。重新进行 ERC 检查，直到没有原则性错误为止。

5．设计元器件封装

和原理图元器件库一样，Altium Designer 也不可能提供所有的元器件封装，用户需要时可以自行设计并建立新的元器件封装库。

6．制作 PCB

确认原理图没有错误之后，即可开始制作 PCB。首先绘出 PCB 的轮廓，确定来历及功能，在设计规则和原理图的引导下完成布局和布线。设计规则检查工具用于对绘制好的 PCB 进行检查。PCB 设计是电路设计的另一个关键环节，它将决定该产品的实用性能，需要考虑的因素很多，不同的电路有不同要求。

7. 文档整理

对原理图、PCB 图及元器件清单等文件予以保存，以便日后维护和修改。

1.4 Altium Designer 的安装

Altium Designer 18 安装后的文件大小大约为 2.5G，而新版本 Altium Designer 23 安装后的文件大小约为 5GB。由于增加了新的设计功能，Altium Designer 与以前版本的 Protel 相比，对硬件的要求更高。

1.4.1 硬件环境需求

Altium Designer 23 对操作系统的要求比较高。最好采用 Windows 11（仅 64 位）或 Windows 10（仅 64 位）操作系统，Windows 8.1（仅 64 位）和 Windows 7 SP1（仅 64 位）也仍然受支持，它不再支持 Windows 95、Windows 98 和 Windows ME 操作系统。

为了获得符合要求的软件运行速度和更稳定的设计环境，Altium Designer 23 对计算机的硬件要求也比较高。

1. 推荐的计算机性能配置

1）CPU：英特尔®酷睿™ i7 处理器或同等产品或同等及更快的处理器。

2）内存：16GB 内存。

3）硬盘：10GB 硬盘空间（安装+用户文件）。

4）显卡：性能显卡（支持 DirectX 10 或更高版本），如 GeForce GTX 1060、Radeon RX 470。

5）显示器：屏幕分辨率为 2560×1440（或更高）的双显示器。

2. 最低的计算机性能配置

1）CPU：英特尔®奔腾™ i5 或同等处理器。

2）内存：4GB 内存。

3）硬盘：10GB 硬盘空间（安装+用户文件）。

4）显卡：128MB 独立显卡。

5）显示器：显卡（支持 DirectX 10 或更高版本），如 GeForce 200 系列、Radeon HD 5000 系列、Intel HD 4600。

1.4.2 安装 Altium Designer

双击 Altium Designer Setup_23_4_1.exe 文件，打开安装向导，如图 1-1 所示。单击【Next】按钮，弹出【License Agreement】窗口，如图 1-2 所示。

选中【I accept the agreement】选项，然后单击【Next】按钮，弹出【Select Design Functionality】窗口，如图 1-3 所示。

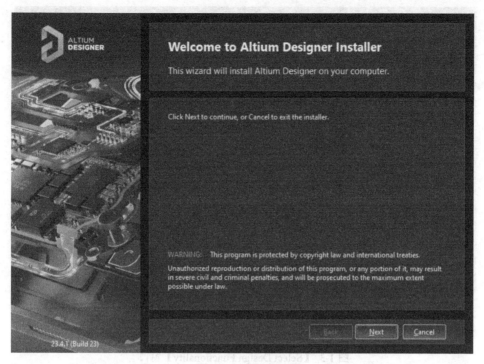

图 1-1 安装向导窗口

图 1-2 【License Agreement】窗口

值得注意的是，原理图仿真默认有些选项未被选中，如在此处没有选中，则在软件安装完成后无法使用该部分功能，原理图仿真等相关功能在【Platform Extensions】栏中。

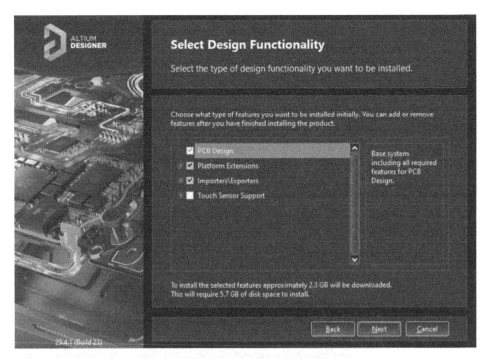

图 1-3 【Select Design Functionality】窗口

在【Select Design Functionality】窗口中可以选择要安装的功能，通常保持默认设置即可。单击【Next】按钮，弹出【Destination Folders】窗口，如图 1-4 所示。在【Destination Folders】窗口中设定安装路径后，注意安装路径不要有中文，单击【Next】按钮，弹出【Customer

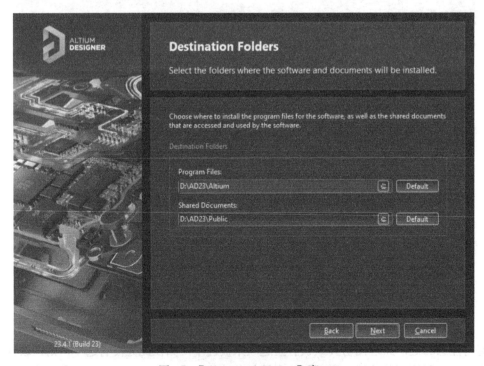

图 1-4 【Destination Folders】窗口

Experience Improvement Program】窗口，如图 1-5 所示。然后选中【Yes, I want to participate】
复选框，单击【Next】按钮，进入【Ready to Install】界面，如图 1-6 所示。

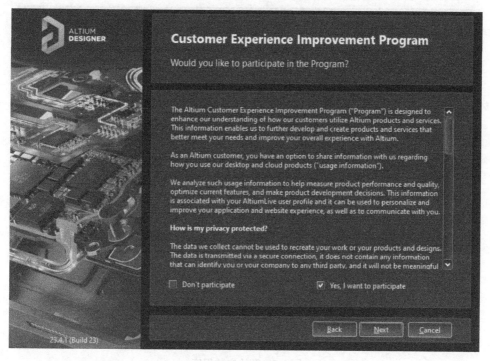

图 1-5　【Customer Experience Improvement Program】窗口

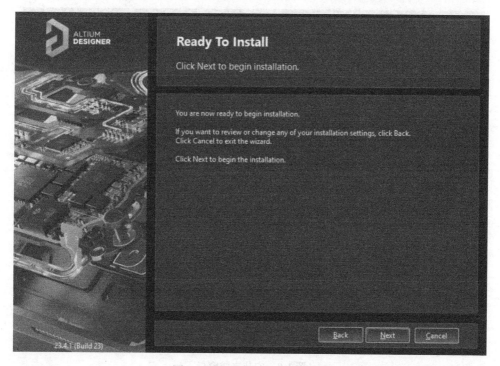

图 1-6　【Ready to Install】界面

单击【Next】按钮，开始安装程序，如图 1-7 所示。当程序安装完成后，会出现如图 1-8 所示的安装完成窗口。

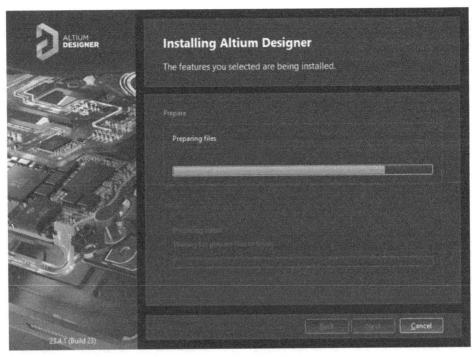

图 1-7　开始安装程序

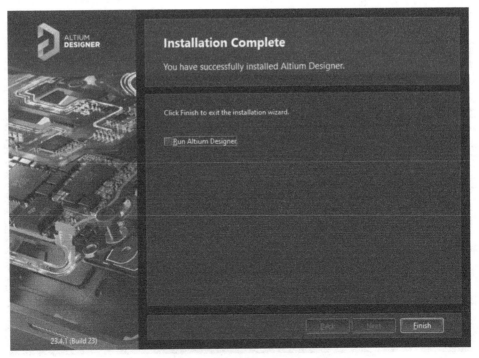

图 1-8　安装完成窗口

单击【Finish】按钮，完成 Altium Designer 23 软件的安装。

1.4.3　启动 Altium Designer

单击 Windows 桌面的【开始】菜单栏，找到程序【Altium Designer】拖到桌面创建快捷方式，如图 1-9 所示。

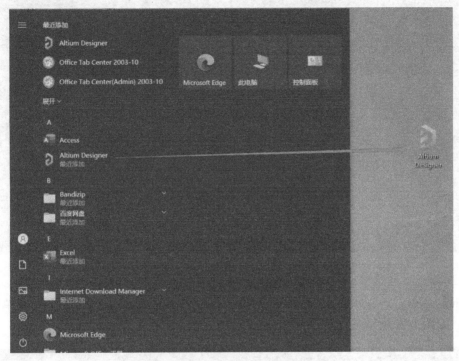

图 1-9　创建 Altium Designer 快捷方式

启动 Altium Designer，启动画面为 3D 效果，如图 1-10 所示。

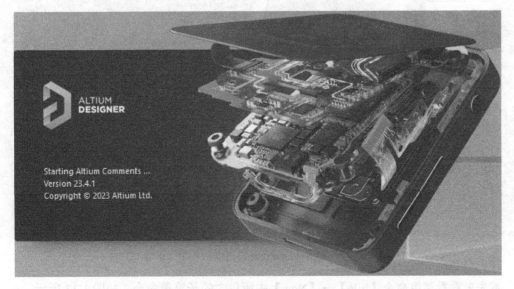

图 1-10　Altium Designer 的启动画面

由于该软件的功能比较强大，启动时间会比较长。经过一段时间的等待，程序进入 Altium Designer 的主页面，如图 1-11 所示。

图 1-11　Altium Designer 的主页面

Altium Designer 主页面的各组成部分都是大家比较熟悉的结构，如标题栏、菜单栏、工具栏等，如图 1-12 所示。

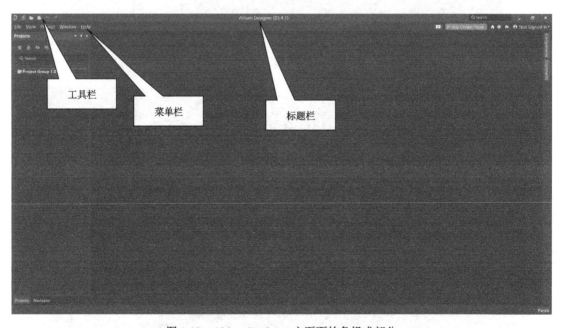

图 1-12　Altium Designer 主页面的各组成部分

首先来看看菜单命令【File】→【New】中所包含的子菜单命令，如图 1-13 所示。

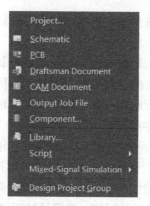

图 1-13　【File】→【New】中包含的子菜单命令

本书常用到的子命令有【Project】【Schematic】【PCB】和【Library】。

1）【Project】：该命令可用来创建一个项目文件，选择该命令打开【Create Project】对话框，如图 1-14 所示。

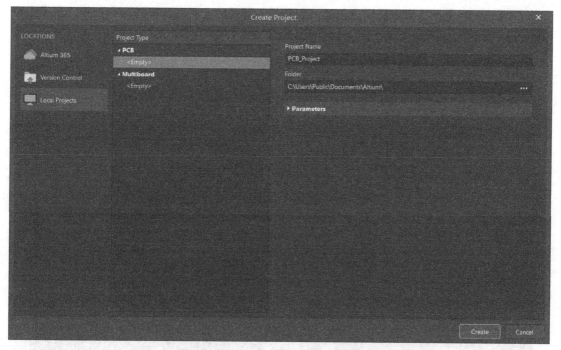

图 1-14　【Create Project】对话框

在【Create Project】界面中可以在【LOCATIONS】栏中选取模板出处，在【Project Type】栏中选中模板类型，在界面最右侧对工程文件的名称、保存位置和参数进行设置。

Altium Designer 以设计项目为中心，一个设计项目中可以包含各种设计文件，如原理图 SCH 文件，电路图 PCB 文件及各种报表，多个设计项目可以构成一个设计项目组（Project Group）。因此，项目是 Altium Designer 工作的核心，所有设计工作均是以项目来展开的。

在 Altium Designer 中，项目是共同生成期望结果的文件、链接和设置的集合，例如，板卡可能是十六进制（位）文件。把所有这些设计数据元素综合在一起就得到了项目文件。

完整的 PCB 项目一般包括原理图文件、PCB 文件、元器件库文件、BOM 文件以及 CAM 文件。

项目这个重要的概念需要深入理解，因为在传统的设计方法中，每个设计应用从本质上说是一种具有专用对象和命令集合的独立工具。而与此不同的是，Altium Designer 的统一平台在工作时就对项目设计数据进行解释，在提取相关信息的同时告知用户设计状态的信息。Altium Designer 像一个很好的数字处理器一样，会在用户工作时加亮显示错误。这就可以在发生简单错误时及时进行纠正，而不是在后续步骤中进行错误检查。

Altium Designer 通过"编译"设计来实现在内存中维护完整的连接性模型，可直接访问组件及其相应的连接关系，这种精细但强大的功能给设计带来了活力。例如，按住快捷键并单击线路时，会看到页面上加亮显示的网络，使用导航器可以在整个设计中跟踪总线。另外，按住快捷键并在导航器中单击组件，它会在原理图前面和中部，以及 PCB 上显示出来。这只是以项目为中心的编辑设计环境能带来的几个好处的范例而已。

2）【Schematic】：该命令可用于创建一个新的原理图编辑文件。

3）【PCB】：该命令可用于创建一个新的印制电路板编辑文件。

4）【Library】：该命令是用来创建一个新的元器件库文件。选择该命令打开，在【New Library】对话框，如图 1-15 所示，【LIBRARY TYPE】栏中选择【File】。

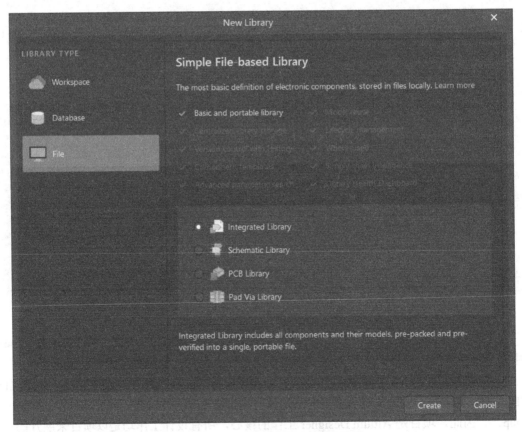

图 1-15 【New Library】对话框

本书用到的该子菜单命令有【Integrated Library】【Schematic Library】和【PCB Library】。

【Integrated Library】：创建一个新的元件集成库文件。

【Schematic Library】：该命令用于创建一个新的元器件原理图库文件。

【PCB Library】：该命令用于创建一个新的元器件封装图库文件。

1.5　切换英文编辑环境到中文编辑环境

图 1-12 所示为英文编辑环境，为了设计的方便，可切换到中文编辑环境。如何进行中/英文编辑环境之间的切换呢？

在主页面的右上角有一个齿轮状的【设置】按钮，单击该按钮弹出【Preferences】对话框，如图 1-16 所示。

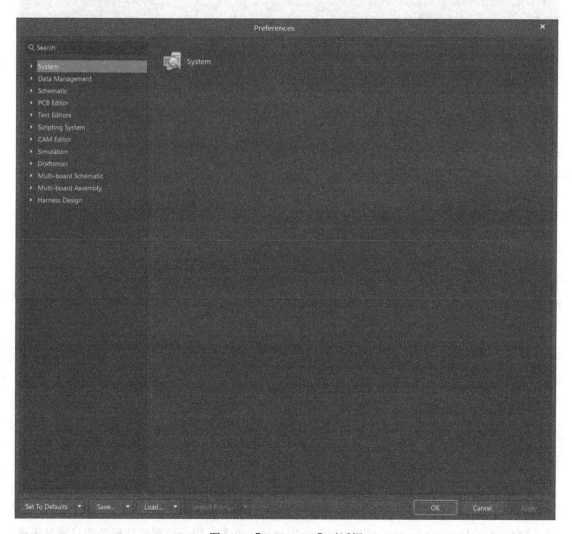

图 1-16　【Preferences】对话框

在该对话框中执行【System】→【General】命令，则【Preferences】对话框变成如图 1-17 所示。

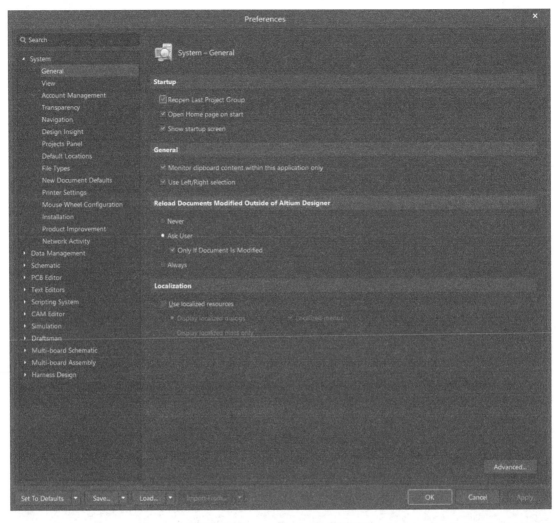

图 1-17 【System-General】设置界面

该窗口包含了 4 个设置区域，分别是【Startup】【General】【Reload Documents Modified Outside of Altium Designer】和【Localization】区域。

（1）【Startup】区域　该区域是用来设置 Altium Designer 启动后的状态的。该区域包括 3 个复选框，其含义如下。

【Reopen Last Project Group】：选中该复选框，表示启动时重新打开上次的工作区。

【Open Home page on start】：选中该复选框，表示启动时在没有打开任何文档的情况下打开主页面。

【Show startup screen】：选中该复选框，表示启动时显示启动画面。

（2）【General】区域　该区域包含两个复选框，其含义如下。

【Monitor clipboard content within this application only】：用于设置剪贴板是否只满足于该应用软件。

【Use Left/Right selection】：此复选框采用默认选中状态即可。

（3）【Reload Documents Modified Outside of Altium Designer】区域　该区域包含 3 个选

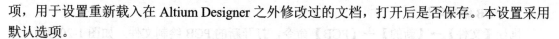

项，用于设置重新载入在 Altium Designer 之外修改过的文档，打开后是否保存。本设置采用默认选项。

（4）【Localization】区域　该区域是用来设置中/英文切换的，选中【Use localized resources】复选框，系统会弹出提示框，如图 1-18 所示。

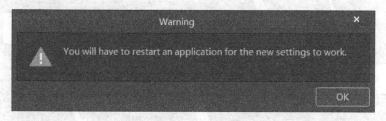

图 1-18　信息提示框

单击【OK】按钮，然后在【System-General】设置界面中单击【Apply】按钮，使设置生效。再单击【OK】按钮，退出设置界面。关闭软件，重新进入 Altium Designer 系统，主页面依然是英文界面，但新建文件以后界面将变成中文编辑环境，如图 1-19 所示。

1.6　Altium Designer 的各个编辑环境

1. 原理图编辑环境

执行【文件】→【新的】→【原理图】命令，打开一新的原理图绘制文件，如图 1-19 所示。

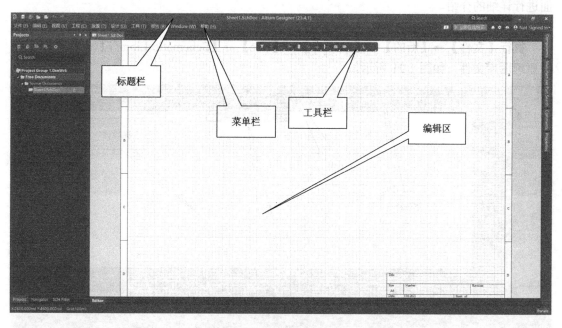

图 1-19　原理图编辑环境

由图 1-19 可以看到，原理图编辑环境的工具栏中包含一些命令按钮，其具体的使用方法会在后面进行详细的介绍。

2．PCB 编辑环境

执行【文件】→【新的】→【PCB】命令，打开新的 PCB 绘制文件，如图 1-20 所示。

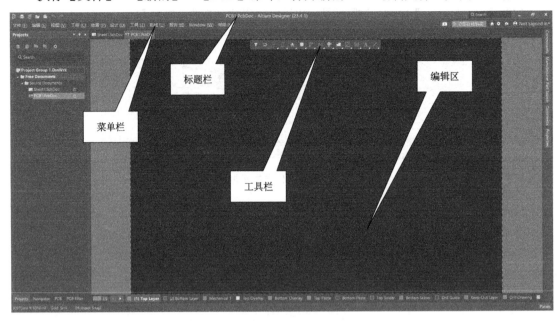

图 1-20　PCB 编辑环境

由图可以看到，PCB 编辑环境的工具栏中包含一些命令按钮，其具体的使用方法会在后面进行详细的介绍。

3．原理图库文件编辑环境

执行【文件】→【新的】→【Library】→【File】→【Schematic Library】命令，打开新的原理图库文件，如图 1-21 所示。

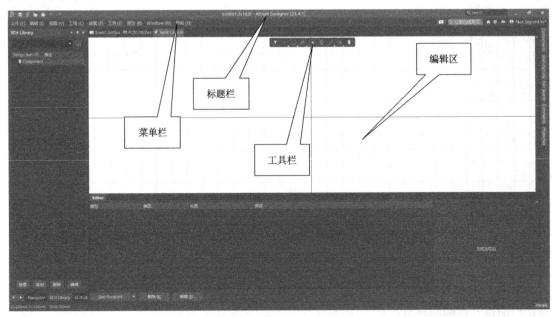

图 1-21　原理图库文件编辑环境

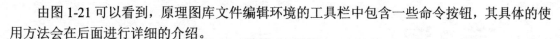

由图 1-21 可以看到，原理图库文件编辑环境的工具栏中包含一些命令按钮，其具体的使用方法会在后面进行详细的介绍。

4．元器件封装库文件编辑环境

执行【文件】→【新的】→【Library】→【File】→【PCB Library】命令，打开新的元器件封装库文件，如图 1-22 所示。

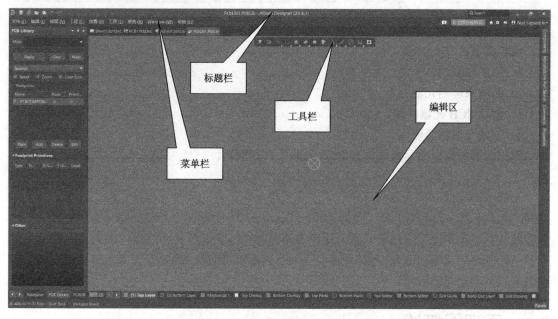

图 1-22　元器件封装库文件编辑环境

由图 1-22 可以看到，元器件封装库文件编辑环境的工具栏中包含一些命令按钮，其具体的使用方法会在后面进行详细的介绍。

第2章

元器件库的创建

内容提要：

1. 原理图概述。

2. 创建原理图元器件库。

3. 创建 PCB 元器件库。

4. 创建元器件集成库。

目标： 掌握原理图元器件库和 PCB 元器件库的创建。

Altium Designer 的元器件库中包含了全世界众多厂商的多种元器件，但由于电子技术的发展，电子元器件在不断更新，因此 Altium Designer 23 元器件库不可能完全包含用户需要的元器件。不过，即使存在这个问题，用户也不必为找不到元器件而忧虑，因为该系统提供了创建新元器件的功能。而且，根据实际工程设计创建的库在以后的设计中也可以快速调用，不需要每次创建同样的库。

2.1 原理图概述

原理图顾名思义就是表示电路板上各元器件之间连接原理的图。在任何项目中，原理图的作用都是非常重要的，整个项目的质量关键在于原理图。如图 2-1 所示为一张用 Altium Designer 23 软件做出来的电路原理图（部分元器件符号与国标有出入，全书保持软件生成原

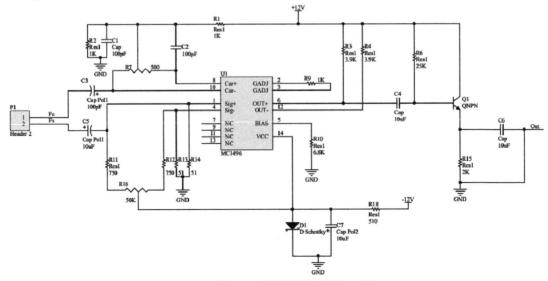

图 2-1　电路原理图示例

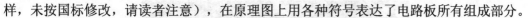

样，未按国标修改，请读者注意），在原理图上用各种符号表达了电路板所有组成部分。

其核心部分为元器件，是由边框和引脚组成，其中引脚需要和实际元器件相对应。本章主要是针对特殊元器件的制作进行讲解，其他电气符号将在后续章节一一介绍。

2.2　创建原理图元器件库

2.2.1　原理图库文件编辑环境

执行【文件】→【新的】→【Library】→【File】→【Schematic Library】命令，默认名为 Schlib1.SchLib 的原理图库文件被创建，同时启动原理图库文件编辑环境，如图 2-2 所示。

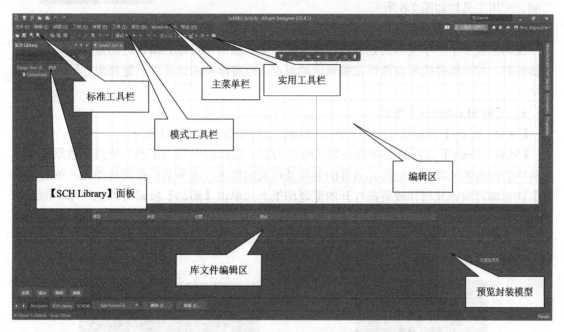

图 2-2　原理图库文件编辑环境

1．主菜单栏

通过对比可以看出，原理图库文件编辑环境中的菜单栏与原理图编辑环境中的菜单栏是不同的，其设有【设计】菜单。原理图库文件编辑环境中的主菜单栏如图 2-3 所示。

文件 (F)　编辑 (E)　视图 (V)　工程 (C)　放置 (P)　工具 (T)　报告 (R)　Window　帮助 (H)

图 2-3　原理图库文件编辑环境中的主菜单栏

2．标准工具栏

它与原理图编辑环境中的标准工具栏一样，也可以使用用户完成对文件的操作，如打印、复制、粘贴和查找等。在 AD 23 中，默认为关闭标准工具栏，可以执行【视图】→【工具栏】→【原理图库标准】命令，将标准工具栏调用到主页面。原理图库文件编辑环境中的标准工具栏如图 2-4 所示。

图 2-4　原理图库文件编辑环境中的标准工具栏

3．模式工具栏

模式工具栏可用于控制当前元器件的显示模式，其用法将在第 2.2.2 小节中进行介绍。同样需要执行【视图】→【工具栏】→【模式】命令，将其调用到主页面。模式工具栏如图 2-5 所示。

4．实用工具栏

实用工具栏提供了两个重要的工具箱，即原理图符号绘制工具箱和 IEEE 符号工具箱，它们可用于完成原理图符号的绘制。实用工具栏如图 2-6 所示。

图 2-5　模式工具栏

图 2-6　实用工具栏

5．编辑区

编辑区被"十"字坐标轴划分为四个象限，坐标轴的交点即为编辑区的原点。一般制作元器件时，将元器件的原点放置在编辑区的原点，而将绘制的元器件放置到坐标轴的第四象限中。

6．【SCH Library】面板

【SCH Library】面板用于对原理图库的编辑进行管理，如图 2-7 所示。

【SCH Library】面板的上半部分为元器件列表。在该栏中列出了当前所打开的原理图库文件中的所有库元器件，包括元器件的名称及相关的描述，选中某一库元器件后，单击【放置】按钮即可将该元器件放置在打开的原理图纸上；单击【添加】按钮可以往该库中加入新的元器件；选中某一元器件，单击【删除】按钮，可以将选中的元器件从该原理图库文件中删除；选中某一元器件，单击【编辑】按钮或双击该元器件都可以进入对该元器件的属性编辑对话框，如图 2-8 所示。

图 2-7　【SCH Library】面板

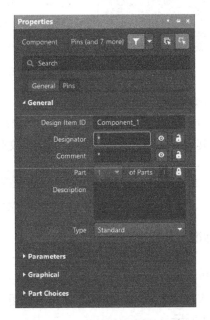

图 2-8　元器件属性编辑对话框

2.2.2 工具栏应用介绍

1. 实用工具栏

在实用工具栏中包含有两个重要的工具箱，即原理图符号绘制工具箱和 IEEE 符号工具箱。

（1）原理图符号绘制工具箱 单击 按钮，弹出原理图符号绘制工具箱，如图 2-9 所示。其中各个按钮功能与【放置】下拉菜单中的各项命令相对应，【放置】下拉菜单如图 2-10 所示。

该工具箱包括放置直线、放置曲线、放置文本框和产生元器件等功能。

（2）IEEE 符号工具箱 单击 按钮，弹出 IEEE 符号工具箱，如图 2-11 所示。这里都是符合 IEEE 标准的一些元器件图形符号。

图 2-9 原理图符号绘制工具箱　　图 2-10 【放置】下拉菜单　　图 2-11 IEEE 符号工具箱

同样，该工具箱的各个按钮功能与执行【放置】→【IEEE 符号】下拉菜单中的各项命令相对应。

该工具箱主要用于放置信号方向符号、阻抗状态符号和数字电路基本符号等。

2. 模式工具栏

模式工具栏用于控制当前元件的显示模式，如图 2-5 所示，其中各个按钮的功能如下。

1）模式 ：单击该按钮可以为当前编辑的元器件选择一种显示模式，在没有添加任何显示模式时，系统只有一种默认显示模式 Normal。

2） + - ：单击"+"按钮，可以为当前元器件添加一种显示模式；单击"–"按钮，可以删除当前元器件的显示模式。

3） ← → ：单击向左的箭头按钮，可以切换到前一种显示模式；单击向右的箭头按钮，可以切换到后一种显示模式。

4）重命名：单击该按钮可以为当前编辑的元器件重新命名。

2.2.3 绘制元器件

当在所有库中找不到要用的元器件时，就需要用户自行制作元器件。例如，本书后面用到的芯片 89C51，在 Altium Designer 所提供的库中无法找到该元器件，如图 2-12 所示。

由于找不到该元器件，就需要制作该元器件。绘制元器件一般有两种方法：新建法和复制法。下面就以制作 89C51 为例，介绍这两种方法。

绘制一个元件前必须熟知其形状及引脚，89C51 采用 40 脚的 PIN 封装，绘制其原理图符号时，应绘制成矩形。并且矩形的长应该长一点，以方便引脚的放置。在放置所有引脚后，可以再调整矩形的尺寸，美化图形。

1. 采用新建法制作元器件

【例 2-1】 新建法制作元器件。

具体操作步骤如下。

1）执行【文件】→【新的】→【Library】→【File】→【Schematic Library】命令，打开原理图库文件编辑环境，并将新创建的原理图库文件命名为 New.SchLib。在切换成英文输入法状态下，单击右侧工作区域，再执行快捷键【O】→【D】命令，打开【库编辑器工作台】对话框，如图 2-13 所示。

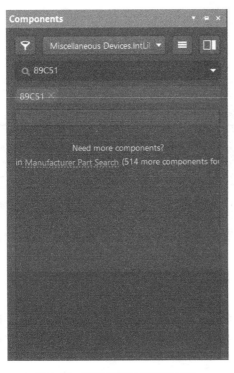

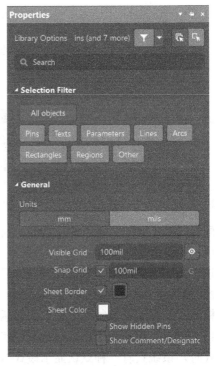

图 2-12　查找 89C51 的结果显示　　　　　图 2-13　【库编辑器工作台】对话框

该对话框与原理图编辑环境中的【文档选项】对话框的内容基本一致，第 3 章会进行详细的介绍，这里只对其中个别选项的含义进行介绍。

在该对话框的【选项】区域中，有一个【Show Hidden Pins】复选框。用来设置是否显示库元器件的隐藏引脚。当该复选框处于选中状态时，元器件的隐藏引脚将被显示出来。

2）单击原理图符号绘制工具箱 ⊿·中的【放置矩形】按钮□，光标变为 "十" 字形，并在旁边附有一个矩形框，用鼠标调整矩形框的位置，将矩形的左上角（即十字光标，有时候十字光标不在矩形的左上角）与原点对齐，单击，如图 2-14 所示。拖动鼠标到合适位置，再次单击。这样就在编辑窗口的第四象限内放置了一个矩形，如图 2-15 所示。

3）放置好矩形框后，就要开始放置元器件的引脚了。单击原理图符号绘制工具箱 ⊿·中的【放置引脚】按钮，则光标变为"十"字形状，并附有一个引脚符号，如图 2-16 所示。移动鼠标将该引脚移动到矩形边框处，单击，完成一个引脚的放置，如图 2-17 所示。

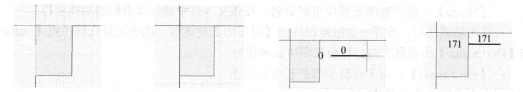

图 2-14　开始放置矩形框　　图 2-15　完成矩形框放置　　图 2-16　开始放置引脚　　图 2-17　完成引脚放置

4）重复上述过程，放置完所有的引脚，右击或按【ESC】键，就可以退出绘制状态了，绘制好的器件模型如图 2-18 所示。

提示： 在放置引脚时，应确保具有电气特性的一端，即带有"×"的一端朝外。这可以通过在放置引脚时按【Space】键，旋转引脚来实现。

5）设置引脚属性。双击放置好的引脚，系统会弹出如图 2-19 所示的【Pin】对话框，在该对话框中可以完成引脚的各项属性设置。

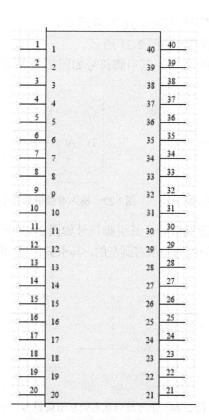

图 2-18　完成所有引脚的放置

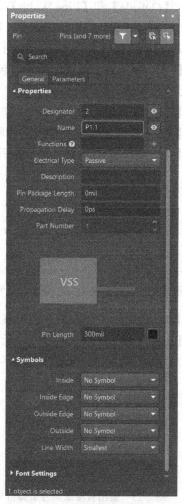

图 2-19　【Pin】对话框

现在介绍一下该对话框中各属性的含义。

- 【Designator】：用于设置引脚的编号，其编号应与实际的引脚编号相对应。
- 【Name】：用于对库元器件引脚命名，在该文本框中输入其引脚的功能名称。

在这两项属性后，各有一个眼睛图标的【可见的】复选框，选中该复选框，则【Name】和【Designator】所设置的内容将会在图中显示出来。

- 【Pin Length】：用于设置引脚的长度和颜色。

以上 3 个属性是必须进行设置的。

- 【Electrical Type】：用于设置库元器件引脚的电气特性。单击右侧的下拉菜单按钮可以进行选择设置。其中包括【Input】（输入引脚）、【Output】（输出引脚）、【Power】（电源引脚）、【Open Emitter】（三极管发射极）、【Open Collector】（集电极开路）、【HiZ】（高阻）、【I/O】（数据输入/输出）和【Passive】（不设置电气特性）。一般选择【Passive】选择，表示不设置电气特性。
- 【Description】：该文本框用于输入描述库元器件引脚的特性信息。

在【Symbols】设置区域中，包含 5 个选项，分别是【Inside】、【Inside Edge】、【Outside Edge】、【Outside】和【Line Width】。每项设置都包含一个下拉菜单。

常用的符号设置包括：【Clock】、【Dot】、【Active Low Input】、【Active Low Output】、【Right Left Signal Flow】、【Left Right Signal Flow】和【Bidirectional Signal Flow】。

在【Font Settings】设置区域中，包含两个选项【Designator】和【Name】，表示的是指示器和名字的位置与字体。

- 【Clock】：表示该引脚输入为时钟信号。其引脚符号如图 2-20 所示。
- 【Dot】：表示该引脚输入信号取反。其引脚符号如图 2-21 所示。
- 【Active Low Input】：表示该引脚输入有源低信号。其引脚符号如图 2-22 所示。

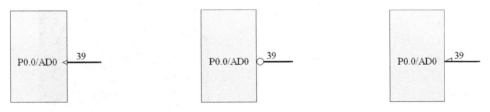

图 2-20　时钟信号引脚符号　　　图 2-21　输入信号取反引脚符号　　　图 2-22　输入有源低信号引脚符号

- 【Active Low Output】：表示该引脚输出有源低信号，其引脚符号如图 2-23 所示。
- 【Right Left Signal Flow】：表示该引脚的信号流向是从右到左的，其引脚符号如图 2-24 所示。

图 2-23　输出有源低信号引脚符号　　　　图 2-24　信号流向从右到左引脚符号

- 【Left Right Signal Flow】：表示该引脚的信号流向是从左到右的，其引脚符号如图 2-25 所示。
- 【Bidirectional Signal Flow】：表示该引脚的信号流向是双向的，其引脚符号如图 2-26 所示。

图 2-25　信号流向从左到右引脚符号　　　　图 2-26　信号流向为双向的引脚符号

提示： 设置引脚名称时，若引线名上带有横线（如 RESET）则设置时应在每个字母后面加反斜杠，表示形式为 R\E\S\E\T\，设置效果如图 2-27 所示。

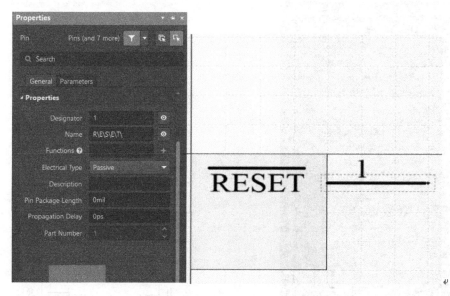

图 2-27　设置带有取反符号的引脚

完成上述设置后，【Pin】对话框如图 2-28 所示。

单击【确定】按钮，则关闭【Pin】对话框。

其他引脚按照上述方法进行设置。完成 89C51 所有 40 引脚设置后，原理图符号如图 2-29 所示。

在已完成的原理图符号上右击，选择双击左侧面板元器件名称命令，则会打开如图 2-30 所示的【Component】对话框。

该对话框中有三个选项卡，分别是【General】、【Parameters】和【Pins】。下面就介绍该对话框中比较重要的属性参数。

- 【Design Item ID】：该文本框主要用于对已创建好的库元器件重新进行命名。

- 【Designator】：可在该文本框中输入库元器件的标志符。在绘制原理图时，放置该元器件并选中其后的■按钮，文本框中输入的内容就会显示在原理图上。当■按钮被选中时，该项内容不能被更改。
- 【Comment】：该文本框用于输入库元器件型号的说明。这里设置为 89C51，并选中其后的■按钮，则放置该元器件时，89C51 字样就会显示在原理图中。当■按钮被选中时，该项内容不能被更改。
- 【Description】：该文本框用于对库元器件性能及用途的描述。
- 【Parameters】：滑动图中的右侧滑动条可以看见 Parameters 选项，即可对 Footprint、Models、Parameters、Links 和 Rules 进行设置。
- 【Graphical】：滑动图中的右侧滑动条可以看见 Graphical 选项，即可对元器件的颜色进行设置。勾选【Local Colors】复选框，其右边就会给出 3 个颜色设置按钮，如图 2-31 所示，分别是对元器件填充色的设置、对元器件边框色的设置和对元器件引脚色的设置。

图 2-28　设置完成的【Pin】对话框　　　图 2-29　绘制完成的原理图符号

图 2-30　【Component】对话框

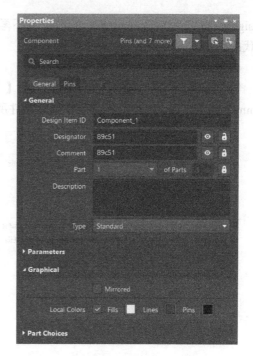

图 2-31　选中【Local Colors】复选框

设置好元器件的颜色后，也就完成了元器件 89C51 原理图符号的绘制。在绘制电路原理图时，加载该元器件所在的库文件，就可以方便以后取用该元器件了。

> **注意**：在创建元器件时，一定要在工作区的中央（0,0）处（即"十"字形的中心）绘制库元器件，否则可能会出现在原理图中放置（Place）制作的元器件时，光标总是与要放置的元器件相隔很远的现象。

2. 采用复制法制作元器件

对于复杂的元器件来说，使用复制法来创建元器件，需要进行大量的修改工作。这时还不如使用新建法来制作元器件。为了体现出复制法的优越性，本书就以一个简单的元器件 DS18B20 为例来介绍一下采用复制法制作元器件的操作过程。

图 2-32　DS18B20 的外观

DS18B20 是一个温度测量器件，它可以将模拟温度量直接转换成数字信号量输出，与其他设备连接简单，广泛应用于工业测温系统。首先看一下 DS18B20 的外观，如图 2-32 所示。

它采用 TO-29 封装。其中 1 脚接地，2 脚为数据输入/输出端口，3 脚为电源引脚。

经观察 DS18B20 元件外观与 Miscellaneous Connectors.IntLib 中的 Header 3 相似。Header 3 的外观如图 2-33 所示。

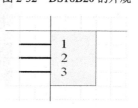

图 2-33　Header 3 的外观

【例 2-2】　采用复制法制作元器件。

与【例 2-1】一样先建立新文件，再把系统给出的库文件 Miscellaneous Connectors.IntLib 中的 Header 3 复制到所创建的原理图库文件 New.SchLib 中。需要注意的是，更新到 Altium

Designer 23 之后 Miscellaneous IntLibs 将不再是系统默认安装的库文件，想要恢复只能从上一代的库中复制保存下来。

具体操作步骤如下。

1）打开原理图库文件 New.SchLib。执行【文件】→【打开】命令，找到库文件 Miscellaneous Connectors.IntLib（库路径为安装软件时文件所在路径），如图 2-34 所示。

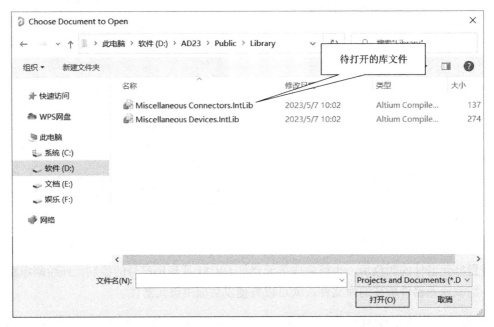

图 2-34　打开现有库文件

提示： 以后做项目需要加载的库可以放在一个文件夹中，方便调用和关闭。

2）单击【打开】按钮，系统会自动弹出如图 2-35 所示的【Open Integrated Library】提示对话框。

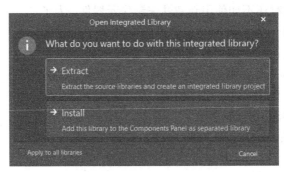

图 2-35　【Open Integrated Library】提示对话框

3）单击【Extract】按钮，由于库文件格式问题，会弹出如图 2-36 所示【文件格式】提示对话框，选择第一个选项，单击【确定】按钮，将原来为 5.0 版本的库文件操作后保存为 6.0 版本。在【Projects】面板上将会显示出该库所对应的原理图库文件 Miscellaneous Connectors.LibPkg，如图 2-37 所示。

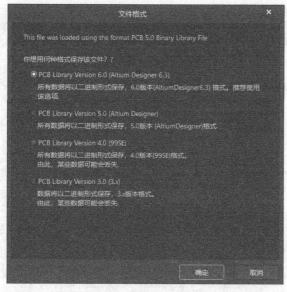

图 2-36　【文件格式】提示对话框

图 2-37　打开现有的原理图库文件

4）双击面板中的 Miscellaneous Connectors.SchLib 文件，则该库文件被打开。

在【SCH Library】面板的元器件栏中显示出了库文件 Miscellaneous Connectors.IntLib 所包含元器件列表，如图 2-38 所示。

5）选中库元器件 Header 3，执行【工具】→【复制器件】命令，则系统弹出【Destination Library】对话框，如图 2-39 所示。

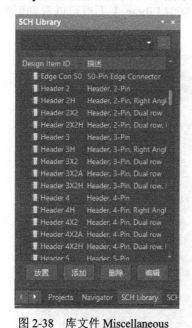

图 2-38　库文件 Miscellaneous
Connectors.IntLib 所包含元器件列表

图 2-39　【Destination Library】对话框

选中原理图库文件 New.SchLib，单击【确定】按钮，关闭对话框。打开原理图库文件 New.SchLib，可以看到库元器件 Header 3 已被复制到该原理图库文件中，如图 2-40 所示。

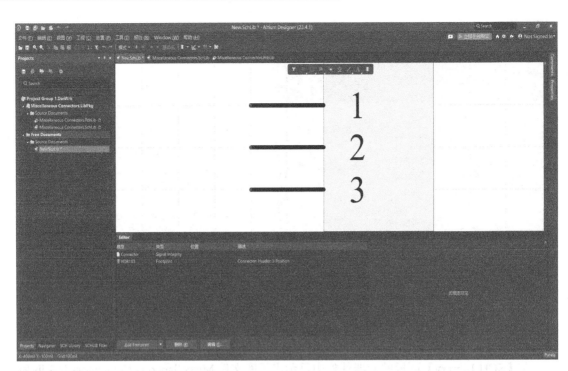

图 2-40　完成库元器件的复制

6）在【SCH Library】面板中的元器件列表中选择 Header 3 并双击，弹出 Properties 界面，在【Design Item ID】栏，对元器件进行重命名，如图 2-41 所示。

更改名称后，再将原来元器件的描述信息删除。通过【SCH Library】面板可以看到更改名称后的库元器件，如图 2-42 所示。

图 2-41　【Component】对话框

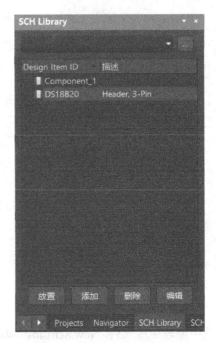

图 2-42　更改名称后的库元器件

7）单击选中元器件绘制窗口的矩形框，则在矩形框的四周出现如图 2-43 所示的控制点。拖动控制点改变矩形框到合适尺寸，如图 2-44 所示。

8）接着调整引脚的位置。将鼠标放置到引脚上，拖动鼠标，在期望放置引脚的位置释放鼠标，即可改变引脚的位置，如图 2-45 所示。

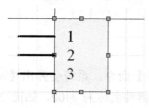
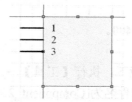
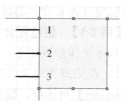

图 2-43　改变矩形框的大小　　　图 2-44　改变矩形框的尺寸　　　图 2-45　改变引脚的位置

9）双击 1 号引脚，将弹出【Pin】对话框，如图 2-46 所示。

设置【Designator】为 1，首先，设置【Name】为 GND，设置引脚的【Electrical Type】为 Power；再设置【Designator】和【Name】均为可见的；然后设置【Pin Length】为 300mil；其他选项采用系统默认设置，如图 2-47 所示。

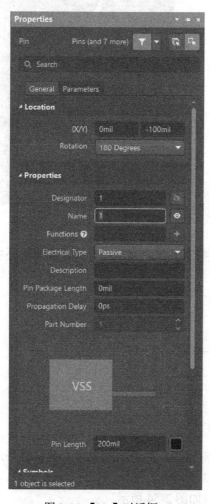
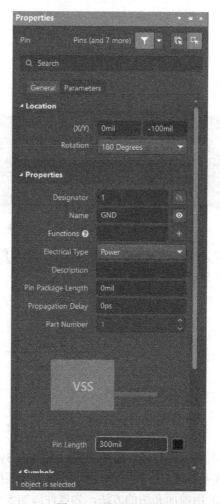

图 2-46　【Pin】对话框　　　　　　　　　　图 2-47　设置 Pin 特性

10）按照上述方法编辑其他引脚的 Pin 属性。完成所有编辑后的引脚如图 2-48 所示。

11）单击【保存】按钮 ，将绘制好的原理图符号进行保存。

3．创建复合元器件

有时一个集成电路会包含多个门电路，如 7400 芯片集成了 4 个与非门电路。下面将介绍如何创建这种复合元器件。

【例 2-3】　创建复合元器件 7400。

具体操作步骤如下。

1）在原理图库文件编辑环境下，执行【工具】→【新器件】命令。系统会弹出【New Component】对话框，默认的元器件名为 Component_2。输入元器件名称为 7400，如图 2-49 所示。单击【确定】按钮，在原理图库文件中就添加了该新元器件，如图 2-50 所示。

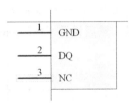

图 2-48　编辑后的引脚

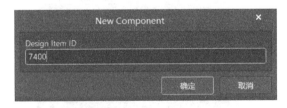

图 2-49　【New Component】对话框

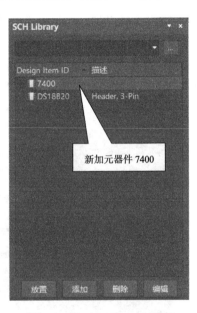

图 2-50　【SCH Library】面板

2）在 IEEE 符号工具箱中选中一个与门符号，将其放置到原理图库文件的编辑环境中，如图 2-51 所示。

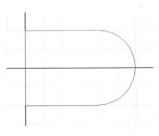

图 2-51　放置与门符号

3）双击该符号，系统会弹出【IEEE Symbol】对话框，如图 2-52 所示。对该符号进行修改，改变其【Line】为 Small，设置后效果如图 2-53 所示。

4）用前面介绍的方法，为器件添加 5 个引脚，如图 2-54 所示。

图 2-52　【IEEE Symbol】对话框

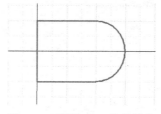

图 2-53　设置 IEEE 符号线宽

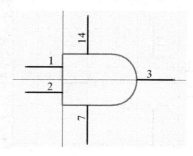

图 2-54　添加引脚

5）设置这些引脚的引脚名都为不可见。设置引脚 1 和引脚 2 的【Electrical Type】为 Input，引脚 3 的【Electrical Type】为 Output，同时其符号类型【Outside Edge】为 Dot。电源引脚（引脚 14）和接地引脚（引脚 7）都是隐藏引脚（随后将会介绍怎么隐藏）。

　　注：这两个引脚对所有的功能模块都是共用的，因此只需设置一次。这里以引脚 7 为例进行说明。

6）双击打开引脚 7 的属性对话框，在【Name】文本框中输入引脚名称 GND，在【Electrical Type】下拉列表中选中【Power】选项，如图 2-55 所示。引脚 14 的设置方法一样，只需将【Name】改成 VCC。创建完成的原理图库文件如图 2-56 所示。

7）创建新的元器件部件，执行【编辑】→【选择】→【全部】命令，然后执行【编辑】→【复制】命令，将所选定的内容复制到粘贴板中。

8）执行【工具】→【新部件】命令，如图 2-57 所示。在原理图库文件编辑环境下，将切换到一个空白的元器件设计区。同时，在【SCH Library】面板的元器件库中自动创建 Part A 和 Part B 两个子部件，如图 2-58 所示。

9）在【SCH Library】面板中选中 Part B 部件，执行【编辑】→【粘贴】命令，光标变成所复制的器件轮廓，如图 2-59 所示。

　　在新建器件 Part B 中重新设置引脚属性，前面已经提到同一个器件接地和接电源只需设置一个即可，默认共用，故将引脚 7 和 14 删除，下同。设置完成的 Part B 部件如图 2-60 所示。

图 2-55　设置引脚 7 的属性

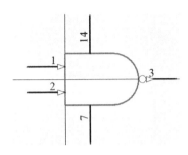

图 2-56　创建完成的原理图库文件　　图 2-57　【工具】→【新部件】命令　　图 2-58　【SCH Library】面板

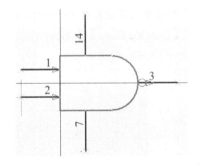

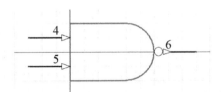

图 2-59　复制器件到 Part B　　　　　　　图 2-60　设置完成的 Part B 部件

10）按照上述步骤，分别创建 Part C 和 Part D 部件，结果如图 2-61 所示。

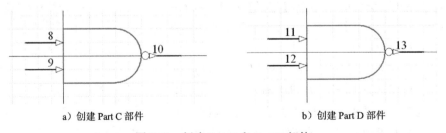

a）创建 Part C 部件　　　　　　　　　　　b）创建 Part D 部件

图 2-61　创建 Part C 和 Part D 部件

11）在【SCH Library】面板中单击所创建的元器件 7400，单击【编辑】按钮，系统会弹出【Component】对话框，在【Designator】文本框中输入 "U?"，如图 2-62 所示。

12）上述提到引脚 7 和引脚 14 为隐藏引脚。在【Component】对话框中有三个选项卡，切换到【Pins】选项卡，如图 2-63 所示。

在最下方处有一个 "笔" 符号的按钮，单击该按钮弹出【元件管脚编辑器】对话框，如图 2-64 所示。

图 2-62 【Component】对话框

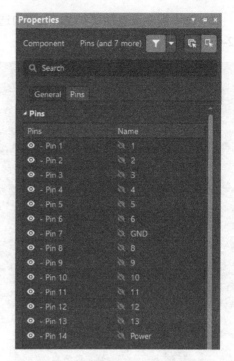

图 2-63 切换到【Pins】选项卡

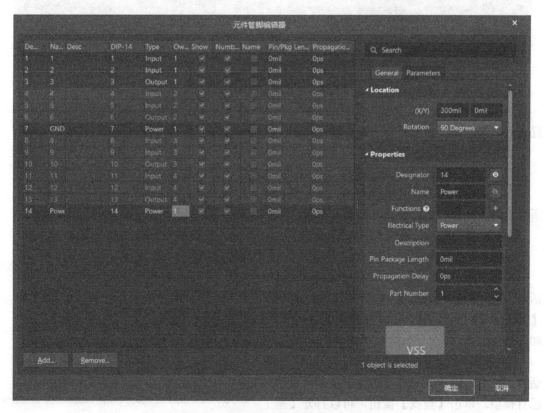

图 2-64 【元件管脚编辑器】对话框

13）选中需要设置的引脚 7，取消勾选【Show】选项卡，即可完成对引脚 7 的隐藏，如图 2-65 所示。

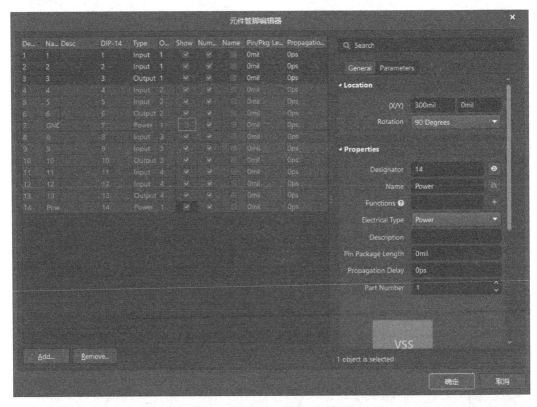

图 2-65　取消勾选【Show】选项卡

14）引脚 14 的设置方法与上面的一样，设置完后，原理图上将会隐藏引脚 7 和引脚 14。

15）单击 ■ 按钮，保存创建的元器件。

4. 为库元器件添加封装模型

在完成原理图库文件的制作后，就应该为所绘制的图形添加 Footprint（封装）模型。

【例 2-4】 为库元器件 7400 添加封装。

具体操作步骤如下。

1）双击该元器件，打开【Properties】对话框。在【Parameters】中单击【Add】→【Footprint】按钮，打开【PCB 模型】对话框，如图 2-66 所示。

2）单击【浏览】按钮，打开【浏览库】对话框，如图 2-67 所示。在该对话框中可以查找已有模型。单击【查找】按钮，可以打开【基于文件的库搜索】对话框，如图 2-68 所示。

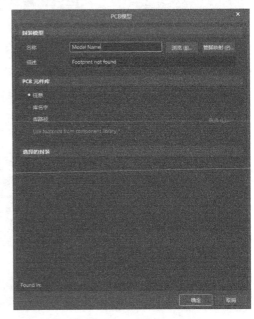

图 2-66　【PCB 模型】对话框

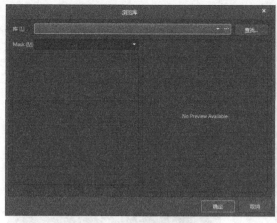
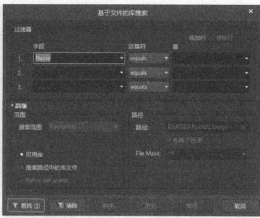

図 2-67　【浏览库】对话框　　　　　　　图 2-68　【基于文件的库搜索】对话框

3）7400 是一个引脚 14 器件，在 1 的【运算符】下拉列表中选择 contains，在其【值】下拉列表框内输入 DIP-14。选中【搜索路径中的库文件】复选框后，在路径中选取库所在路径，单击【查找】按钮，开始对封装进行搜索，结果如图 2-69 所示。

在右侧的库预览栏中会出现 7400 的封装模型预览，在本栏的左下角有一个【3D】按钮，单击此按钮可以将 2D 模型转化为 3D 模型，如图 2-70 所示。再次单击【2D】按钮可以将模型预览转化为 2D 模式。

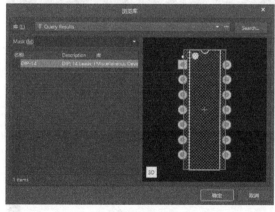
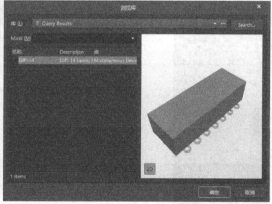

図 2-69　搜索结果　　　　　　　　　　图 2-70　3D 模型预览

4）选中 DIP-14 并单击【确定】按钮，返回到【PCB 模型】对话框，选中【PCB 元件库】选项区域中的【库路径】单选按钮，单击【选择】按钮之前建立库路径里的 Miscellaneous Devices.IntLib，如图 2-71 所示。

5）单击【确定】按钮，模型名称出现在【Properties】对话框的【Parameters】列表中，如图 2-72 所示。关闭【Properties】对话框，完成封装模型添加，结果如图 2-73 所示。

5. 库元器件编辑命令

在原理图库文件编辑环境中，系统提供了一系列对库元器件进行维护的命令，其含义如下。

- 【新器件】：用来在当前库文件中创建一个新的库元器件。
- 【Symbol Wizard】：符号向导，用来看部件的引脚情况以及 layout style。一般保持默认设置，不需要更改。

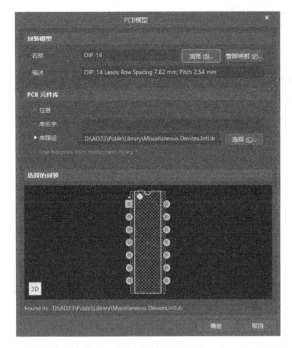

图 2-71　添加封装模型

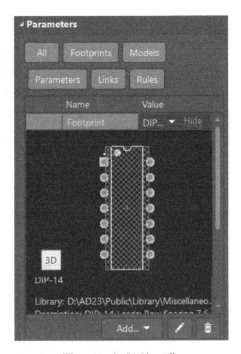

图 2-72　完成添加工作

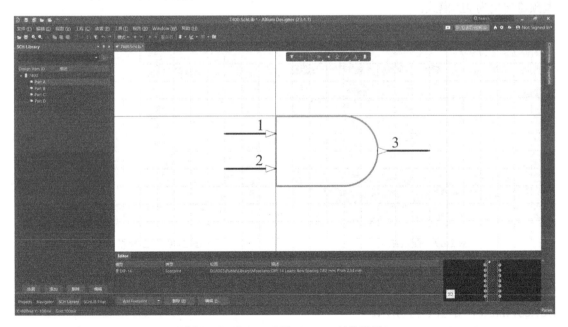

图 2-73　为 7400 添加 DIP-14 封装模型

- 【移除器件】：用来删除当前库文件中选中的所有库元器件。
- 【复制器件】：把当前选中的库元器件复制到目标库文件中。
- 【移动器件】：把当前选中的库元器件移动到目标库文件中。
- 【新部件】：用来为当前所选中的库元器件创建一个子部件。
- 【移除部件】：用来删除当前库元器件中选中的一个子部件。

- 【模式】：该级联菜单命令用来对库元器件的显示模式进行选择，包括【添加】、【移除】等。它的功能与模式工具栏相同。
- 【查找器件】：用来启动【搜索库】对话框从而进行库元器件的查找，与【库】面板中的【Search】按钮功能相同。
- 【参数管理器】：用来对当前的原理图库文件及其库元器件的相关参数进行管理，可以追加或删除。在该对话框中可以选择设置所要显示的参数，如零件、引脚、模型和文档等。
- 【符号管理器】：用于为当前所选中的库元器件引导添加其他模型，包括 PCB 模型（Footprint）、信号完整性模型（Signal Integrity）、仿真信号模型（Simulation）和 PCB 3D 模型（PCB 3D）。
- 【更新到原理图】：执行该命令后，会将当前库文件中编辑修改后的库元器件更新到打开的电路原理图中。
- 【XSpice Model Wizard】：用于为所选中的库元器件添加一个 XSpice 模型。

2.2.4 库文件输出报表

下面以前面创建的原理图库文件 New.SchLib 为例，介绍一下各种报表的生成及其作用。

1. 生成元器件报表

打开原理图库文件。在【SCH Library】面板的元器件栏中选择一个需要生成报表的库元器件，如选择其中的 89c51。执行【报告】→【器件】命令，则系统会生成该库元器件的报表，如图 2-74 所示。元器件报表列出了库元器件的属性、引脚的名称及引脚编号、隐藏引脚的属性等，便于用户检查。同时，元器件报表会在【Projects】面板中以一个扩展名为 ".cmp" 的文本文件被保存，如图 2-75 所示。

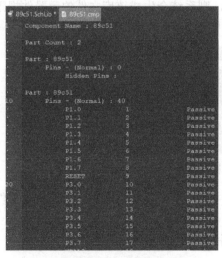

图 2-74 库元器件报表

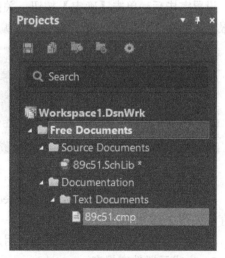

图 2-75 元器件报表的保存

2. 生成元器件规则检查报表

打开原理图库文件 New.SchLib。执行【报告】→【器件规则检查】命令，系统弹出【库元件规则检测】对话框，如图 2-76 所示。

- 【元件名称】：用于设置是否检查重复的库元器件名称。选中该复选框后，如果库文件中存在重复的库元器件名称，则系统会把这种情况视为规则错误，显示在错误报表中。

- 【引脚】：用于设置是否检查重复的引脚名称。选中该复选框后，系统会检查每一库元器件的引脚是否存在重复的引脚名称，如果存在，则系统会视为同名错误，显示在错误报表中。

图 2-76 【库元件规则检测】对话框

- 【描述】：选中该复选框，系统将检查每一库元器件属性中的【描述】内容是否空缺，如果空缺，则系统会给出错误报告。

- 【封装】：选中该复选框，系统将检查每一库元器件属性中的【封装】内容是否空缺，如果空缺，则系统会给出错误报告。

- 【默认标识】：选中该复选框，系统将检查每一库元器件的标志符是否空缺，如果空缺，则系统会给出错误报告。

- 【引脚名】：选中该复选框，系统将检查每一库元器件是否存在引脚名的空缺，如果空缺，则系统会给出错误报告。

- 【引脚号】：选中该复选框，系统将检查每一库元器件是否存在引脚编号的空缺，如果空缺，则系统会给出错误报告。

- 【序列中丢失管脚】：选中该复选框，系统将检查每一库元器件是否存在引脚编号不连续的情况，如果存在，则系统会给出错误报告。

设置完毕后，单击【确定】按钮，关闭对话框，则系统会生成该库文件的元器件规则检查报表，如图 2-77 所示（给出存在引脚编号空缺的错误）。

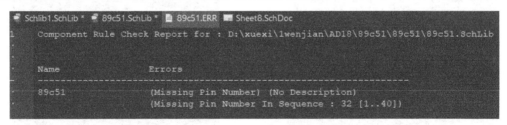

图 2-77 元器件规则检查报表

同时元器件规则检查报表会在【Projects】面板中以一个扩展名为 ".ERR" 的文本文件被保存，如图 2-78 所示。

根据生成的元器件规则检查报表，用户可以对相应的库元器件进行修改。

3. 生成元器件库报表

打开原理图库文件 89c51.SchLib。执行【报告】→【库列表】命令，则系统会生成该元器件库的报表，如图 2-79 所示。

该报表列出了当前原理图库文件 89c51.SchLib 中所有元器件的名称及相关的描述。同时，元器件库报表会在【Projects】面板中以一个扩展名为 ".rep" 的文本文件被保存，如图 2-80 所示。

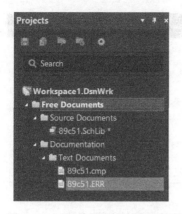

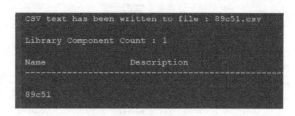

图 2-78　元器件规则检查报表保存　　　　　　图 2-79　元器件库报表

4. 元器件库报告

元器件库报告是用来描述特定库中所有元器件的详尽信息的，它包含了综合的元器件参数、引脚和模型信息、原理图符号预览，以及 PCB 封装和 3D 模型等。生成报告时可以选择生成文档（Word）格式或浏览器（HTML）格式，如果选择浏览器格式的报告，还可以提供库中所有元器件的超链接列表，通过网络即可进行发布。

打开原理图库文件 New.SchLib。执行【报告】→【库报告】命令，系统会自动弹出如图 2-81所示的【库报告设置】对话框。

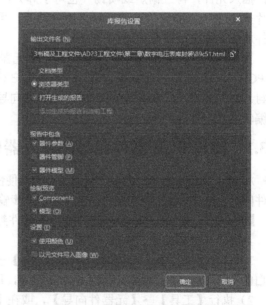

图 2-80　元器件库报表的保存　　　　　　图 2-81　【库报告设置】对话框

该对话框用于设置生成的库报告格式及显示的内容。

以文档样式输出的库报告名为 89c51.doc，以浏览器格式输出的库报告名为 89c51.html。在这里选择以浏览器格式输出报告，其他设置按默认设置即可。

单击【确定】按钮，关闭对话框，同时生成了浏览器格式的库报告，显示信息如图 2-82所示。

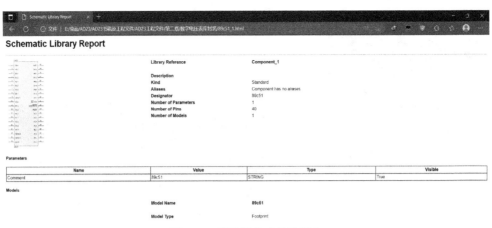

图 2-82　浏览器格式的库报告

2.3　创建 PCB 元器件库

元器件封装是指实际元器件焊接到电路板时所指示的外观和焊点的位置，是纯粹的空间概念。因此，不同的元器件可共用同一元器件封装，同种元器件也可有不同的元器件封装。比如，电阻有传统的针插式，这种元件体积较大，电路板必须钻孔才能放置元件，完成钻孔后，插入元件，再过锡炉或喷锡（也可手焊），成本较高；较新的设计是采用体积小的表面贴片式元件（SMD），这种元器件不必钻孔，用钢模将半熔状锡膏倒入电路板，再把 SMD 元件放上，即可焊接在电路板上。

目前，元器件越来越复杂多样，而一些元器件系统封装库并没有对应的封装。对于那些在 PCB 库中找不到的元器件封装，就需要用户对元器件精确测量后手动制作出来。制作元器件封装有三种方法，分别是使用 PCB 元器件向导制作元器件封装、手动绘制元器件封装和采用编辑方式制作元器件封装。

2.3.1　使用 PCB 器件向导制作元器件封装

Altium Designer 系统为用户提供了一种简便快捷的元器件封装制作方法，就是使用 PCB 元器件向导。用户只需按照向导给出的提示，逐步输入元器件的尺寸参数，即可完成封装的制作。

【例 2-5】　使用 PCB 器件向导制作元器件封装。

具体操作步骤如下。

1）执行【文件】→【新的】→【Library】→【File】→【PCB Library】命令，新建一个空白的 PCB 库文件，将其另存为 New.PcbLib，同时进入 PCB 库文件编辑环境中。

2）执行【工具】→【元器件向导】，或在【PCB Library】面板的元器件封装栏中右击，执行快捷菜单中的【Footprint Wizard】命令，即可打开 PCB 器件向导，如图 2-83 所示。

3）单击【Next】按钮，进入元器件选型窗口，根据设计时的需要，在 12 种可选的封装模型中选择一种合适的封装类型。这里以电容封装 RB2.1-4.22 为例进行讲解，所以选择 Capacitors 类型，并选择单位为 Metric(mm)，如图 2-84 所示。

系统给出的封装模型有 12 种，具体介绍如下。

- 【Ball Grid Arrays(BGA)】：球栅列阵封装，这是一种高密度、高性能的封装形式。
- 【Capacitors】：电容型封装，可以选择直插式或贴片式封装。

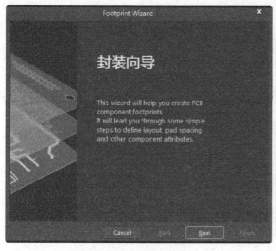

图 2-83　PCB 器件向导

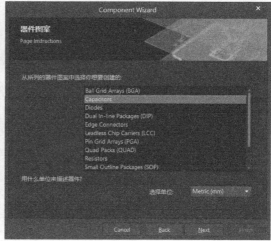

图 2-84　选择封装类型及单位

- 【Diodes】：二极管封装，可以选择直插式或贴片式封装。
- 【Dual In-line Packages(DIP)】：双列直插型封装，这是最常见的一种集成电路封装形式，其引脚分布在芯片的两侧。
- 【Edge Connectors】：边缘连接的接插件封装。
- 【Leadless Chip Carriers(LCC)】：无引线芯片载体型封装，其引脚紧贴于芯片体，在芯片底部向内弯曲。
- 【Pin Grid Arrays(PGA)】：引脚网格阵列封装，其引脚从芯片底部垂直引出，整齐地分布在芯片四周。
- 【Quad Packs(QUAD)】：方阵贴片式封装，与 LCC 封装相似，但其引脚是向外伸展的，而不是向内弯曲的。
- 【Resistors】：电阻封装，可以选择直插式或贴片式封装。
- 【Small Outline Packages(SOP)】：是与 DIP 封装相对应的小型表贴式封装，体积较小。
- 【Staggered Ball Grid Arrays(SBGA)】：错列的 BGA 封装形式。
- 【Staggered Pin Grid Arrays(SPGA)】：错列的 PGA 封装形式，与 PGA 封装相似，只是引脚错开排列。

4）选择好封装模型和单位后，单击【Next】按钮，进入定义电路板技术对话框。该对话框给出了两种技术的选择，即直插式和贴片式，这里选择直插式，如图 2-85 所示。

5）选择好后，单击【Next】按钮，进入定义焊盘尺寸对话框。根据数据手册，将焊盘的直径设为 0.42mm，如图 2-86 所示。

6）单击【Next】按钮，进入定义焊盘布局对话框。在这里按照手册的参数，设置焊盘的间距为 2.1mm，如图 2-87 所示。

7）单击【Next】按钮，进入定义外框类型对话框。这里选择电容极性为 Polarised，电容的装配样式为 Radial，电容的几何形状为 Circle，如图 2-88 所示。

8）单击【Next】按钮，进入定义外框尺寸对话框。这里将外环半径设置为 2.11mm，线宽采用系统默认值，如图 2-89 所示。

9）单击【Next】按钮，进入设置元器件名称对话框。在文本框内输入封装的名称，这里将该封装命名为 RB2.1-4.22，如图 2-90 所示。

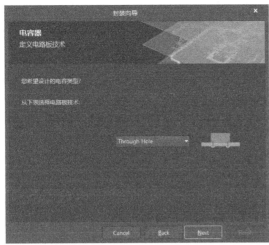

图 2-85　定义电路板技术

图 2-86　定义焊盘尺寸

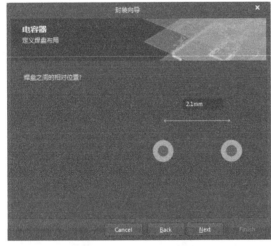

图 2-87　定义焊盘布局

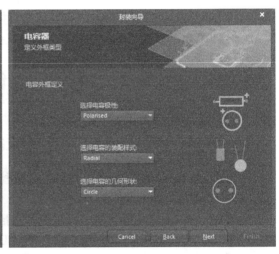

图 2-88　定义外框类型

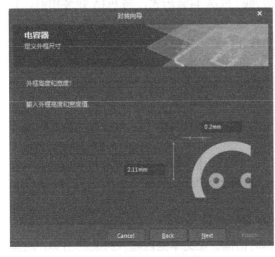

图 2-89　定义外框尺寸

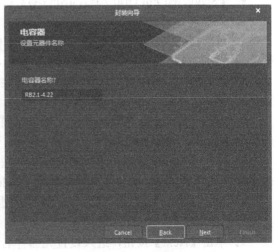

图 2-90　设置元器件名称

10）单击【Next】按钮，弹出封装制作完成对话框，如图 2-91 所示。

11）单击【Finish】按钮，退出 PCB 器件向导。在 PCB 库文件编辑窗口内显示所制作的元器件封装，如图 2-92 所示。

12）执行【文件】→【保存】命令，将制作好的封装 RB2.1-4.22 保存。

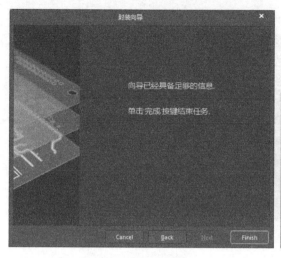

图 2-91　完成封装制作

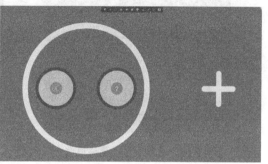

图 2-92　制作完成的 RB2.1-4.22 封装

2.3.2　手动绘制元器件的封装

1. PCB 库编辑器环境设置

使用 PCB 元器件向导进行元器件的封装时，一般是不需要事先进行参数设置的，而在手动绘制元器件的封装时，用户最好事先进行板面和系统的参数设置，然后再进行新元件的绘制。

打开已创建的库文件，可以看到在【PCB Library】面板的元器件封装栏的【Footprints】中已有一个空白的封装 PCBCOMPONENT_1，单击该封装名，就可以在编辑窗口内绘制所需的封装了。具体设置内容如下。

（1）栅格设置　执行【视图】→【栅格】命令，该命令包括【切换可见的栅格类】、【切换电气栅格】、【设置全局捕捉栅格】3 个功能。

- 【切换可见的栅格类】：用于切换是否栅格可见，一般设置为可见。
- 【切换电气栅格】：用于切换是否捕捉到目标热点，也可使用快捷键【Shift+E】切换。一般设置为 8mil，此为系统默认值。
- 【设置全局捕捉栅格】：设置 X 和 Y 的步进值，一般设置为 10mil。

上述功能设置完后，将光标移到右侧工作区，工作区的左上角会出现光标的具体坐标以及之前设置的内容，如图 2-93 所示。

（2）设置位置参考点　单击工作区下方的 Top Overlay 板层选项卡，将顶层丝印层设置为当前层。执行【编辑】→【设置参考】→【位置】命令，如图 2-94 所示。设置 PCB 库文件编辑环境的原点，设置好的参考原点如图 2-95 所示。

图 2-93　栅格设置

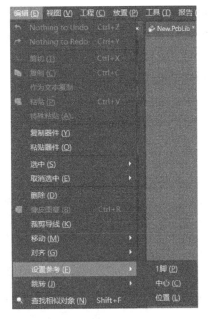

图 2-94　设置参考位置菜单命令

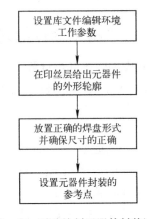

图 2-95　设置编辑环境的参考原点

2．手动绘制元器件的封装

使用 PCB 器件向导可以完成多数常用标准元器件封装的创建，但有时会遇到一些特殊的、非标准的元器件，无法使用 PCB 器件向导来创建封装，此时就需要进行手动绘制。手动绘制需要完成的流程如图 2-96 所示。

此处将以音频电路的三端稳压电源为例，介绍其封装形式的手动绘制方法。三端稳压电源 L7815CV(3)或 L7915CV(3)有 3 个引脚，其尺寸数据见表 2-1，尺寸标注图如图 2-97 所示。在本例中期望的器件封装形式如图 2-98 所示。因此，用户需要的数据见表 2-2。

```
设置库文件编辑环境
    工作参数
        ↓
在印丝层给出元器件
   的外形轮廓
        ↓
放置正确的焊盘形式
 并确保尺寸的正确
        ↓
 设置元器件封装的
     参考点
```

图 2-96　手动绘制元器件封装流程

表 2-1　三端稳压电源 L7815CV(3)或 L7915CV(3)尺寸数据　　（单位：mil）

标号	Min（最小值）	Type（典型值）	Max（最大值）
A	173	—	181
b	24	—	34
b1	45	—	77
c	19	—	27
D	700	—	720
E	393	—	409
e	94	—	107
e1	194	—	203
F	48	—	51
H1	244	—	270

（续）

标号	Min（最小值）	Type（典型值）	Max（最大值）
J1	94	—	107
L	511	—	551
L1	137	—	154
L20	—	745	—
L30	—	1138	—
ϕP	147	—	151
Q	104	—	117

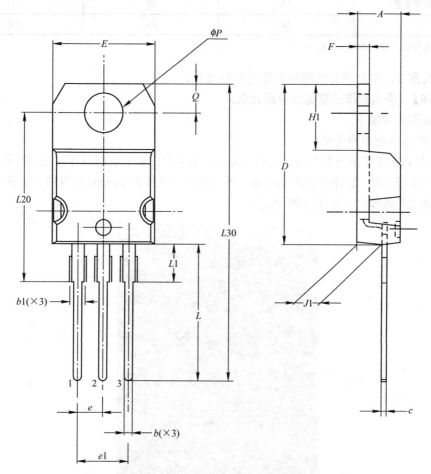

图 2-97　三端稳压电源 L7815CV(3)或 L7915CV(3) 尺寸标注图

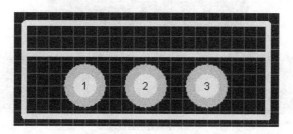

图 2-98　期望的器件封装形式

表 2-2　用户创建稳压电源时需要的数据　　　　　　　　　　（单位：mil）

标号	Min（最小值）	Type（典型值）	Max（最大值）
A（宽度）	173	180	181
b（孔径直径）	24	30	34
c	19	20	27
E（长度）	393	400	409
e（焊盘间距）	94	100	107
F（散热层厚度）	48	50	51
J1	94	100	107

注：焊盘孔径直径=Max+Max×10%。

得到数据后，用户需要使用相关数据封装器件。

【例 2-6】　手动制作三端稳压电源封装。

具体操作步骤如下。

1. 器件封装轮廓的绘制

1）单击 PCB【库配线】工具栏中的 按钮，根据设计要求绘制器件封装的外形轮廓。通过查找技术手册可知，器件的长为 400mil，所以绘制一条长为 400mil 的直线。先画一条直线，然后双击修改参数即可，如图 2-99 所示。

a）设置直线长为 400mil

b）绘制好的直线段

图 2-99　绘制器件长线段长

2）器件的宽度为 180mil，因此单击 PCB【放置】工具栏中的【线条】按钮后，在线段上双击，设置长度为 180mil，如图 2-100 所示。设置完成后，单击【确定】按钮确认设置，结果如图 2-101 所示。

图 2-100　设置器件宽线段长

图 2-101　在原点处放置长度为 180mil 的线段

3）按照上述方式完成另外两条线段的绘制，其设置方式如图 2-102 所示，结果如图 2-103 所示。

a）另一条长度线设置

b）另一条宽度线设置

图 2-102　另外两条线段的设置

4）设置区分散热层的线段。散热层的厚度为 50mil，因此单击 PCB【放置】工具栏中的【线条】按钮后，双击所放置的直线段，设置区分散热层的线段，如图 2-104 所示。设置完成后，单击【确定】按钮确认设置，结果如图 2-105 所示。

至此，器件轮廓设置完成。

2. 焊盘的放置

在器件轮廓中放置焊盘。左边第一个焊盘的中心位置纵坐标为 180mil–100mil–10mil=70mil，横坐标为 100mil。焊盘的孔径要保证器件的引脚可以顺利插入，同时还要保证尽可能地小，以满足两焊盘的间距要求。由表 2-2 可知器件引脚的最大值为 34mil，故将通孔尺寸设为 35mil，略大于引脚尺寸，Altium Designer 16 及以上版本增加焊盘通孔公差功能，本设计将下极限设为–0mil，上极限设为+3.5mil，以满足相关要求。具体操作步骤如下。

1）单击 PCB【放置】工具栏中的【焊盘】按钮。

2）放置焊盘后，双击焊盘，设置其坐标位置及焊盘的孔径大小，如图 2-106 所示。其中焊盘直径通常为焊盘内径的 1.5～2.0 倍，因此，在本设计中将焊盘直径设置为 70mil。在【Pad Stack】选项区域中选择【Shape】为 Round，【(X/Y)】即为焊盘直径。设置完成后，单击【确定】按钮确认设置，结果如图 2-107 所示。

图 2-103　完成器件封装的外边框绘制

图 2-104　设置区分散热层的线段

图 2-105　设置完成的区分散热层的线段

图 2-106　设置焊盘参数

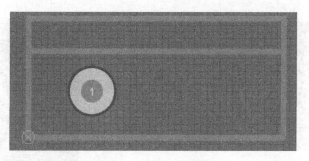

图 2-107 完成设置的焊盘

3）按照上述方式放置另外两个焊盘。已知两个焊盘的间距为 100mil，因此另外两个焊盘可按图 2-108 所示进行设置。

a）设置焊盘 2

b）设置焊盘 3

图 2-108 设置另两个焊盘

设置完成后，单击【确定】按钮确认设置，结果如图 2-109 所示。

至此，器件封装制作完成，执行【工具】→【元件属性】命令，在弹出的对话框中，可以对刚绘制好的元器件封装进行命名，也可以在左侧面板的【PCB Library】中的【Footprints】栏中双击该封装名，打开【PCB 库封装】对话框，如图 2-110 所示。在该对话框中输入名称为 TO220 后，单击【确定】按钮，完成重命名操作，结果如图 2-111 所示。

单击【保存】按钮完成稳压电源 PCB 器件的设计。

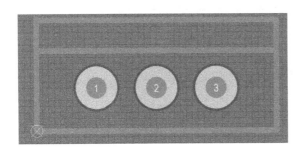

图 2-109　绘制好的 TO220 封装

图 2-110　【PCB 库封装】对话框

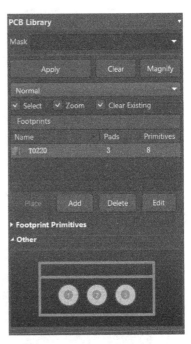

图 2-111　重命名封装

2.3.3　采用编辑方式制作元器件封装

二极管 1N4148 的元件实物图及其尺寸图如图 2-112 所示，其引脚编号如图 2-113 所示。

从 1N4148 的外观及其尺寸图可知，该二极管的 PCB 封装与 Altium Designer 提供的元器件封装 DIODE-0.4 相近，只是在尺寸上略有不同，因此，用户可采用编辑 DIODE-0.4 的方式制作 1N4148 器件的 PCB 封装。

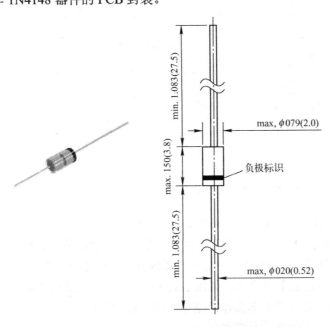

图 2-112　二极管 1N4148 元件实物图及其尺寸图

图 2-113　1N4148 引脚编号

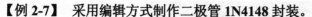

【例 2-7】 采用编辑方式制作二极管 1N4148 封装。

具体操作步骤如下。

1）执行【文件】→【打开】命令，选择路径为安装文件时选择的库文件路径，单击【打开】按钮，打开该 PCB 库文件。

2）在 PCB 元器件列表中查找 DIODE-0.4，结果如图 2-114 所示。将光标放置到元器件列表中的 DIODE-0.4 上右击，此时系统将弹出如图 2-115 所示的快捷菜单。

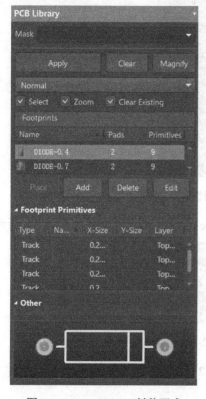

图 2-114　DIODE-0.4 封装形式

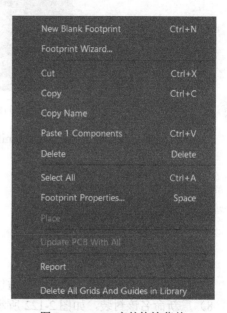

图 2-115　PCB 库的快捷菜单

3）执行【Copy】命令后，界面将切换到前面建立的 PCB 库文件编辑窗口。

4）在 PCB 库文件的编辑窗口内右击，执行快捷菜单中的【粘贴】命令，此时 DIODE-0.4 被添加到了 PCB 库文件中，结果如图 2-116 所示。选择合适位置，放下该封装形式，如图 2-117 所示。

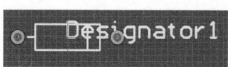

图 2-116　添加 DIODE-0.4 到 PCB 库文件

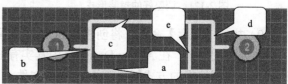

图 2-117　放下 DIODE-0.4 封装

5）双击图中 a 号线，系统将弹出 a 号线的编辑对话框，修改 a 号线的长度为 150mil+150mil×20%=180mil，即按照图 2-118 所示编辑 a 号线。修改完成后，单击【确定】按钮确认修改，结果如图 2-119 所示。

图 2-118　修改 a 号线属性

6）按照上述方式编辑 c 号线为 180mil，编辑 b、d、e 号线为 80mil，结果如图 2-120 所示。

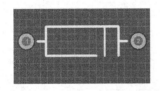

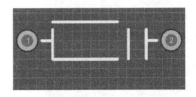

图 2-119　修改好的 a 号线　　　　　　　　　　图 2-120　编辑 b、c、d、e 号线

7）移动 c、d、e 号线，调整到合适位置，如图 2-121 所示。

8）重新命名该封装，如图 2-122 所示。

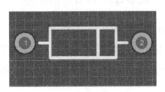

图 2-121　调整好的封装形式　　　　　　　　　图 2-122　重新命名封装

9）执行【保存】命令，将创建的 PCB 文件保存到库文件中。

需要说明的是，在 Altium Designer 中其实有 DO-35 这种封装形式。选这个例子只是为了说明如何使用编辑的方式创建新的 PCB 库文件。

2.4　创建元器件集成库

Altium Designer 采用了集成库的概念。在集成库中的元器件不仅具有原理图中代表元件的符号，还集成了相应的功能模块，如封装、电路仿真模块、信号完整性分析模块等，甚至还可以加入设计约束等。集成库具有以下优点：①集成库便于移植和共享；②元器件和模块之间的连接具有安全性；③集成库在编译过程中会检测错误，如引脚封装对应等。

【例 2-8】　创建集成库。

具体操作步骤如下。

1）执行【文件】→【新的】→【Library】→【File】→【Integrated Library】命令，单击【Create】按钮，集成库项目建立，设置保存路径并命名为 STM32F103C8T6，如图 2-123 所示。

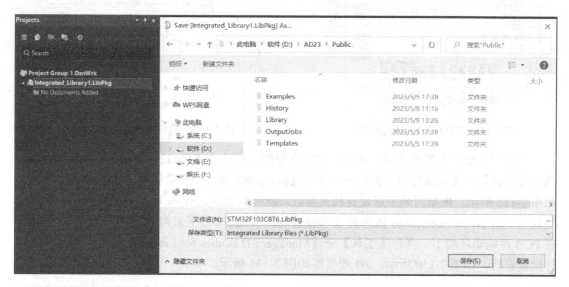

图 2-123　创建 STM32F103C8T6 集成库项目

2）创建 STM32F103C8T6 集成库项目后，向此项目添加新建原理图库文件和新建 PCB 库文件，添加完毕后结果如图 2-124 所示。

查看 STM32F103C8T6 的引脚标号和功能，如图 2-125 所示。在原理图库文件中，绘制 STM32F103C8T6 单片机元件，如图 2-126 所示。STM32F103C8T6 集成库中原理图库文件绘制完毕后，将原理图库文件保存，并切换到 PCB 库绘制环境。绘制 PCB 库之前，首先查阅 STM32F103C8T6 的封装尺寸，如图 2-127 所示。

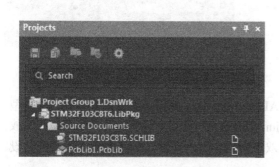

图 2-124　添加了新建原理图库文件和新建 PCB 库文件

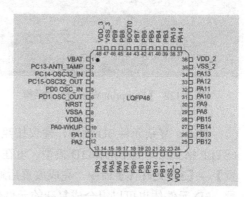

图 2-125　STM32F103C8T6 引脚图

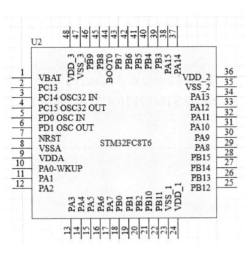

图 2-126　STM32FC8T6 原理图

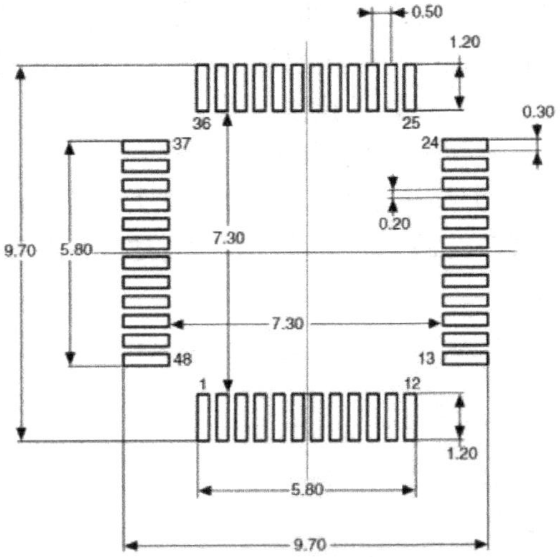

图 2-127　STM32F103C8T6 封装尺寸

3）进入 PCB 库编辑环境，采用元器件向导的方式建立 STM32F103C8T6 芯片的封装，执行【工具】→【元器件向导】命令，弹出【Footprint Wizard】对话框，选择形状和单位，如图 2-128 所示。根据封装手册设置相关参数，绘制或者从已有 PCB 图中提取封装，完成后的封装如图 2-129 所示，并将 PCB 库文件保存为同一路径。接下来为 PCB 创建合适 3D 模型，在 PCB 库编辑环境下，执行【工具】→【Manager 3D Bodies for Library】命令，对元件体进行批量更新，如图 2-130 所示。3D 效果图如图 2-131 所示。

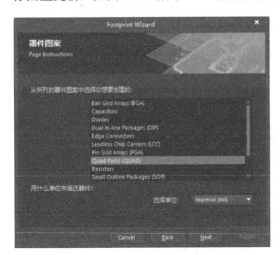

图 2-128　【Footprint Wizard】对话框

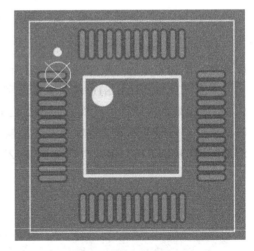

图 2-129　PCB 封装

提示：复杂元件 3D 模型，建议按照 ECAD 与 MCAD 协作的方式获得精准的 3D 模型（STEP 格式）。简单形体 3D 模型，可在 Altium Designer 中的 PCB 库编辑环境下使用【放置】→【3D 元件体】命令，完成放置后通过双击该模块打开【Properties】界面进行参数设置。3D 元件体也可以组合成复杂的元件体。

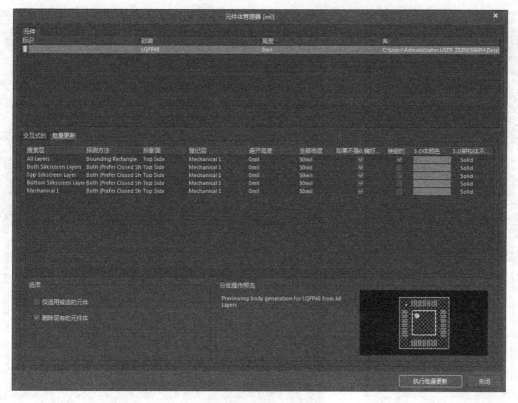

图 2-130　添加 3D 模型

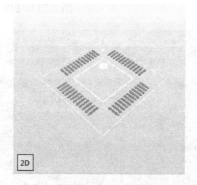

图 2-131　3D 效果图

4）两个基本文件创建完毕后，下一步制作集成库。切换到原理图库编辑环境下，选择【SCH Library】面板中元件栏的编辑按钮，弹出【Properties】对话框，如图 2-132 所示。在【Footprint】栏中，单击【Add】按钮，弹出【PCB 模型】对话框，单击【浏览】按钮，选择新建立的 STM32F103C8T6 的 PCB 封装，单击【引脚映射】按钮，查看或修改原理图库和 PCB 库元件引脚的对应情况，设置完成后如图 2-133 所示。

5）两个库文件相互建立联系，通过编译集成库的原始文件便可生成集成库。打开【Projects】对话框，右击 STM32F103C8T6.LibPkg，执行【Compile Integrated Library STM32F103C8T6.LibPkg】命令后，在主页面右下角单击【Panels】按钮，可以调出很多隐藏界面，查看【Messages】对话框，如图 2-134 所示，表示编译成功。

图 2-132 【Properties】对话框

图 2-133 【PCB 模型】对话框

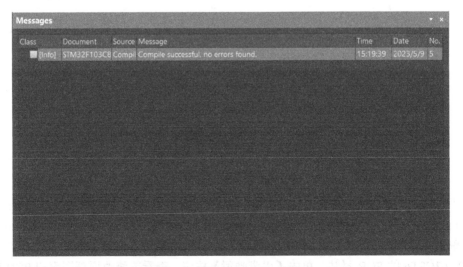

图 2-134 【Messages】对话框

6）查看集成库保存路径，输出的文件中包含了 STM32F103C8T6.IntLib 集成库文件。将 STM32F103C8T6.IntLib 集成库文件加载到库中，如图 2-135 所示。

7）成功加载后，从库中搜索 STM32F103C8T6，即可看到 STM32F103C8T6 的原理图和 PCB 封装，如图 2-136 所示。

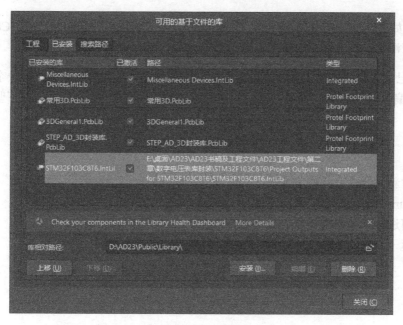

图 2-135　加载完成

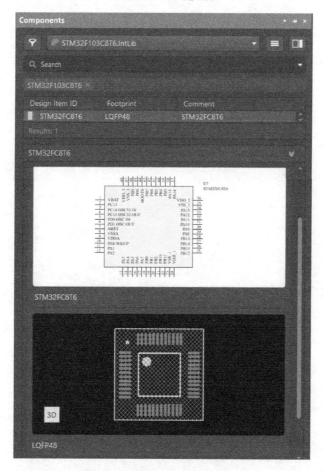

图 2-136　查看 STM32F103C8T6

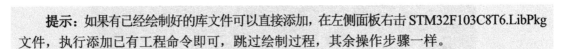

> 提示：如果有已经绘制好的库文件可以直接添加，在左侧面板右击 STM32F103C8T6.LibPkg 文件，执行添加已有工程命令即可，跳过绘制过程，其余操作步骤一样。

至此，已完成集成库的创建，可以根据此方法创建多个元器件，集成在同一个集成库中，方便调用和编辑。熟练掌握对库的操作，可为绘制原理图和绘制 PCB 的学习打下坚实的基础。

习题

1. 创建新元器件有几种方法？
2. Altium Designer 中提供的元器件引脚的类型有哪些？
3. 如何进行隐藏引脚操作？
4. 创建一个新的 STM32 单片机集成库文件，绘制新的元器件。

第3章 绘制电路原理图

内容提要：

1. 绘制电路原理图的原则及步骤。
2. 对原理图的操作。
3. 对元器件库的操作。
4. 对元器件的操作。
5. 电路原理图的绘制。
6. 电路原理图绘制相关技巧。
7. 实例介绍。
8. 编译项目及查错。
9. 生成原理图网络表文件。
10. 生成和输出各种报表和文件。

目标： 掌握电路原理图设计的全过程。

在电子产品设计过程中，电路原理图是设计最根本的基础。如何将已设计好的电路原理图用通用的工程表达方式呈现出来，就是本章将要介绍的内容。

本章主要介绍原理图绘制的基础知识，如新建原理图文件、原理图纸的设置、原理图库的加载与卸载、元器件的放置及属性操作等。学习完本章，可以绘制简单的原理图，为电子产品设计打下基础。

3.1 绘制电路原理图的原则及步骤

将已完成的电子产品设计方案呈现出来的最好的方法就是绘制出清晰、简洁、正确的电路原理图。根据设计需要选择合适的元器件，并把所选用的元器件及其相互之间的连接关系明确地表达出来，这就是原理图的设计过程。

绘制电路原理图时应当注意，保证电路原理图的电气连接正确，信号流向清晰；应使元器件的整体布局合理、美观、精简。

绘制电路原理图的流程图如图 3-1 所示。

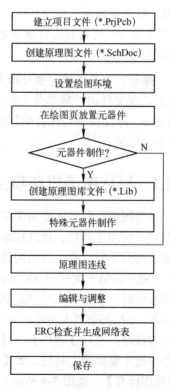

图 3-1 绘制电路原理图的流程图

3.2 对原理图的操作

对原理图的操作是绘制电路原理图的前期工作，包括创建原理图文件、原理图编辑环境的设置、原理图纸的设置以及原理图系统环境参数的设置。提前完成这些操作，可以方便对电路原理图的绘制。

3.2.1 创建原理图文件

对于 Altium Designer 文档来说，虽然允许其建立和保存在任意的存储空间，但是为了保证设计的顺利进行和便于管理，建议在进行电路设计之前先选择合适的路径建立一个专属于该项目的文件夹，用于存放和管理该项目所有的相关设计文件。

【例 3-1】 创建原理图文件。

1）运行【文件】→【新的】→【项目】命令，在【Create Project】对话框中单击【Create】，系统默认创建一个名为 PCB_Project.PrjPcb 的项目，如图 3-2 所示。

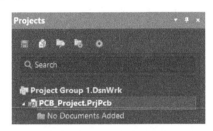

图 3-2 PCB 项目的创建

2）在 PCB_Project.PrjPcb 工程名上右击，执行【重命名】命令，根据需求将工程重命名。

3）再次右击项目名，执行快捷菜单中的【添加新的到工程】→【Schematic】命令，在该项目中添加了一个新的空白原理图文件，系统默认名称为 Sheet1.SchDoc。同时，打开原理图的编辑环境。在该名称上右击，执行【保存】命令，可对其进行重命名。完成上述操作后，结果如图 3-3 所示。

图 3-3 原理图文件的添加

> 提示：建立工程时要分清楚是库文件还是原理图文件，库文件的扩展名是.Lib，原理图文件的扩展名是.Doc；库文件编辑区有坐标轴，原理图文件编辑区没有坐标轴。

3.2.2 原理图编辑环境的设置

原理图编辑环境主要由菜单栏、标准工具栏、布线工具栏、实用工具栏、原理图编辑区、元器件库面板等组成。充分了解这些工具的用途，可以更有效地完成原理图的绘制。第一次使用 Altium Designer 23 软件进行原理图绘制时，上述各工具栏是默认隐藏的，为了作图快速方便，在绘图前需要将这些工具栏显示在编辑环境中。操作方法是：执行【视图】→【工具栏】命令，在级联菜单中选中需要的工具栏，如【布线】、【应用工具】、【原理图标准】，如图 3-4 所示。选中各工具栏后的原理图编辑环境如图 3-5 所示。

图 3-4 选择要显示的工具栏

菜单栏
布线工具栏
标准工具栏
实用工具栏
元器件库面板
原理图编辑区

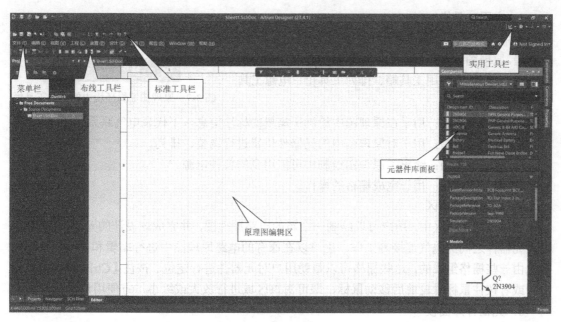

图 3-5 原理图编辑环境

1. 菜单栏

这里需要强调的是，Altium Designer 系统在处理不同类型的文件时，菜单栏的内容会发生相应的变化。在原理图编辑环境中，菜单栏如图 3-6 所示。在菜单栏中可以完成所有对原理图的编辑操作。

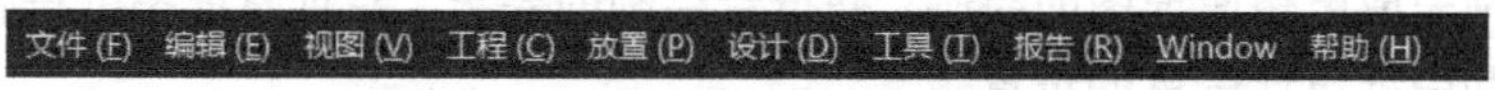

文件 (F) 编辑 (E) 视图 (V) 工程 (C) 放置 (P) 设计 (D) 工具 (T) 报告 (R) Window 帮助 (H)

图 3-6 原理图编辑环境中的菜单栏

2. 标准工具栏

标准工具栏可以使用户完成对文件的操作，如打印、复制、粘贴和查找等。与其他 Windows 操作软件一样，使用该工具栏对文件进行操作时，只需将光标放置在对应操作的图标按钮上单击即可完成操作。原理图编辑环境中的标准工具栏如图 3-7 所示。

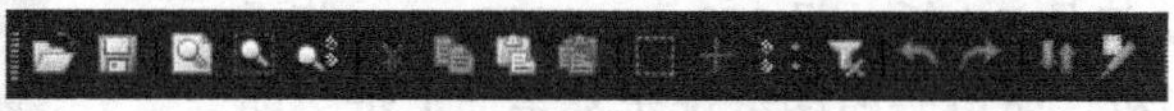

图 3-7 原理图编辑环境中的标准工具栏

如果需要关闭该工具栏，执行【视图】→【工具栏】→【原理图标准】命令即可。

3. 布线工具栏

布线工具栏主要完成原理图中的元器件、电源、地、端口、图纸符号和网络标签等的放置，同时给出了元器件之间的连线和总线绘制的工具按钮。原理图编辑环境中的布线工具栏如图 3-8 所示。

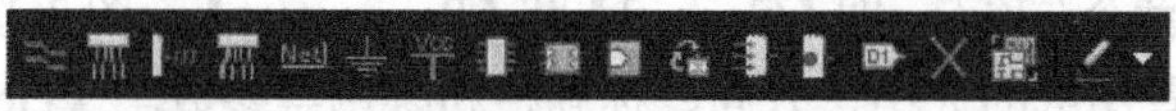

图 3-8 原理图编辑环境中的布线工具栏

通过执行【视图】→【工具栏】→【布线】命令，可完成对工具栏的打开或关闭。

4．实用工具栏

实用工具栏包括四个实用高效的工具箱：实用工具箱、排列工具箱、电源工具箱和栅格工具箱。原理图编辑环境中的实用工具栏如图 3-9 所示（从左向右依次为实用工具箱、排列工具箱、电源工具箱和栅格工具箱）。

图 3-9 原理图编辑环境中的实用工具栏

- 实用工具箱：用于在原理图中绘制所需要的标注信息，不代表电气联系。
- 排列工具箱：用于对原理图中的元器件位置进行调整、排列。
- 电源工具箱：给出了原理图绘制中可能用到的各种电源。
- 栅格工具箱：用于完成栅格的操作。

5．原理图编辑区

在原理图编辑区中，用户可以绘制一个新的电路原理图，并完成该设计的元器件的放置，以及元器件之间的电气连接等工作，也可以在原有的电路原理图中进行编辑和修改。该编辑区是由一些栅格组成的，这些栅格可以帮助用户对元器件进行定位。按住【Ctrl】键调节鼠标滑轮或者按住鼠标滑轮前后移动鼠标，即可对该区域进行放大或缩小，方便用户设计。

6．元器件库面板

在绘制原理图的过程中，通过使用元器件库面板，可以方便地完成对元器件库的操作，如搜索和选择元器件、加载或卸载元器件库、浏览库中的元器件信息等。具体如何使用该面板来完成上述操作，后面章节会详细介绍。

3.2.3 原理图纸的设置

为了更好地完成电路原理图的绘制，并符合绘制的要求，要对原理图纸进行相应的设置，包括图纸参数和图纸设计信息的设置。

1．图纸参数的设置

进入电路原理图编辑环境后，系统会给出一个默认的图纸相关参数，但在多数情况下，这些默认的参数不适合实际的需求，如图纸的尺寸大小等。用户应当根据所设计电路的复杂程度来对图纸的相关参数重新设置，为设计创造最优的环境。

图纸的大小：默认值是 B4 纸，即 250mm×353mm，鉴于 A4 纸适合大多数打印机，所以一般图纸选定都是 A4 纸，即 210mm×297mm，以免设计完成后无法打印出来。

下面给出如何改变新建原理图图纸的大小、方向、标题栏、颜色和栅格大小等参数的方法。

在新建的原理图文件中，按快捷键【O】，执行【文档选项】菜单命令，如图 3-10 所示，打开【Document Options】对话框，如图 3-11 所示。

图 3-10 【文档选项】菜单命令

可以看到，图中有两个选项卡，即【General】和【Parameters】。图 3-11 显示的是【General】选项卡，主要用于设置图纸的大小、方向、标题栏和颜色等参数。【General】有 3 个选项区域，分别是【Selection Filter】、【General】和【Page Options】。

1）单击展开【General】选项卡，其中有如下设置。

- 【Visible Grid】：栅格值是在图纸上可以看到的栅格的大小。
- 【Snap Grid】：栅格值是光标每次移动时的距离大小。

栅格方便了元器件的放置和线路的连接，用户可以轻松地完成排列元器件和布线的整齐化，极大地提高了设计速度和编辑效率。设定的栅格值不是一成不变的，在设计过程中执行【视图】→【栅格】命令，可以在弹出的菜单中随意地切换 3 种栅格的启用状态，或者重新设定捕获栅格的栅格范围。【栅格】菜单如图 3-12 所示。

- 【Snap Distance】：捕捉距离。它表示在这么远的距离内，你的鼠标会被节点捕捉到并且只能固定到这个节点。
- 【Document Font】：单击【Document Font】后面的字体可以对原理图中所用的字体进行设置。
- 【Sheet Border】：选中该复选框，编辑区中会显示图纸边框。该复选框后面有个黑色方块，是用于改变边框颜色的，单击它会弹出调色板，可以选取标准颜色也可以自定义，如图 3-13 所示。

图 3-11 【Document Options】对话框

- 【Sheet Color】：用于设置图纸背景颜色，单击展开和图 3-13 所示一样的调色板。

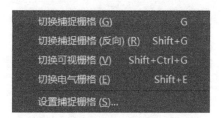

图 3-12 【栅格】菜单

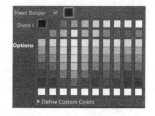

图 3-13 边框调色板

2）单击展开【Page Options】选项区域，其中包含【Formatting and Size】和【Margin and Zones】两个选项区域，如图 3-14 所示。

①【Formatting and Size】用于设置图纸的大小，有【Template】、【Standard】、【Custom】三个选项卡。

- 单击展开【Template】选项卡，再单击【Template】下拉按钮会弹出一些保存的模板供选择。
- 单击展开【Standard】选项卡，在【Sheet Size】下拉列表框中有一些标准的打印纸型，有公制图纸尺寸（A0～A4）、英制图纸尺寸（A～E）、OrCAD 标准尺寸（OrCAD A～OrCAD E），还有一些其他格式（Letter、Legal、Tabloid 等），如图 3-15 所示。

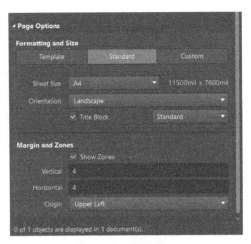
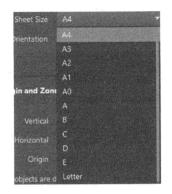

图 3-14 【Page Options】选项区域　　　　图 3-15 【Sheet Size】下拉列表框

- 单击展开【Custom】选项卡，在其中可以自行设置纸高度和宽度。一般打印机以 A4 纸居多，如无特殊需求建议选用标准 A4 纸，防止因纸张格式不一致导致后期打印困难。

【Orientation】：设置图纸方向，有两种，分别是【Landscape】和【Portrait】，即横向和纵向。图纸方向设置下拉列表框下方有一个【Title Block】复选框，选中此复选框后，图纸右下方会有标题栏，有【Standard】（标准格式）和【ANSL】（美国国家标准格式）。

②【Margin and Zones】用于设置将整个图纸划分为几个区域，选中【Show Zones】复选框后，边框会有排列序号，系统默认 Upper Left（左上角）开始编号，设置完成后如图 3-16 所示。

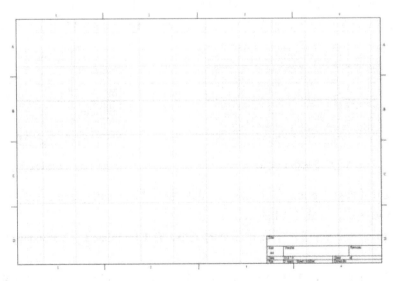

图 3-16　图纸划分区域

2．图纸信息的设置

图纸信息记录了电路原理图的信息和更新记录，这项功能可以使用户更系统、更高效地对电路图纸进行管理。

在【Document Options】对话框中单击【Parameters】选项卡，即可看到图纸信息设置的具体内容，如图 3-17 所示。

- 【Address 1】、【Address 2】、【Address 3】、【Address 4】：设置设计者的通信地址。
- 【Application_BuildNumber】：应用标号。
- 【ApprovedBy】：项目负责人。
- 【Author】：设置图纸设计者姓名。
- 【CheckedBy】：设置图纸检验者姓名。
- 【CompanyName】：设置设计公司名称。
- 【CurrentDate】：设置当前日期。
- 【CurrentTime】：设置当前时间。
- 【Date】：设置日期。
- 【DocumentFullPathAndName】：设置项目文件名和完整路径。
- 【DocumentName】：设置文件名。
- 【DocumentNumber】：设置文件编号。
- 【DrawnBy】：设置图纸绘制者姓名。
- 【Engineer】：设置设计工程师。
- 【ImagePath】：设置影像路径。
- 【ModifiedDate】：设置修改日期。
- 【Orgnization】：设置设计机构名称。
- 【Revision】：设置设计图纸版本号。
- 【Rule】：设置设计规则。
- 【SheetNumber】：设置电路原理图编号。
- 【SheetTotal】：设置整个项目中的原理图总数。
- 【Time】：设置时间。
- 【Title】：设置原理图标题。

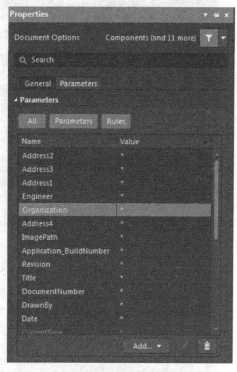

图 3-17　图纸信息管理界面

每个设计信息后都可在【Value】文本编辑栏内输入具体信息值。

3.2.4　原理图系统环境参数的设置

系统环境参数的设置是原理图设计过程中重要的一步，用户根据个人的设计习惯，设置合理的环境参数，将会大大提高设计的效率。

在编辑区内右击，在弹出的菜单中执行【原理图优先项】命令，将会打开原理图的【优选项】对话框。

在该对话框左侧窗格中【Schematic】项下有 8 个子项供设计者进行设置。下面分别介绍前两个子项【Schematic-General】和【Schematic-Graphical Editing】。

1.　【Schematic-General】

【Schematic-General】用于设置电路原理图的环境参数，如图 3-18 所示。下面对其中常用选项进行介绍。

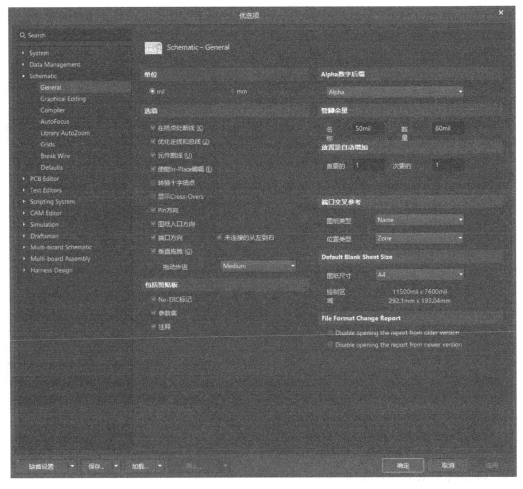

图 3-18 【Schematic-General】界面

（1）【单位】选项区域 分为英制单位和毫米，建议前后统一，常用英制单位。

（2）【选项】选项区域

- 【在结点处断线】复选框：用于设置在原理图上拖动或插入元器件时，与该元器件相连接的导线一直保持直角。若不选中该复选框，在移动元器件时导线可以为任意的角度。
- 【优化走线和总线】复选框：用于设置在导线和总线连接时，防止各种电气连线和非电气连线的相互重叠。
- 【元件割线】复选框：若【优化走线和总线】复选框被选中后，【元件割线】复选框也呈现可选状态。它用于设置当放置一个元器件到原理图导线上时，该导线将被分割为两段，并且导线的两个端点分别自动与元器件的两个引脚相连。
- 【使能 In-Place 编辑】复选框：用于设置在编辑原理图中的文本对象时，如元器件的序号、注释等，可以双击后直接进行编辑、修改，而不必打开相应的对话框。
- 【转换十字结点】复选框：用于设置在 T 字形连接处增加一段导线形成四个方向的连接时，会自动产生两个相邻的三向连接点，如图 3-19 所示。若没有选中该复选框，会形成两条交叉且没有电气连接的导线，如图 3-20 所示。若此时选中【显示 Cross-Overs】复选框，还会在相交处显示一个拐过的曲线。

- 【显示 Cross-Overs】复选框：用于设置非电气连线的交叉点处以半圆弧显示，如图 3-21 所示。
- 【Pin 方向】复选框：用于设置在原理图文档中显示元器件引脚的方向，引脚方向由一个三角符号表示。
- 【图纸入口方向】复选框：用于设置在层次原理图（将在第 4 章介绍）的图纸符号形状。若选中该复选框，图纸入口按其属性的 I/O 类型显示；若不选中该复选框，图纸入口按其属性中的类型显示。

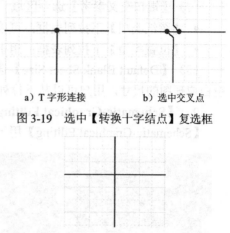

a）T 字形连接　　　b）选中交叉点

图 3-19　选中【转换十字结点】复选框

- 【端口方向】复选框：用于设置原理图文档中端口的类型。若选中该复选框，端口按其属性中的 I/O 类型显示；若不选中该复选框，端口按其属性中的类型显示。
- 【未连接的从左到右】复选框：用于设置当选中【端口方向】复选框时，原理图中未连接的端口将显示从左到右的方向。

图 3-20　未选中【转换十字结点】复选框

- 【垂直拖拽】复选框：选中该复选框后，在原理图上拖动元器件时，与元器件相连接的导线只能保持直角。若不选中，与元器件相连接的导线可以呈现任意的角度。

（3）【包括剪贴板】选项区域

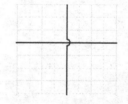

图 3-21　非电气连接的导线

- 【No-ERC 标记】复选框：用于设置在复制、剪切设计对象到剪贴板或打印时，将包含图纸中的忽略 ERC 检查符号。
- 【参数集】复选框：用于设置在复制、剪切设计对象到剪贴板或打印时，将包含元器件的参数信息。

（4）【Alpha 数字后缀】选项区域　用于设置在放置复合元器件时，其子部件的后缀形式。其下拉菜单有以下 3 个选项。

- 【Alpha】：用于设置子部件的后缀以字母显示，如 U1A、U1B 等。
- 【Numeric separated by a dot】：用于设置子部件的后缀以数字显示并用点隔开，如 U1.1、U1.2 等。
- 【Numeric separated by a colon】：用于设置子部件的后缀以数字显示并用冒号隔开，如 U1:1、U1:2 等。

（5）【管脚余量】选项区域

- 【名称】文本框：用于设置元器件的引脚名称与元器件符号边界的距离，系统默认值为 50mil。
- 【数量】文本框：用于设置元器件的引脚号与元器件符号边界的距离，系统默认值为 80mil。

（6）【放置是自动增加】选项区域

- 【首要的】文本框：用来设置在原理图上相邻两次放置同一种元器件时，元器件序号按照设置的数值自动增加，系统默认设置为 1。

- 【次要的】文本框：用于设置在编辑元器件库时，引脚号的自动增量数，系统默认设置为 1。

（7）【端口交叉参考】选项区域

- 【图纸类型】下拉列表框：可以设置为 Name 或 Number。
- 【位置类型】下拉列表框：用于设置空间位置或坐标位置的形式。

（8）【Default Blank Sheet Size】选项区域　可应用已有的模板，也可以用于设置默认的空白原理图的尺寸，用户可以从下拉列表中选择。

2. 【Schematic-Graphical Editing】

【Schematic-Graphical Editing】用于设置图形编辑环境参数，如图 3-22 所示。

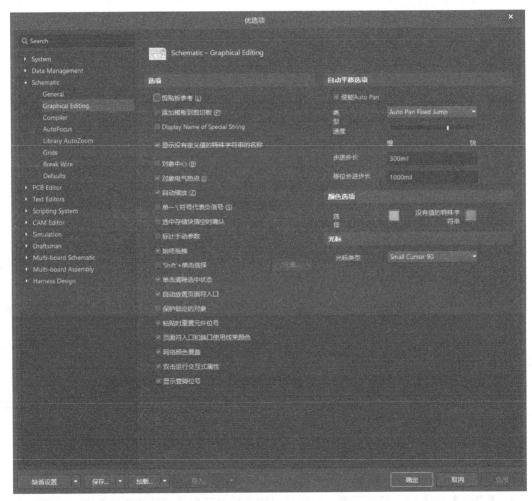

图 3-22　【Schematic-Graphical Editing】界面

（1）【选项】选项区域

- 【剪贴板参考】复选框：用于设置当用户执行【Edit】→【Copy】/【Cut】命令时，将会被要求选择一个参考点。建议选中该复选框。
- 【添加模板到剪切板】复选框：用于设置当执行复制或剪切命令时，系统将会把当前原理图所用的模板文件一起添加到剪切板上。

- 【Display Name of Special String】复选框：每个特殊字符串的名称都显示为模糊的上标（注意，这些上标不会被打印）。
- 【对象中心】复选框：用于设置对象进行移动或拖动时，以其参考点或对象的中心为中心。
- 【对象电气热点】复选框：用于设置对象，可以通过对象最近的电气节点进行移动或拖动对象。
- 【自动缩放】复选框：用于设置当插入元器件时，原理图可以自动实现缩放。
- 【单一'\'符号代表负信号】复选框：用于设置以'\'表示某字符为非或负，即在名称上面加一横线。
- 【选中存储块清空时确认】复选框：用于设置在清除被选的存储器时，将出现确认对话框。
- 【标记手动参数】复选框：用于设置若自动定位取消，则用一个点来标识，并且这些参数被移动或旋转。
- 【始终拖拽】复选框：用于设置使用鼠标拖动被选对象时，与其相连的导线也会随之移动。
- 【'Shift'+单击选择】复选框：用于设置同时使用【Shift】键和鼠标才可以选中对象。
- 【单击清除选中状态】复选框：用于设置单击原理图中的任何位置就可以取消设计对象的选中状态。
- 【自动放置页面符入口】复选框：用于设置系统自动放置图纸入口。
- 【保护锁定的对象】复选框：用于设置系统保护锁定的对象。
- 【粘贴时重置元件位号】复选框：选中该复选框后，复制粘贴元器件时，元器件编号将还原到最初元器件库时的编号；若不选中该复选框，将完全复制上一个元器件，包括编号。
- 【页面符入口和端口使用线束颜色】复选框：用于设定图纸入口及端口的颜色。
- 【网络颜色覆盖】复选框：选中该复选框后，激活网络颜色功能，可设置网络对象的颜色。

（2）【自动平移选项】选项区域　用于设置自动移动参数。绘制原理图时，常常要平移图形，当有光标时，移动光标，系统会自动进行原理图的移动，保证光标在可视区域，通过该选项区域中的参数可设置移动的形式和速度。

- 【类型】下拉列表框：用于设置系统原理图的移动方式，有两个选项可供选择，分别是【Auto Pan Fixed Jump】（按照固定步长自动移动原理）和【Auto Pan Recenter】（以光标最近位置作为现实的中心）。系统默认设置为【Auto Pan Fixed Jump】。
- 【速度】滑块：用来改变移动速度，越往右滑动越快。
- 【步进步长】文本框：用于设置每次移动的步长，数值越大移动速度越快。
- 【移位步进步长】文本框：用来设置按住【Shift】键以后的移动速度，一般是要大于步进步长，这样可以加快移动速度。

（3）【颜色选项】选项区域　用于设置所选中的对象和栅格的颜色。

- 【选择】色块图标：用来设置所选中对象的颜色，默认颜色为绿色。

（4）【光标】选项区域　用于设置光标的类型。

- 【光标类型】下拉列表框：用于设置光标的类型，可以设置四种：Large Cursor 90（90° 大光标）、Small Cursor 90（90°小光标）、Small Cursor 45（45°小光标）和 Tiny Cursor 45（45°微小光标）。

3.3　对元器件库的操作

电路原理图是由大量的元器件构成的，绘制电路原理图的本质就是在编辑区内不断放置元器件的过程。但元器件的数量庞大、种类繁多，因而需要按照不同生产商及不同的功能类别进行分类，并分别存放在不同的文件内，这些专用于存放元器件的文件就是库文件。

3.3.1　【Components】面板

【Components】面板是 Altium Designer 系统中最重要的应用面板之一。它不仅为原理图编辑器服务，而且在印制电路板编辑器中也同样发挥重要作用。为了更高效地进行电子产品设计，用户应当熟练掌握它。【Components】面板如图 3-23 所示。

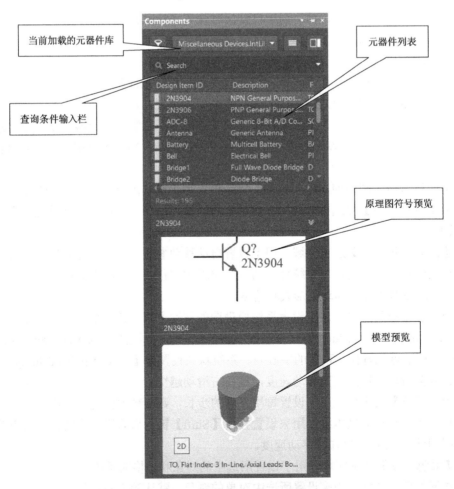

图 3-23　【Components】面板

- 当前加载的元器件库：该下拉列表框中列出了当前项目加载的所有库文件。单击右边的下拉按钮，可以进行选择并改变激活的库文件。
- 查询条件输入栏：用于输入与要查询的元器件相关的内容，帮助用户快速查找。
- 元器件列表：用来列出满足查询条件的所有元器件或用来列出当前被激活的元器件库所包含的所有元器件。
- 原理图符号预览：用来预览当前元器件在原理图中的外形符号。
- 模型预览：用来预览当前元器件的各种模型，如 PCB 封装形式、信号完整性分析及仿真模型等。

【Components】面板提供对所选择的元器件的预览，包括原理图中的外形符号和印制电路板封装形式，以及其他模型符号，以便在元器件放置之前就可以先看到这个元器件大致是什么样子。另外，该面板还具有元器件的快速查找、元器件库的加载以及元器件的放置等多种便捷而全面的功能。

3.3.2　加载和卸载元器件库

为了方便地把相应的元器件原理图符号放置到图纸上，一般应将包含所需要元器件的元器件库载入内存中，这个过程就是元器件库的加载。但不能加载系统包含的所有元器件库，这样会占用大量的系统资源，降低应用程序的使用效率。所以，如果有的元器件库暂时用不到，应及时将该元器件库从内存中移出，这个过程就是元器件库的卸载。

1．加载元器件库

下面具体介绍一下元器件库加载的操作过程。

【例 3-2】 加载已下载的元器件库。

1）在【Components】面板中单击【Operations】按钮，然后选择【File-based Libraries Preferences】，则可以打开如图 3-24 所示的【可用的基于文件的库】对话框。

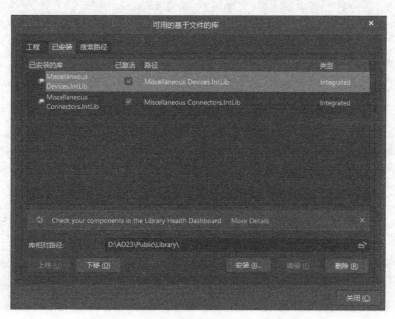

图 3-24 【可用的基于文件的库】对话框

2）在【已安装】选项卡中单击【安装】按钮，系统则会弹出如图 3-25 所示的元器件库浏览窗口。

图 3-25　元器件库浏览窗口

3）在窗口中选择确定的库文件夹，打开后选择相应的元器件库。例如，选择 3DGeneral1.PcbLib，单击【打开】按钮后，该元器件库就会出现在【可用的基于文件的库】对话框中，完成了加载工作，如图 3-26 所示。

图 3-26　已加载元器件库

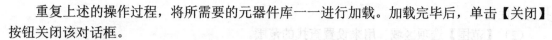

重复上述的操作过程,将所需要的元器件库一一进行加载。加载完毕后,单击【关闭】按钮关闭该对话框。

2. 卸载元器件库

在【可用的基于文件的库】对话框中选中某一不需要的元器件库,单击【删除】按钮,即可完成对该元器件库的卸载。

> **提示:** 由于内存有限,以及对速率的要求,一般只保留单个项目所需要的库即可,其他库可先删除;若其他项目有需要,再重新进行加载以保证效率。

3.4 对元器件的操作

3.4.1 元器件的查找

系统提供两种查找方式:一种是在【基于文件的库搜索】中进行元器件的查找;另一种是用户只知道元器件的名称,并不知道该元器件所在的元器件库名称,这时可以利用系统提供的查找功能来查找元器件,并加载相应的元器件库。

1. 【基于文件的库搜索】对话框介绍

在【Components】面板上,单击■按钮选择【File-based Libraries Search】,可以打开如图 3-27 所示的【基于文件的库搜索】对话框。

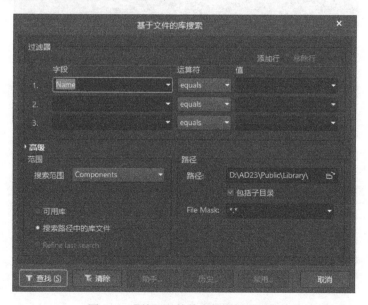

图 3-27 【基于文件的库搜索】对话框

图 3-27 所示为简单查找对话框,如果要进行高级查找,单击图 3-27 所示对话框中的【高级】文字链接,展开高级查找对话框进行查找。

该对话框主要分成以下几个部分,了解每部分的功能,便于查找工作的完成。

(1)【过滤器】选项区域 可以输入查找元件的【域】属性,如 Name 等;然后设置【运算符】,如 equals、contains、starts with 和 ends with 等;在【值】下拉列表框中输入所要查找的属性值。

（2）【范围】选项区域　用来设置查找的范围。

- 【搜索范围】下拉列表框：单击下拉按钮，会提供四种可选类型，即 Components（元器件）、Footprints（PCB 封装）、3D Models（3D 模型）、Database Components（数据库元器件）。
- 【可用库】单选按钮：选中该单选按钮后，系统会在已加载的元器件库中查找。
- 【搜索路径中的库文件】单选按钮：选中该单选按钮后，系统按照设置好的路径范围进行查找。

（3）【路径】选项区域　用来设置查找元器件的路径，只有在选中【搜索路径中的库文件】单选按钮时，该项设置才是有效的。

- 【路径】文本框：单击右侧的文件夹图标，系统会弹出【浏览文件夹】窗口供用户选择设置搜索路径，若选中下面的【包含子目录】复选框，包含在指定目录中的子目录也会被搜索。
- 【File Mask】下拉列表框：用来设定查找元器件的文件匹配域。

（4）【高级】选项　该选项用于进行高级查询，如图 3-28 所示。在该选项的文本框中，输入一些与查询内容有关的过滤语句表达式，有助于使系统进行更快捷、更准确的查找。在文本框中输入"(Name ='*LF347*')"，单击【查找】按钮后，系统开始搜索。

图 3-28　高级查询

在对话框的下方还有一排按钮，它们的作用如下。

- 【清除】按钮：单击该按钮，可将【元器件库查找】文本编辑框中的内容清除干净，方便下次的查找工作。
- 【助手】按钮：单击该按钮，可以打开【Query Helper】对话框，如图 3-29 所示。在该对话框内，可以输入一些与查询内容相关的过滤语句表达式，有助于对所需的元器件进行快捷、精确地查找。

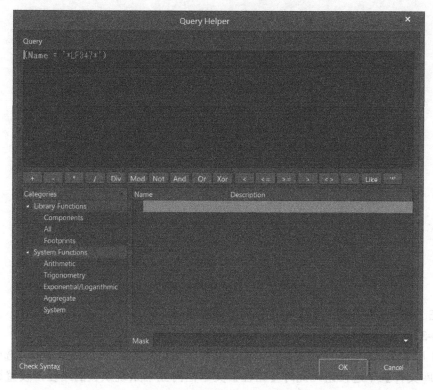

图 3-29 【Query Helper】对话框

- 【历史】按钮：单击该按钮，则会打开【Expression Manager】的【History】选项卡，如图 3-30 所示，这里存放着以往所有的查询记录。

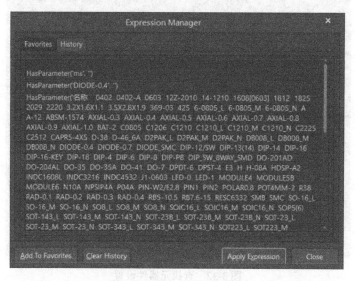

图 3-30 【History】选项卡

- 【常用】按钮：单击该按钮，则会打开【Expression Manager】的【Favorites】选项卡，如图 3-31 所示。用户可将已查询的内容保存在这里，便于下次用到该元器件时可直接使用。

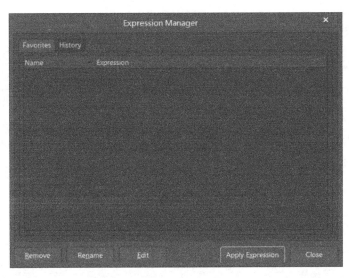

图 3-31　【Favorites】选项卡

2. 在【基于文件的库搜索】中进行元器件的查找

【例 3-3】　查找未知元器件，并将其添加到相应的库文件中。

1）打开【基于文件的库搜索】对话框，设置【搜索范围】为 Components，选中【搜索路径中的库文件】单选按钮，此时【路径】文本框内显示系统默认的路径，设置运算符为【contains】，在【值】下拉列表框内输入元器件的全部名称或部分名称，如 Diode。设置好的【基于文件的库搜索】对话框，如图 3-32 所示。

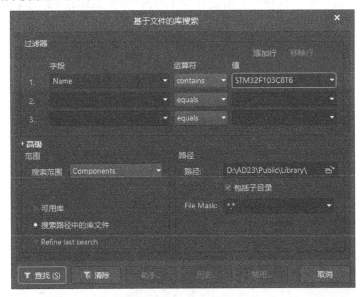

图 3-32　查找元器件设置

　　提示：搜索路径可自行更改为库所在的文件夹，也可以将库文件放到默认文件夹中，如果选中【包括子目录】复选框，也可放到其子路径。建议将所有的库都放到一个文件夹中。

2）单击【查找】按钮后，系统开始查找元器件。

查找结束后的元器件【Components】面板如图 3-33 所示。经过查找，满足查询条件的元器件共有 34 个，它们的元器件名、原理图符号、模型名称及封装形式预览在面板上一一被列出。

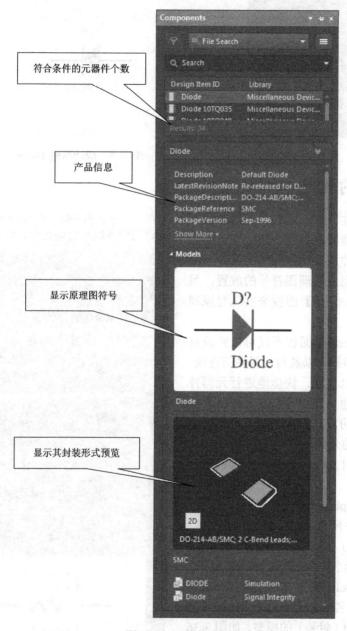

符合条件的元器件个数

产品信息

显示原理图符号

显示其封装形式预览

图 3-33　元器件查找结果

3）在【Design Item ID】列表框中，单击选中需要的元器件，例如，这里选中了 Diode。在选中元器件名称上右击，系统会弹出一个如图 3-34 所示的菜单。

4）执行【Place Diode】菜单命令，或者拖动元器件到原理图，则如图 3-35 所示，元器件被成功添加到原理图中。

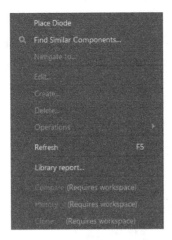

图 3-34 元器件操作菜单

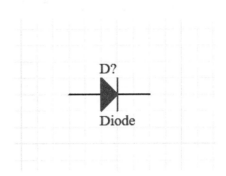

图 3-35 成功添加 Diode

3.4.2 元器件的放置

在原理图绘制过程中，将各种元器件的原理图符号放置到原理图纸中是一项很重要的操作。系统提供了两种放置元器件的方法：一种是利用菜单命令来完成原理图符号的放置；另一种是使用【Components】面板来实现对原理图符号的放置。

由于【Components】面板不仅可以完成对元器件库的加载、卸载，以及对元器件的查找、浏览等功能，还可以直观、快捷地进行元器件的放置，所以本书建议使用【Components】面板来完成对元器件的放置。至于第一种放置方法，这里不做过多的介绍。

【例 3-4】 使用【Components】面板进行元器件的放置。

1）打开【Components】面板，先在库文件下拉列表中选中所需元器件所在的元器件库，之后在相应的【Design Item ID】列表框中选中需要的元器件。本例选择元器件库 Miscellaneous Devices.IntLib 中的元器件 Res1。

2）选中【模型名称】为 AXIAL-0.3、【模型类型】为 Footprint（封装）的模型，如图 3-36 所示。

3）右击 Res1，选择【Place Res1】按钮，或者直接双击选中的元器件 Res1，相应的元器件符号就会自动出现在原理图编辑区内，并随米字光标移动，如图 3-37 所示。

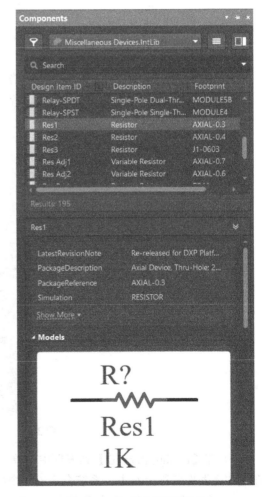

图 3-36 选中需要的元器件

4）到达放置位置后，单击即可完成一次该元器件的放置，同时系统会保持放置下一个相同元器件的状态。重复操作，可以放置多个相同的元器件，右击可以退出放置状态。

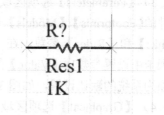

图 3-37　放置的元器件

3.4.3　编辑元器件的属性设置

在原理图上放置的所有元器件都具有自身的特定属性，如标识符、注释、位置和所在库名等，在放置好每一个元器件后，都应对其属性进行正确的编辑和设置，以免给后面生成网络表和印制电路板的制作带来错误。

1. 手动给各元器件加标注

下面就以电阻的属性设置为例，介绍如何设置元器件的属性。

在【例3-4】中放置元器件的第4）步前，按【Tab】键可弹出设置属性对话框，若针对已经放置完毕的元器件，则双击电阻元器件 Res1，系统会弹出相应的【Properties】对话框，如图3-38所示。引脚多的元器件需要注意，不能双击其中引脚，否则弹出的对话框只是单个引脚的相关设置。

图 3-38　【Properties】对话框

> **提示**：建议在放置元件前利用【Tab】键进行属性设置。通常在一个原理图中会有相同的元器件，如果在放置元器件时用【Tab】键更改属性，那么其他相同元器件的属性系统也会自动更改，特别是元器件的名称和封装形式，这样不仅方便，还能减少不必要的错误，如忘记更改元器件的属性等。如果等放置完元器件再统一更改属性，这样既费时又费力，还容易出现错误。

【Properties】对话框包括【General】和【Pins】两个选项卡。

（1）【General】选项卡　该选项卡中包括【General】、【Location】、【Parameters】、【Graphical】和【Part Choices】等选项区域。有些功能之前章节已介绍过，本章主要介绍一些新功能。

1）【General】选项区域包括【Designator】和【Comment】等文本框。

- 【Designator】文档本是用来对原理图中的元器件进行标识的，以对元器件进行区分，方便印制电路板的制作。
- 【Comment】文本框是用来对元器件进行注释说明的。

一般来说，应选中【Designator】后面的 ◉，不选中【Comment】后面的 ◉。这样在原理图中只是显示该元器件的标识，不会显示其注释内容，便于原理图的布局。该区域中其他属性均采用系统的默认设置。

- 【Description】文本框用来添加一些关于元器件的描述。
- 【Source】下拉列表框用于显示该元器件所在的库。

2）【Location】选项区域用于设置该元器件所在的位置和方向。

3）【Parameters】选项区域用于设置该元
器件的【Footprints】、【Models】、【Parameters】、
【Links】和【Rules】参数，在【Parameters】
选项卡中设置参数项【Value】的值为 1K，其
余项为系统的默认设置，如图 3-39 所示。

4）【Graphical】选项区域用来设置元器
件的颜色。

选中【Graphical】选项区域下部的【Local
Colors】复选框，其右边就会给出三个颜色设
置的按钮，如图 3-40 所示。它们分别是对元器
件填充色的设置、对元器件边框色的设置和对
元器件引脚色的设置。单击颜色按钮，进入设
置界面，颜色设置方法与之前章节介绍的一样。

5）【Part Choices】选项区域用来帮助用
户快速查找和筛选所需的元器件，搜索结果将
显示符合搜索条件的所有元器件的名称、型号
和供应商等信息，方便用户根据搜索结果比较
不同的元器件，管理元器件信息。

图 3-39 【Parameters】选项卡

图 3-40 颜色设置按钮

（2）【Pins】选项卡 在界面单击下方的 ✎ 按钮，打开如图 3-41 所示的【元件管脚编辑
器】对话框，在这里可对元件引脚进行编辑设置。

图 3-41 【元件管脚编辑器】对话框

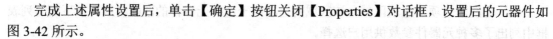

完成上述属性设置后，单击【确定】按钮关闭【Properties】对话框，设置后的元器件如图 3-42 所示。

2. 自动给各元器件添加标注

有的电路原理图比较复杂，由许多的元器件构成，如果用手动标注的方式对元器件逐个进行操作，不仅效率低，而且容易出现标注遗漏、标注号不连续或重复标注的现象。为了避免上述错误的发生，可以使用系统提供的自动标注功能来轻松完成对元器件的标注。

图 3-42　设置后的元器件

执行【工具】→【标注】→【原理图标注】命令，系统会弹出【标注】对话框，如图 3-43 所示。

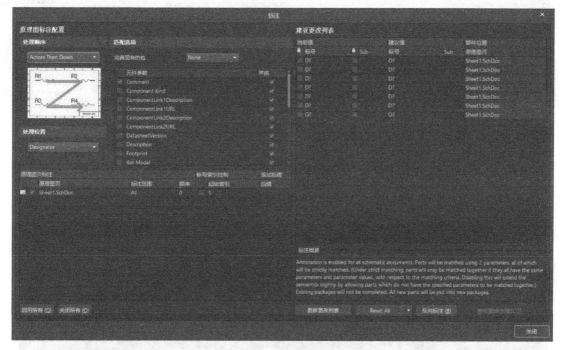

图 3-43　【标注】对话框

可以看到该对话框包含 4 个选项区域，分别是【处理顺序】、【匹配选项】、【原理图页标注】、【建议更改列表】。

（1）【处理顺序】选项区域　该区域的选项用于设置元器件标注的处理顺序，下拉列表框中给出了 4 种可供选择的标注方案。

- 【Up Then Across】：按照元器件在原理图中的排列位置，先按从下到上、再按从左到右的顺序自动标注。
- 【Down Then Across】：按照元器件在原理图中的排列位置，先按从上到下、再按从左到右的顺序自动标注。
- 【Across Then Up】：按照元器件在原理图中的排列位置，先按从左到右、再按从下到上的顺序自动标注。
- 【Across Then Down】：按照元器件在原理图中的排列位置，先按从左到右、再按从上到下的顺序自动标注。

（2）【匹配选项】选项区域　该区域的选项用于选择元器件的匹配参数，在下面的列表框中列出了多种元器件参数供用户选择。

（3）【原理图页标注】选项区域　该区域的选项用来选择要标注的原理图文件，并确定注释范围、起始索引值及后缀字符等。

（4）【建议更改列表】选项区域　该区域的选项用来显示元器件的标志在改变前后的变化，并指明元器件所在原理图的名称。

下面用一个简单的例子来说明如何使用自动标注功能对元器件进行标注。

【例 3-5】　元器件的自动标注。

原理图文件 Sheet1.SchDoc 如图 3-44 所示。

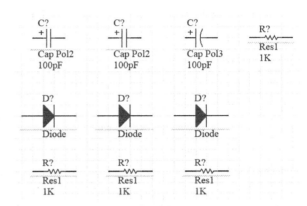

图 3-44　需要自动标注的元器件

1）打开【标注】对话框，设置【处理顺序】为【Down Then Across】（先按从上到下、再按从左到右的顺序）；在【匹配选项】列表框中选中【Comment】与【Library Reference】两项；【标注范围】设为 All，【顺序】设为 1，【起始索引】也设置为 1。设置好后的【标注】对话框如图 3-45 所示。

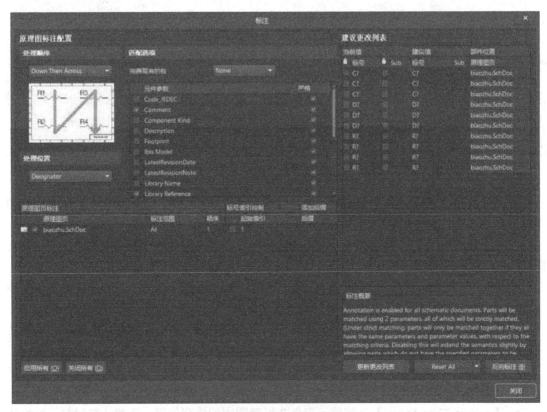

图 3-45　自动标注设置

2）设置完成后，单击【更新更改列表】按钮，系统弹出如图 3-46 所示的提示框，提醒用户元器件状态要发生变化。

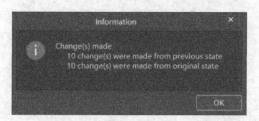

图 3-46　元器件状态变化提示框

3）单击提示框中的【OK】按钮，系统会更新要标注元器件的标号，并显示在【建议更改列表】中，同时【标注】对话框右下角的【接收更改】按钮处于激活状态，如图 3-47 所示。

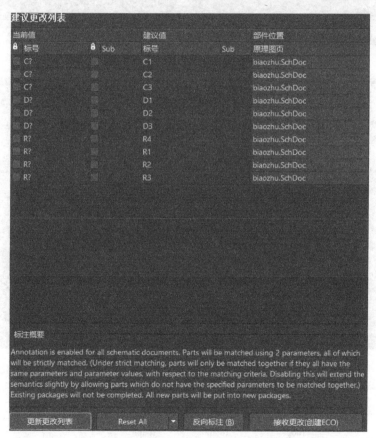

图 3-47　标号更新

4）单击【接收更改】按钮，系统自动弹出【工程变更指令】对话框，如图 3-48 所示。

5）单击【验证变更】按钮，可使标号变化有效，但此时原理图中的元器件标号并没有显示出变化。

6）单击【执行变更】按钮，【工程变更指令】对话框如图 3-49 所示。

7）依次关闭【工程变更指令】对话框和【标注】对话框，可以看到标注后的元器件如图 3-50 所示。

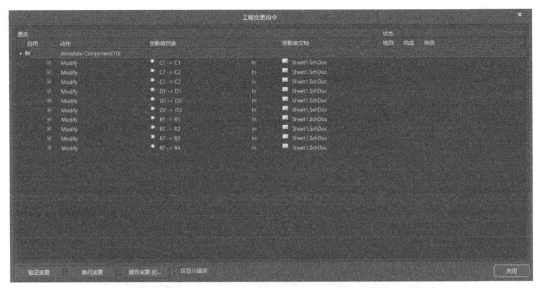

图 3-48 【工程变更指令】对话框

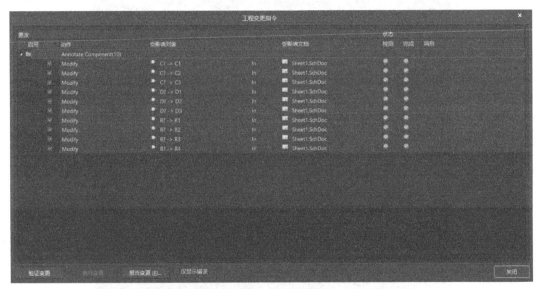

图 3-49 变化生效后【工程变更指令】对话框

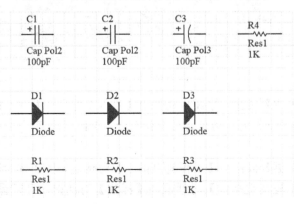

图 3-50 完成自动标注的元器件

3.4.4 调整元器件的位置

放置元器件时，其位置一般是大体估计的，并不能满足设计要求的清晰和美观。所以，需要根据原理图的整体布局，对元器件的位置进行一定的调整。

元器件位置的调整主要包括元器件的移动、元器件方向的设定和元器件的排列等。

【例 3-6】 对元器件进行排列。对如图 3-51 所示的多个元器件进行位置排列，使其在水平方向上均匀分布。

1）单击【标准】工具栏中的□按钮，光标变成"十"字形状，单击并拖动鼠标将要调整的元器件包围在选择矩形框中，再次单击选中这些元器件，如图 3-52 所示。

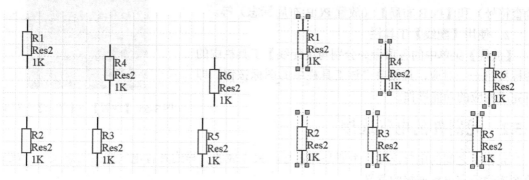

图 3-51 待排列的元器件　　　　　　　图 3-52 已选中待调整的元器件

2）执行【编辑】→【对齐】→【顶对齐】命令，或者在编辑区中按键盘上的【A】键，执行【顶对齐】命令，则选中的元器件以最上边的元器件为基准顶端对齐，如图 3-53 所示。

3）继续在原理图编辑区按快捷键【A】键，再执行【对齐】→【水平分布】命令，使选中的元器件在水平方向上均匀分布。

4）单击【标准】工具栏中的▨图标，取消元器件的选中状态，操作完成后的元器件排列如图 3-54 所示。

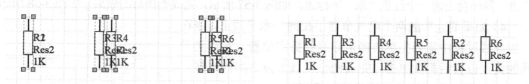

图 3-53 调整后的元器件　　　　　　　图 3-54 操作完成后的元器件排列

3.5　电路原理图的绘制

在原理图中放置好需要的元器件，并编辑好它们的属性后，就可以着手连接各个元器件以建立原理图的实际连接。这里所说的连接，实际上就是电气意义上的连接。

电气连接有两种实现方式：一种是直接使用导线将各个元器件连接起来，称为"物理连接"；另外一种是不需要实际的相连操作，而是通过设置网络标签使得元器件之间具有电气连接关系。

3.5.1 原理图连接工具介绍

系统提供了三种对原理图进行连接的操作方法，即使用菜单命令、使用【配线】工具栏和使用快捷键。由于使用快捷键需要记忆各个操作的快捷键，容易混乱，不易应用到实际操作中，所以这里不予介绍。

1．使用菜单命令

【放置】命令中包含放置各种原理图元器件的命令，也包括了对总线、总线入口、导线和网络标签等的连接工具，以及文本字符串、文本框的放置。其中，【指示】子菜单如图 3-55 所示，常用到的有【通用 No ERC 标号】（放置忽略 ERC 检查符号）和【PCB 布局】（放置 PCB 布局标志）等。

2．使用【配线】工具栏

【放置】菜单中的各项命令分别与【配线】工具栏中的图标按钮一一对应，直接单击该工具栏中的图标按钮，即可完成相应的功能操作。

图 3-55 【放置】→【指示】子菜单

3.5.2 元器件的电气连接

元器件之间的电气连接，主要是通过导线来完成的。导线具有电气连接的意义，一般的绘图连线没有电气连接的意义。

1．绘制导线

1）执行绘制导线命令，有以下两种方法。

方法 1：执行【放置】→【线】命令。

方法 2：单击【配线】工具栏中的【放置线】按钮≈。

2）执行绘制导线命令后，光标变为"十"字形状。移动光标到将放置导线的位置，会出现一个红色"米"字标志，表示找到了元器件的一个电气节点，如图 3-56 所示。

3）在导线起点处单击并拖动鼠标，随之绘制出一条导线，拖动到待连接的另外一个电气节点处，同样会出现一个红色"米"字标志，如图 3-57 所示。完成连接后的效果，如图 3-58 所示。

4）如果要连接的两个电气节点不在同一水平线上，则在绘制导线过程中需要先单击确定导线的折点位置，在找到导线的终点位置后再次单击，完成两个电气节点之间的连接。右击或按【Esc】键退出导线的绘制状态。

图 3-56 开始导线连接

2．绘制总线

总线是一组具有相同性质的并行信号线的组合，如数据总线、地址总线和控制总线等。在原理图的绘制中，用一根较粗的线条来清晰、方便地表示总线。其实在原理图编辑环境中的总线没有任何实质的电气连接意义，仅仅是为了方便绘制原理图和查看原理图而采取的一种简化连线的表现形式。

图 3-57 连接元器件

1）执行绘制总线命令，有以下两种方法。

方法 1：执行【放置】→【总线】命令。

方法 2：单击【配线】工具栏中的【放置总线】按钮。

图 3-58 完成元器件的电气连接

2）执行绘制总线命令后，光标变成"十"字形状，移动光标到待放置总线的起点位置，单击，确定总线的起点位置，然后拖动光标绘制总线，如图 3-59 所示。

3）在每个拐点位置都单击确认，到达适当位置后，再次单击确定总线的终点。右击或按【Esc】键可退出总线的绘制状态。绘制完成的总线如图 3-60 所示。

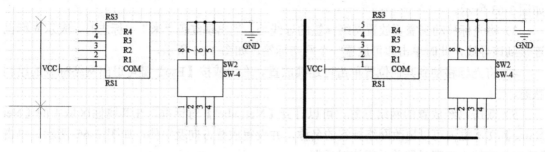

图 3-59 开始绘制总线　　　　　　　　　　图 3-60 绘制完成的总线

3. 绘制总线入口

总线入口是单一导线与总线的连接线。与总线一样，总线入口也不具有任何电气连接的意义。使用总线入口可以使电路原理图更为美观和清晰。

1）执行绘制总线入口命令，有以下两种方法。

方法 1：执行【放置】→【总线入口】命令。

方法 2：单击【配线】工具栏中的【放置总线入口】按钮。

2）执行绘制总线入口命令后，光标变为"十"字形状，并带有总线入口符号"/"或"\"，如图 3-61 所示。

3）在导线与总线之间单击，即可放置一段总线入口。同时在放置总线入口的状态下，按【Space】键可以调整总线入口线的方向，每按一次，总线入口线逆时针旋转 90°。右击或按【Esc】键退出总线入口的绘制状态。绘制完成的总线入口如图 3-62 所示。

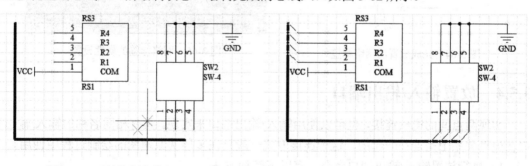

图 3-61 开始绘制总线入口　　　　　　　　图 3-62 绘制完成的总线入口

3.5.3 放置网络标签

在绘制过程中，元器件之间的连接除了可以使用导线外，还可以通过网络标签的方法来实现。

具有相同网络标签名的导线或元器件引脚，无论在图上是否有导线连接，其电气关系都是连接在一起的。使用网络标签代替实际的导线连接可以大大简化原理图的复杂度。例如，在连接两个距离较远的电气节点时，使用网络标签就不必考虑走线的困难。需要注意的是，网络标签名是区分大小写的，相同的网络标签名是指形式上完全一致的网络标签名。

1）执行放置网络标签命令，有以下两种方法。

方法 1：执行【放置】→【网络标签】命令。

方法 2：单击【配线】工具栏中的【放置网络标签】按钮 。

2）执行放置网络标签命令后，光标变为"十"字形状，并附有一个初始标号 NetLabel1，如图 3-63 所示。

3）将光标移动到需要放置网络标签的导线处，当出现红色"米"字标志时，表示光标已连接到该导线，此时单击即可放置一个网络标签，如图 3-64 所示。

4）将光标移动到其他位置单击可连续放置。右击或按【Esc】键可退出网络标签的绘制状态。

5）双击已经放置的网络标签，可以打开【NetLabel】对话框。在其属性区域中的【Net Name】文本框内可以更改网络标签的名称，并设置放置方向及字体，如图 3-65 所示。单击【确定】按钮，保存设置并关闭该对话框。

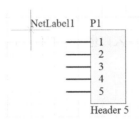

图 3-63　放置网络标签

图 3-64　完成放置的网络标签

图 3-65　网络标签的属性设置

3.5.4　放置输入/输出端口

实现两点间的电气连接，也可以使用输入/输出端口来实现。具有相同名称的输入/输出端口在电气关系上是连在一起的，这种连接方式一般只在多层次原理图的绘制过程中使用。

1）执行放置输入/输出端口命令，有以下两种方法。

方法 1：执行【放置】→【端口】命令。

方法 2：单击【配线】工具栏中的【放置端口】按钮 。

2）执行放置输入/输出端口命令后，光标变为"十"字形状，并附带有一个输入/输出端口符号，如图 3-66 所示。

3）移动光标到适当位置，当出现红色"米"字标志时，表示光标已连接到该处。单击确定端口的一端位置，然后拖动光标调整端口大小，再次单击确定端口的另一端位置，如图 3-67 所示。

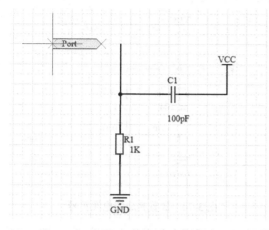

图 3-66　放置输入/输出端口

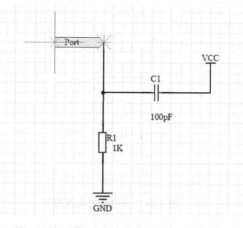

图 3-67　完成放置

4）右击或按【Esc】键退出输入/输出端口的绘制状态。

5）双击所放置的输入/输出端口图标，可以打开【Port】对话框，如图 3-68 所示。

在该属性对话框中可以对端口名称、端口类型进行设置。端口类型包括【Unspecified】（未指定类型）、【Input】（输入端口）、【Output】（输出端口）等。

6）设置完成后，单击【确定】按钮关闭该对话框。

3.5.5　放置电源或地端口

作为一个完整的电路，电源符号和接地符号都是其不可缺少的组成部分。系统给出了多种电源符号和接地符号的形式，且每种形式都有其相应的网络标签。

1）执行放置电源或接地端口命令，有以下两种方法。

方法 1：执行【放置】→【电源端口】命令。

方法 2：单击【配线】工具栏中的放置【VCC电源端口】按钮 （或放置【GND 端口】按钮 ）。

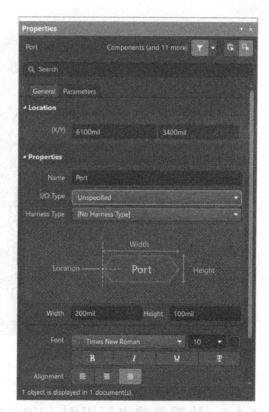

图 3-68　【Port】对话框

2）执行放置电源或接地端口命令，光标变为"十"字形状，并带有一个电源或接地的端口符号，如图 3-69 所示。

3）移动光标到需要放置的位置，单击即可完成放置，再次单击可实现连续放置。放置完成后，如图 3-70 所示。

4）右击或按【Esc】键可退出电源符号的绘制状态。

5）双击放置好的电源符号，打开【Power Port】对话框，如图 3-71 所示。

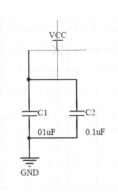

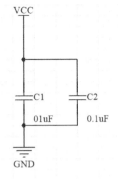

图 3-69　开始放置电源符号　　　　　　图 3-70　放置完成的电源符号

在该对话框中可以对电源的名称、样式进行设置。该对话框中包含的电源样式，如图 3-72 所示。

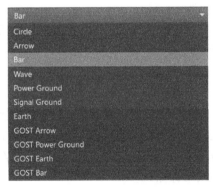

图 3-71　【Power Port】对话框　　　　　图 3-72　电源样式

6）设置完成后，关闭该对话框。

3.5.6　放置忽略电气规则（ERC）检查符号

在电路设计过程中系统进行电气规则检查（ERC）时，有时会产生一些非错误的错误报告，例如，电路设计中并不是所有引脚都需要连接，而在 ERC 检查时，认为悬空引脚是错误的，会给出错误报告，并在悬空引脚处放置一个错误标志。

为了避免用户为查找这种“错误”而浪费资源，可以使用忽略 ERC 检查符号功能，使系统忽略对此处的电气规则检查。

1）执行放置【通用 No ERC 标号】命令，有以下两种方法。

方法 1：执行【放置】→【指示】→【通用 No ERC 标号】命令。

方法 2：单击【配线】工具栏中的【放置通用 No ERC 标号】按钮 × 。

2）执行放置通用 No ERC 标号命令后，光标变为"十"字形状，并附有一个红色的叉号，如图 3-73 所示。

3）移动光标到需要放置的位置，单击即可完成放置，如图 3-74 所示。

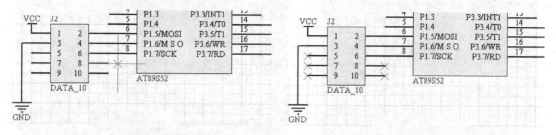

图 3-73　开始放置通用 No ERC 标号　　　　图 3-74　完成放置通用 No ERC 标号

4）右击或按【Esc】键退出忽略 ERC 检查的绘制状态。

3.5.7　放置 PCB 布局标志

用户绘制原理图的时候，可以在电路的某些位置放置印制电路板布局标志，以便预先规划指定该处的印制电路板布线规则。这样，在由原理图创建印制电路板的过程中，系统会自动引入这些特殊的设计规则。

这里介绍一下印制电路板标志设置导线拐角。

1）在原理图编辑界面中，执行【放置】→【指示】→【参数设置】命令，或是单击配线工具栏中的【放置参数设置】图标 在选定位置处放置 PCB 布局标志，如图 3-75 所示。

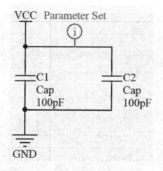

图 3-75　放置 PCB 布局标志

2）双击放置的 PCB 布局标志，系统弹出相应的【Parameter Set】对话框，将【Label】改为 PCB Rule，此时在【Rules】参数列表框中没有内容，如图 3-76 所示。

3）单击【Add】按钮，进入【选择设计规则类型】对话框，选中【Routing】规则下的【Routing Corners】选项，如图 3-77 所示。

4）单击【确定】按钮后，会打开相应的【Edit PCB Rule】对话框，如图 3-78 所示。

5）设置【类型】为【90 Degrees】。

6）设置完成后，单击【确定】按钮返回【Parameter Set】对话框，此时在【Rules】参数列表框中显示的是已经设置的数值，如图 3-79 所示。

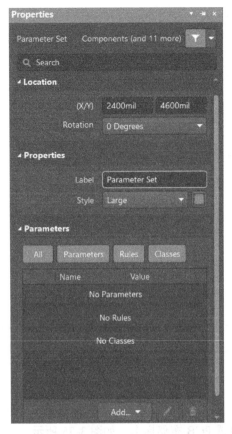

图 3-76 【Parameter Set】对话框

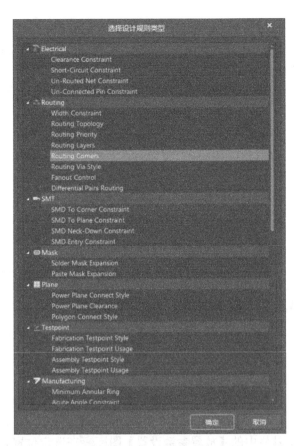

图 3-77 【选择设计规则类型】对话框

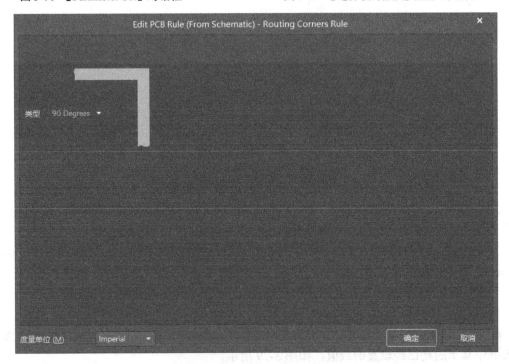

图 3-78 【Edit PCB Rule】对话框

7）选中 ，即【可见的】复选框。此时，在 PCB 布局标志的附近显示所设置的具体规则，如图 3-80 所示。其中图上显示的规则字符可以单独移至合适的位置。如果移动 PCB Rule 布局标志，规则字符也会跟随移动。

图 3-79　设置完成后的【Rules】参数

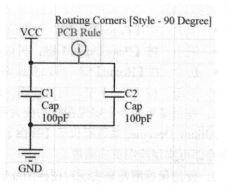

图 3-80　完成后的 PCB 布局标志

3.5.8　原理图布线注意事项

根据设计目标进行布线。布线应该用工具栏上的 ，不要误用 。前者包含有电气特性，而后者不具备电气特性，会导致原理图出错。

在设计中，有时会发生 PCB 图与原理图不相符，有一些连线没有连上的问题，这种问题的根源在原理图上。原理图的连线看上去是连上了，但实际上没有连上。由于画线不符合规范，导致生成的网络表有误，从而造成 PCB 图出错。

不规范的连线方式主要有：

1）超过元器件的端点连线。

2）连线的两部分有重复。

解决方法是，在画原理图连线时，应尽量做到：

1）在元器件端点处连线。

2）元器件连线尽量一线连通，少用直接将其端点对接上的方法来实现。

3.6 电路原理图绘制相关技巧

在电路原理图绘制中使用一些小技巧可以更加快捷地绘制原理图。

3.6.1 页面的缩放和移动

在进行原理图设计时，用户不仅要绘制电路图的各个部分，而且要把它们连接成电路图。在设计复杂电路时，往往会遇到当设计某一部分时，需要观察整张电路图的情况，此时就需要使用缩放功能；在绘制电路原理图时，有时还需要仅仅对某一区域实行放大，以便更清晰地观察各元件之间的关联，此时就需要使用放大功能；有时进行连线或者观察时还需要进行移动。因此，用户熟练掌握缩放和移动功能，可加快电路原理图的绘制。

用户可选择以下四种方式缩放页面：使用键盘、使用菜单命令、使用鼠标滑轮或使用鼠标右键。其中，同时使用鼠标滑轮和鼠标右键也可以用来进行页面的移动。

1．使用键盘来实现页面的放大和缩小

当系统处于其他命令下，用户无法用鼠标进行一般命令操作时，要放大或缩小显示状态，可使用功能键。

- 放大：按【Page Up】键，可以放大绘图区域。
- 缩小：按【Page Down】键，可以缩小绘图区域。
- 居中：按【Home】键，可以从原来光标下的图纸位置，移到工作区域的中心位置显示。
- 更新：按【End】键，可对绘图区域的图形进行更新，恢复正确的显示状态。

2．使用菜单命令来实现图样的放大和缩小

Altium Designer 系统提供了【视图】菜单来控制图形区域的放大和缩小，选择相应的缩放命令即可实现绘图页的缩放。

3．使用鼠标滑轮来实现对图样的缩放和移动

- 按住【Ctrl】键再用鼠标滑轮向上滚动，可以完成对图纸的放大操作。
- 按住【Ctrl】键再用鼠标滑轮向下滚动，可以完成对图纸的缩小操作。

在放大和缩小的时候，是以光标为中心进行操作的，想要移动到目标位置，可先将光标放在与目标相反方向进行缩小，然后，将光标放在目标位置再进行放大即可将页面移动到目标位置。

4．使用鼠标右键来实现绘图页面的缩放和移动

- 按住【Ctrl】键，再按住鼠标右键，然后移动鼠标，向右或向上滚动，可以完成对图纸的放大操作。
- 按住【Ctrl】键，再按住鼠标右键，然后移动鼠标，向左或向下滚动，可以完成对图纸的缩小操作。
- 若不按住【Ctrl】键，只按住鼠标右键，移动鼠标可对页面进行移动。

提示：按住鼠标滑轮与按住【Ctrl】键的同时，按住鼠标右键的效果一样。

3.6.2 工具栏的打开与关闭

有效地利用工具栏可以大大减少工作量，因此适时打开和关闭工具栏可提高绘图效率。

选择【视图】→【工具栏】菜单命令，如图 3-81 所示。

此时系统将弹出级联菜单，如图 3-82 所示。

图 3-81　【视图】→【工具栏】菜单命令　　　　图 3-82　【工具栏】级联菜单

选择相应的工具栏，可打开工具栏。以打开【布线】工具栏为例，选择【视图】→【工具栏】→【布线】命令，系统则会打开【布线】工具栏，如图 3-83 所示。

图 3-83　打开【布线】工具栏

3.6.3　元器件的复制、剪切、粘贴与删除

1. 常规复制

【例 3-7】　元器件的复制与粘贴。

在原理图绘图页有一电阻元件，如图 3-84 所示。复制该电阻元件的操作步骤如下。

1）按住鼠标左键拖动一个选择框，选中 Res2 元件，如图 3-85 所示。放开鼠标，即选中 Res2，如图 3-86 所示。

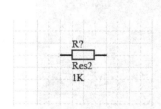

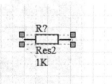

图 3-84　包含一个电阻的原理图　　　图 3-85　拖动鼠标选中 Res2　　　图 3-86　已选中元件 Res2

2）执行【编辑】→【复制】命令，可实现对元器件的复制。使用【Ctrl+C】组合键或在电路图需要进行复制的元器件处右击，执行【复制】命令也可实现复制功能。

3）执行【编辑】→【粘贴】命令，或单击工具栏中的【粘贴】按钮，或使用【Ctrl+V】

组合键，或右击执行【粘贴】命令，此时在光标下跟随一电阻元件，如图 3-87 所示。

4）在期望放置元件的位置单击，即可放置该元件，如图 3-88 所示。

图 3-87　光标下跟随一电阻元件　　　　　　图 3-88　采用粘贴方式放置元件

剪切命令的使用同上，单击工具栏中的【剪切】按钮 ，或使用【Ctrl+X】组合键，或右击执行【剪切】命令也可实现剪切功能。

2. 阵列粘贴

Altium Designer 系统为用户提供了阵列粘贴功能。按照设定的阵列粘贴能够一次性地将某一对象或对象组重复地粘贴到图纸中，当在原理图中需要放置多个相同对象时，该功能可以很方便地完成操作。

选中要进行复制的元器件，执行【编辑】→【智能粘贴】命令，打开【智能粘贴】对话框，如图 3-89 所示。

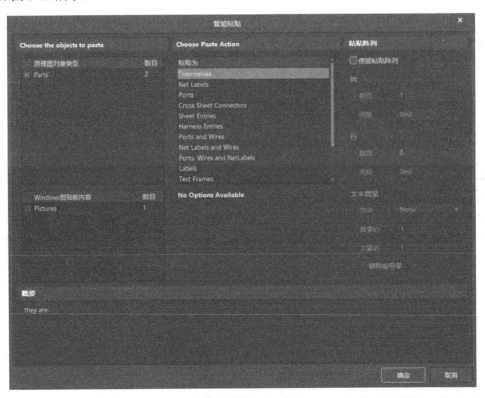

图 3-89　【智能粘贴】对话框

可以看到，在【智能粘贴】对话框的右侧有一个【粘贴阵列】选项区域。选中【使能粘贴阵列】复选框，则阵列粘贴功能被激活，如图 3-90 所示。

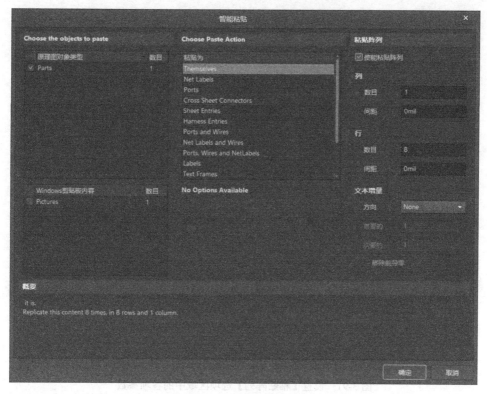

图 3-90 阵列粘贴功能被激活

若要进行阵列粘贴，需要对如下参数进行设置。

（1）【列】

- 【数目】：在该文本框中，输入需要阵列粘贴的列数。
- 【间距】：在该文本框中，输入相邻两列之间的空间偏移量。

（2）【行】

- 【数目】：在该文本框中，输入需要阵列粘贴的行数。
- 【间距】：在该文本框中，输入相邻两行之间的空间偏移量。

（3）【文本增量】

- 【方向】：该下拉列表框是用来对增量的方向进行设置的。系统给出了 3 种选择，分别是【None】（不设置）、【Horizontal First】（先从水平方向开始递增）、【Vertical First】（先从垂直方向开始递增）。选中后两项中任意一项后，其下方的文本框被激活，可以在其中输入具体的增量数值。
- 【首要的】：用来指定相邻两次粘贴之间有关标志的数字递增量。
- 【次要的】：用来指定相邻两次粘贴之间元器件引脚号的数字递增量。

下面就以复制得到一个电阻矩阵为例，介绍一下如何使用阵列粘贴功能。

【例 3-8】 使用阵列粘贴功能复制得到一个电阻矩阵。

1）选中被复制的电阻，然后执行【编辑】→【复制】命令，使其粘贴在 Windows 粘贴板上。

2）执行【编辑】→【智能粘贴】命令，打开【智能粘贴】对话框。设置【粘贴阵列】选项区域中的各项参数，如图 3-91 所示。

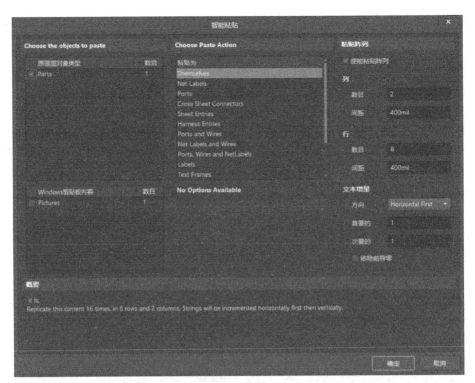

图 3-91　设置【粘贴阵列】选项区域中的各项参数

3）设置完成后，单击【确定】按钮。此时在光标下会出现一个方框，然后会出现相应的元器件，如图 3-92 所示。

4）单击放置电阻阵到合适位置，如图 3-93 所示。

编译后可以看到，被复制的电阻与电阻阵的第一个电阻下方各有一条波纹线，这是系统给出的重名错误提示。需要删除这两个电阻中的任意一个。当用户需要删除某一元器件时，单击需要删除的元器件，在待删除的元器件周围会出现虚线框，如图 3-94 所示。

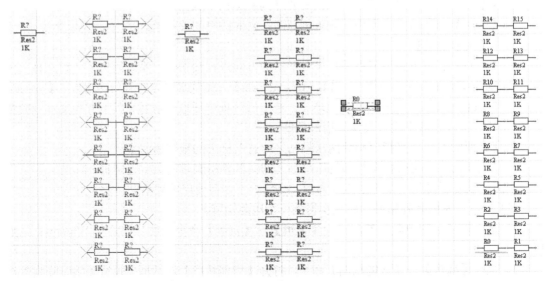

图 3-92　寻找电阻阵的合适位置　　　图 3-93　放置电阻阵　　　图 3-94　选中要删除的元器件

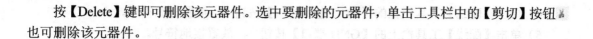

按【Delete】键即可删除该元器件。选中要删除的元器件，单击工具栏中的【剪切】按钮，
也可删除该元器件。

3.7　实例介绍

为了更好地掌握绘制原理图的方法，下面就以一个实例来介绍整个绘制原理图的过程。

【例 3-9】　制作一个完整的电路原理图。

设计好的电路原理图如图 3-95 所示。

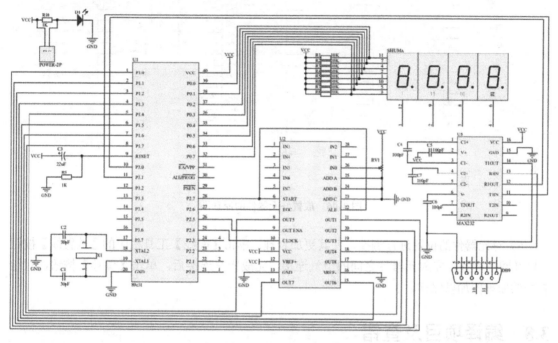

图 3-95　已设计好的电路原理图

1）执行【文件】→【新的】→【项目】→【Create】命令，在【Projects】面板中出现了
新建的项目文件，系统给出默认名 PCB-Project1.PrjPCB。右击项目文件 PCB-Project1.PrjPCB，
执行快捷菜单中的【保存】命令，在弹出的对话框中输入自己喜欢或与设计相关的名称，如
"数字电压表.PrjPCB"。

2）右击项目文件"数字电压表.PrjPCB"，执行【添加新的到工程】→【Schematic】命
令，则在该项目中添加了一个新的原理图文件，系统给出的默认名为 Sheet1.SchDoc。右击该
文件，执行快捷菜单中的【保存】命令，将其保存为与工程名一样的名字。

3）放置元器件。本例中用到的核心芯片为 89c51，在系统提供的集成库中找不到该元器
件，因此需要用户自己绘制它的原理图符号，再进行放置。前面的章节已给出详细的操作方
法，且以芯片 89c51 为例进行了详细的介绍。其他常规器件均可在库中找到，一一放置并设
置好其相关属性。

提示： 在绘制原理图的过程中，首先应放置电路中的关键元器件，然后再放置电阻、
电容等外围器件。例如，本例中 89c51 为核心器件。

4）单击【配线】工具栏上的【VCC 电源端口】按钮 ，放置电源符号。

5）单击【配线】工具栏上的【GND 端口】按钮 ，放置接地符号。

放置好元器件的原理图如图 3-96 所示。

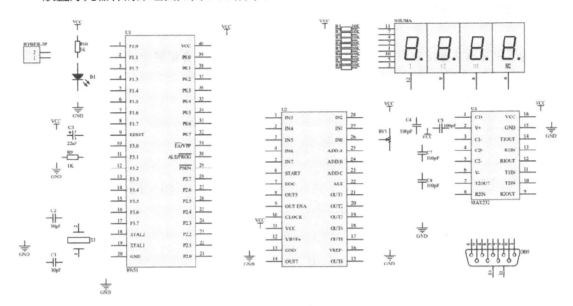

图 3-96　放置好元器件的原理图

6）对元器件的位置进行调整，使其更加合理。单击【配线】工具栏中的【放置线】按钮 以及网络标签，完成元器件之间的电气连接。完成所有连接后，单击【保存】按钮，对绘制好的原理图加以保存。

3.8　编译项目及查错

在使用 Altium Designer 进行设计的过程中，编译项目是一个很重要的环节。编译时，系统将会根据用户的设置检查整个项目。对于层次原理图来说，编译的目的就是将若干个子原理图联系起来。编译结束后，系统会提供相关的网络构成、原理图层次、设计文件包含的错误类型及分布等报告信息。

3.8.1　设置项目选项

1）选中项目中的设计文件（以 3.7 节的实例为例），执行【工程】→【工程选项】菜单命令，打开【Option for PCB Project 数字电压表.PrjPCB】对话框，如图 3-97 所示。

2）在【Error Reporting】（错误报告类型）选项卡中，可以设置所有可能出现错误的报告类型。报告类型分为【不报告】、【警告】、【错误】和【致命错误】4 种级别。

单击【报告格式】栏中的报告类型，会弹出一个下拉列表，如图 3-98 所示，用来设置报告类型。

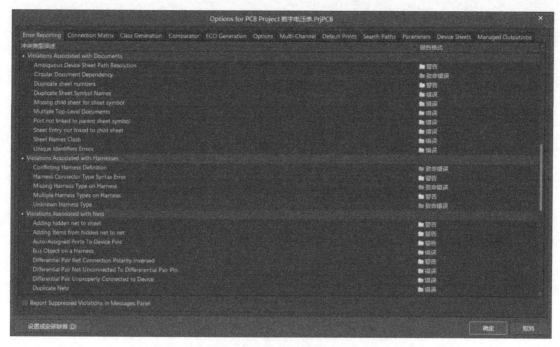

图 3-97　【Option for PCB Project 数字电压表.PrjPCB】对话框

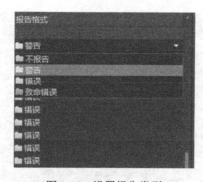

图 3-98　设置报告类型

3）【Connection Matrix】选项卡用来显示设置的电气连接矩阵，如图 3-99 所示。

要设置当 Passive Pin（不设置电气特性引脚）未连接时是否产生警告信息，可以在矩阵的右侧找到其所在的行，在矩阵的上方找到 Unconnected（未连接）列。行和列的交点表示 Passive Pin Unconnected，如图 3-100 所示。

移动光标到该点处，此时光标变成手形，连续单击该点，可以看到该点处的颜色在绿、黄、橙、红之间循环变化。其中，绿色代表不报告，黄色代表警告，橙色代表错误，红色代表致命错误。此处设置为当不设置电气特性引脚未连接时系统产生警告信息，即设置为黄色。

4）【Comparator】选项卡用于显示比较器，如图 3-101 所示。

如果希望在改变元器件封装后系统在编译时有信息提示，则找到【Different Footprints】元器件封装一行，如图 3-102 所示。

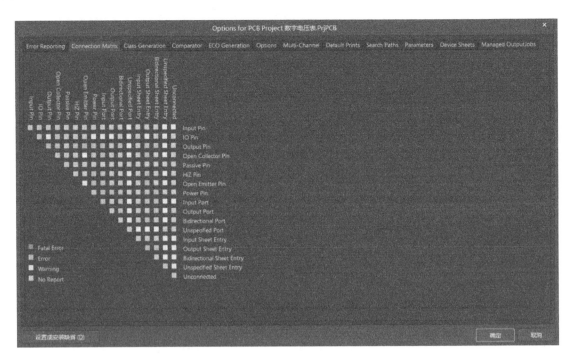

图 3-99 【Connection Matrix】选项卡

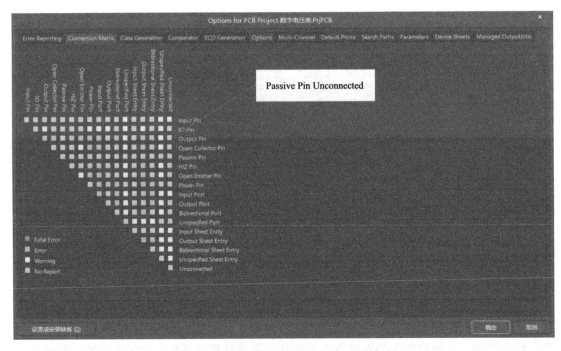

图 3-100 确定 Passive Pin Unconnected 交点

单击其右侧的【模式】栏，若在下拉列表中选择【Find Differences】，表示改变元器件封装后系统在编译时有信息提示；若选择【Ignore Differences】，表示忽略该提示。

5）当设置完所有信息后，单击【确定】按钮，退出该对话框。

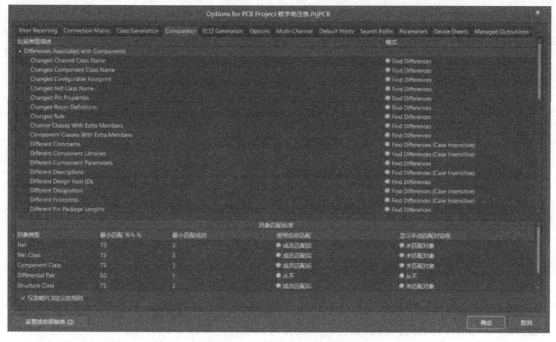

图 3-101　【Comparator】选项卡

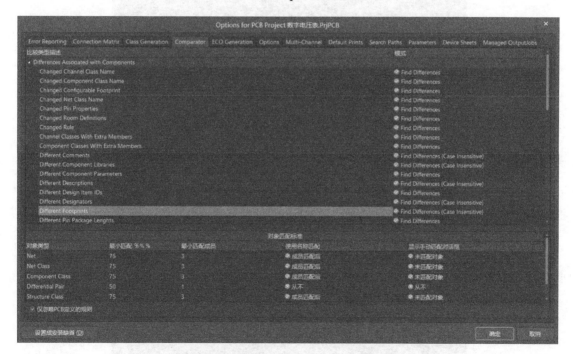

图 3-102　找到【Different Footprints】元器件

3.8.2　编译项目的同时查看系统信息

在完成设置项目选项后，执行【工程】→【Compile PCB Project 数字电压表.PrjPCB】命令，系统生成编译信息报告，如图 3-103 所示。

图 3-103　编译信息提示对话框

如果有错误提示，可以查看具体错误原因。

> **提示**：如果没有弹出【Messages】对话框，单击整个浏览器右下角的【Panels】按钮，选择【Messages】即可查看。

3.9　生成原理图网络表文件

在原理图编辑环境中执行【设计】→【工程的网络表】→【Protel】命令，则会在该项目中生成一个与项目同名的网络表文件。双击打开该文件，如图 3-104 所示。

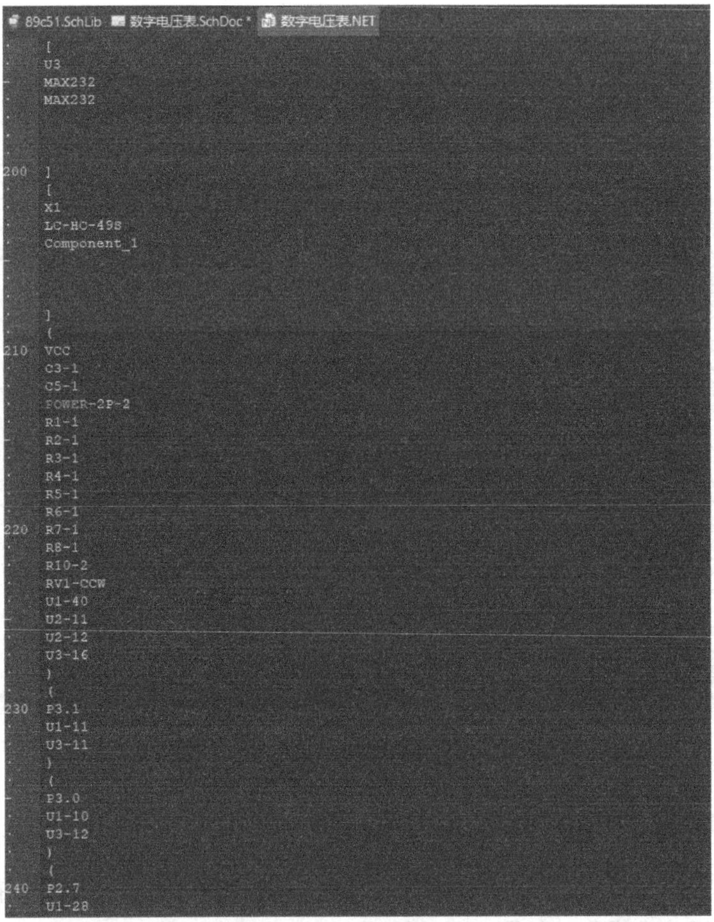

```
89c51.SchLib   数字电压表.SchDoc *   数字电压表.NET
     [
     U3
     MAX232
     MAX232

200  ]
     [
     X1
     LC-HC-49S
     Component_1


     ]
     {
210  VCC
     C3-1
     C5-1
     POWER-2P-2
     R1-1
     R2-1
     R3-1
     R4-1
     R5-1
     R6-1
220  R7-1
     R8-1
     R10-2
     RV1-CCW
     U1-40
     U2-11
     U2-12
     U3-16
     }
     {
230  P3.1
     U1-11
     U3-11
     }
     {
     P3.0
     U1-10
     U3-12
     }
     {
240  P2.7
     U1-28
```

图 3-104　网络表文件

该文件主要分成两个部分。

1）前一部分描述元件的属性参数（元件序号、元件的封装形式和元件的文本注释），方括号是一个器件的标志。以"["为起始标志，其后为元件序号、元件封装形式和元件注释，最后以"]"标志结束对该元件属性的描述。

2）后一部分描述原理图文件中的电气连接，标志为圆括号。以"（"为起始，首先是网络号名，其后按字母顺序依次列出与该网络标号相连接的元件引脚号，最后以"）"结束对该网络连接的描述。

3.10 生成和输出各种报表和文件

原理图设计完成后，除了保存有关的项目文件和设计文件以外，还要输出和整个设计项目相关的信息，并以表格的形式保存。在 Altium Designer 中除了可以生成电路网络表以外，还可将整个项目中的元器件类别和总数以多种格式输出保存和打印。

3.10.1 输出元器件报表

以 3.7 节实例为例，执行【报告】→【Bill of Materials】菜单命令，如图 3-105 所示。系统会弹出【Bill of Materials For Project［数字电压表.PrjPcb］（No PCB Document Selected）】对话框，如图 3-106 所示。

图 3-105 【报告】→【Bill of Materials】菜单命令

图 3-106 【Bill of Material For Project［数字电压表.PrjPcb］（No PCB Document Selected）】对话框

在该对话框中列出了整个项目所用到的元器件，单击表格中的标题按钮，如【Comment】按钮、【Description】按钮等，可以使表格中的内容按照一定的次序排列。

单击【Preview】按钮，系统将下载并打开一个如图 3-107 所示的报表预览 Excel 文件。

Comment	Description	Designator	Footprint	LibRef	Quantity
Cap	Capacitor	C1, C2, C4, C5, C6, C7	RAD-0.3	Cap	6
Cap Pol1	Polarized Capacitor (R	C3	RB7.6-15	Cap Pol1	1
D3	Typical INFRARED GaA	D1	LED-0	LED0	1
D Connector 9	Receptacle Assembly,	DB9	DSUB1.385-2H9	D Connector 9	1
Header 2	Header, 2-Pin	POWER-2P	HDR1X2	Header 2	1
Res2	Resistor	R1, R2, R3, R4, R5, R6,	AXIAL-0.4	Res2	10
RPot SM	Square Trimming Pote	RV1	POT4MM-2	RPot SM	1
Dpy Red-CA	7.62 mm Black Surface	SHUMA	四位数码管	Dpy Red-CA	1
89c51		U1	89c51	Component_1	1
Component_1		U2	ADC0808	Component_1	1
MAX232		U3	MAX232	Component_1	1
Component_1		X1	LC-HC-49S	Component_1	1

图 3-107　报表预览 Excel 文件

单击【Expert】按钮，系统将会弹出【另存为】对话框，如图 3-108 所示。

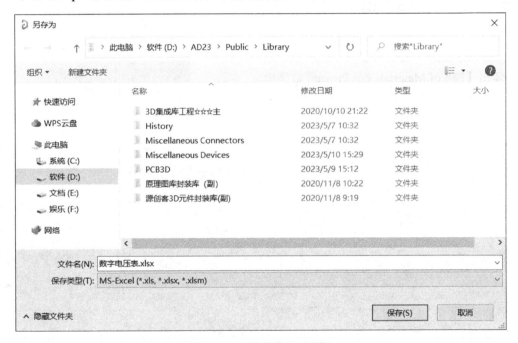

图 3-108　【另存为】对话框

在【文件名】下拉列表框中输入要保存文件的名字，在【保存类型】下拉列表框中选择保存文件的类型，此时【保存类型】下拉列表已经固定，为【MS-Excel（*.xls, *xlsx, *.xlsm）】，如需更改，应在【Bill of Material For Project】对话框的【Expert Option】栏中进行设置。单击【保存】按钮将元器件报表以 Excel 表格格式保存，打开该文件，如图 3-109 所示。

若在【Expert Option】栏的【File Format】下拉列表框中选择【Web Page（*.htm;*.html）】选项，单击【Expert】按钮，在【另存为】对话框中单击【保存】按钮，双击"数字电压表.html"，系统将用 Edge 浏览器打开文件，如图 3-110 所示。

Comment	Description	Designator	Footprint	LibRef	Quantity
Cap	Capacitor	C1, C2, C4, C5, C6, C7	RAD-0.3	Cap	6
Cap Pol1	Polarized Capacitor (R	C3	RB7.6-15	Cap Pol1	1
D3	Typical INFRARED Ga/	D1	LED-0	LED0	1
D Connector 9	Receptacle Assembly,	DB9	DSUB1.385-2H9	D Connector 9	1
Header 2	Header, 2-Pin	POWER-2P	HDR1X2	Header 2	1
Res2	Resistor	R1, R2, R3, R4, R5, R6,	AXIAL-0.4	Res2	10
RPot SM	Square Trimming Pote	RV1	POT0T-2	RPot SM	1
Dpy Red-CA	7.62 mm Black Surface	SHUMA	四位数码管	Dpy Red-CA	1
89c51		U1	89c51	Component_1	1
Component_1		U2	ADC0808	Component_1	1
MAX232		U3	MAX232	Component_1	1
Component_1		X1	LC-HC-49S	Component_1	1

图 3-109　用 Excel 显示元器件报表

Bill of Materials

← C ⓘ 文件 | E:/桌面/AD23/AD23书稿及工程文件/AD23工程文件/第三章/数字电压表/Project%20Outputs

Comment	Description	Designator	Footprint	LibRef	Quantity
Cap	Capacitor	C1, C2, C4, C5, C6, C7	RAD-0.3	Cap	6
Cap Pol1	Polarized Capacitor (Radial)	C3	RB7.6-15	Cap Pol1	1
D3	Typical INFRARED GaAs LED	D1	LED-0	LED0	1
D Connector 9	Receptacle Assembly, 9 Position, Right Angle	DB9	DSUB1.385-2H9	D Connector 9	1
Header 2	Header, 2-Pin	POWER-2P	HDR1X2	Header 2	1
Res2	Resistor	R1, R2, R3, R4, R5, R6, R7, R8, R9, R10	AXIAL-0.4	Res2	10
RPot SM	Square Trimming Potentiometer	RV1	POT4MM-2	RPot SM	1
Dpy Red-CA	7.62 mm Black Surface HER 7-Segment Display: CA, RH DP	SHUMA	四位数码管	Dpy Red-CA	1
89c51		U1	89c51	Component_1	1
Component_1		U2	ADC0808	Component_1	1
MAX232		U3	MAX232	Component_1	1
Component_1		X1	LC-HC-49S	Component_1	1

图 3-110　用 Edge 浏览器显示元器件报表

3.10.2　输出整个项目原理图的元器件报表

如果一个设计项目由多个原理图组成，那么整个项目所用的元器件还可以根据它们所处原理图的不同分组显示。执行【报告】→【Component Cross Reference】命令，如图 3-111 所示。输出结果如图 3-112 所示。

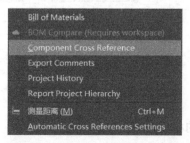

图 3-111　【报告】→【Component Cross Reference】命令

对于如图 3-112 所示的对话框的操作，与前面的操作方法相同，这里不再赘述。

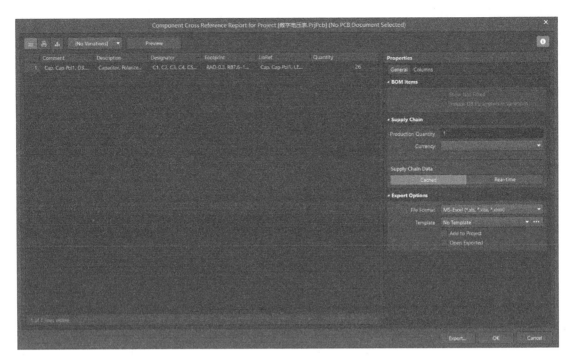

图 3-112　按原理图分组输出报表

习题

1. 启动 Altium Designer，创建一个新的项目文件，将其保存在自己创建的目录中，并为该项目文件加载一个新的原理图文件。

2. 对第 1 题中的新建原理图文件进行相应的属性设置，图纸大小为 800×400（本书若无特别说明单位均为 mm）、水平放置，其他参数按照系统默认设置即可。

3. 在新建原理图文件中绘制如图 3-113 所示的电路原理图。在这个过程中，熟练对元器件库的操作、对元器件放置的操作、对元器件之间连接的操作。

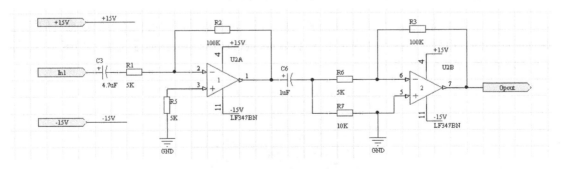

图 3-113　习题 3 电路原理图

4. 简述绘制电路原理图的相关技巧。

5. 项目编译有哪些意义？

6. 输出习题 3 电路原理图中的相关报表。

第4章

电路原理图绘制的优化方法

内容提要：

1. 使用网络标号进行电路原理图绘制的优化。
2. 使用端口进行电路原理图绘制的优化。
3. 使用自上而下的层次电路设计方法优化绘制。
4. 使用自下而上的层次电路设计方法优化绘制。
5. 层次设计电路的特点。
6. 在电路原理图中标注元器件其他相关参数优化绘制。

目标： 掌握电路原理图的优化方法，熟练使用各种绘图工具。

在第 3 章中虽然完成了电路原理图的绘制，但图中的线路连接不清晰，使读者很难理清电路的结构，另外电路的功能也不能很直观地表达出来。因此，本章要对绘制好的电路原理图进行优化，以增强电路的可读性。

4.1 使用网络标号进行电路原理图绘制的优化

网络标号实际是一个电气连接点，具有相同网络标号的电气连接表明是连在一起的，因此使用网络标号可以避免电路中出现较长的连接线，从而使电路原理图可以清晰地表达电路连接的脉络。

1. 复制电路原理图到新建的原理图文件

1）执行【文件】→【新的】→【原理图】命令，保存文件名为 Sheet6.SchDoc，并打开新建的原理图文件。将界面切换到前面已经绘制好的电路原理图，如图 4-1 所示。需要注意的是，此处复制的时候需要将之前章节设置优选项时，在【Schematic→Graphical Editing】对话框中取消选中【粘贴时重置元件位号】复选框，否则复制粘贴后，所有元件编号都将重置。

> **提示：** 做任何项目时，要做好备份文件。所以，在做优化前重新建立新文件，不要在绘制好的电路原理图中直接修改。

2）执行【编辑】→【选择】→【全部】命令或按【Ctrl+A】快捷键，选中电路原理图。

3）执行【编辑】→【复制】命令，或右击在弹出的快捷菜单中执行【复制】命令。

4）将界面切换到新建的原理图文件，执行【编辑】→【粘贴】命令。此时光标下将出现已绘制好的电路原理图，选择合适的位置单击，放置电路原理图。

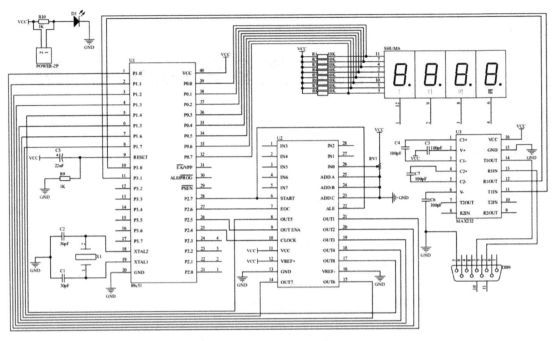

图 4-1　打开绘制好的电路原理图

2．删除部分连线

由图 4-1 可以看出，部分连线比较复杂，阅读非常不方便；接口与接口之间的连线密集，很容易出错。使用网络标号可以简化原理图，使原理图更为直观和清晰。

在本设计中，拟将图 4-1 所示的电路原理图中与其他线有交叉且较长的连线删除。

（1）删除一条连线

1）选中其中的一条连线，则在连线两个端点出现绿色手柄，如图 4-2 所示。

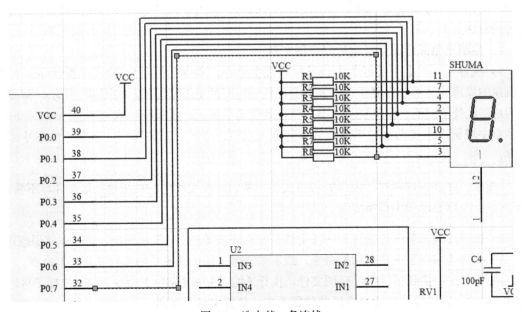

图 4-2　选中某一条连线

2）按【Delete】键，即可删除所选连线。

（2）删除多条连线

在这里用户已知待删除的连线群，可采用下述方式删除多条连线。

1）将光标放置到待删除的连线上，按住【Shift】键再单击，可以一次选中多条待删除的连线，如图 4-3 所示。

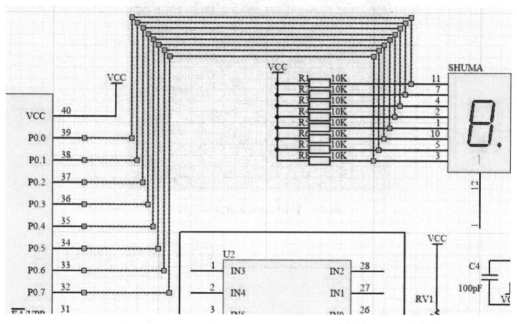

图 4-3　选中多条连线

2）按【Delete】键，即可删除所选连线。

提示： 在优化时，最好删一条线马上放下相关网络标号，防止同时删除时，将网络标号少放或错放。

3. 使用网络标号优化电路连接

1）单击【布线】工具栏中的【放置网络标号】按钮，如图 4-4 所示。此时光标下将出现如图 4-5 所示的放置网络标号框。

图 4-4　使用【放置网络标号】按钮　　　　图 4-5　光标下出现放置网络标号框

2）按【Tab】键，此时系统将弹出如图 4-6 所示的【Net Label】设置对话框。

3）在【Net Name】文本框中输入 A 标号并按【Enter】键后，放置在单片机 P0.0 接口处，在另一端的数码管的对应引脚处也放置同样的标号。

4）按照上述方式标注其他端口。标注完成后，电路原理图变为如图 4-7 所示。

5）单击工具栏中的【保存】按钮 ，保存对电路原理图的编辑。

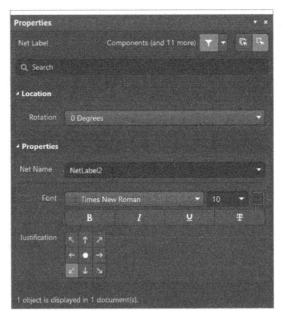

图 4-6 【Net Label】设置对话框

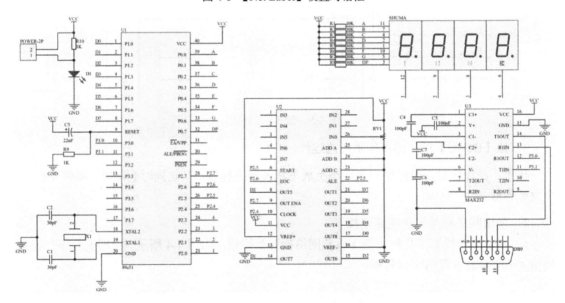

图 4-7 经过网络标号优化的电路原理图

4. 使用网络表查看网络连接

1）执行【设计】→【工程的网络表】→【Protel】命令，系统会在工程文件中添加一个文本文件，其扩展名是 ".NET"，打开后如图 4-8 所示。

2）使用窗口中的滚动条来查看电路的网络连接，按【Ctrl+F】组合键，系统将弹出如图 4-9 所示的对话框。

3）在【Text to find】文本框中输入待查找的内容。例如，在本文中查找 DP 字段，即在文本框中输入 DP 字样后，单击【OK】按钮，光标停留在第一次查找到 DP 字段的位置。其中 DP 所在网络包括如图 4-10 所示的部分。

图 4-8　使用网络表查看网络连接

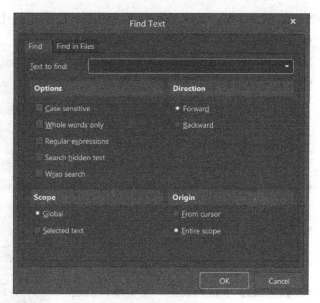

图 4-9　查找对象对话框

图 4-10　DP 所在的网络

从网络表可知 DP 网络包含 R8 的 2 引脚、SHUMA 的 3 引脚及 U1 的 32 引脚，与电路连接一致，因此可以在敷设较复杂的连线时采用网络标签来简化电路，使电路原理图更加直观，更利于用户读图。

4.2　使用端口进行电路原理图绘制的优化

在电路中使用 I/O 端口，并设置某些 I/O 端口，使其具有相同的名称，这样就可以将具有相同名称的 I/O 端口视为同一网络或者认为它们在电气关系上是相互连接的。这一方式与网络标号相似。通常情况下，在同一张图纸上是不使用端口的，但是层次电路会用到此方法。

1）与 4.1 节中一样，执行【文件】→【新的】→【原理图】命令，新建原理图。

2）右击，在弹出的快捷菜单中执行【另存为】命令，保存文件并重新命名。此时，系统将切换到 Sheet7.SchDoc 界面。

3）将需要优化的电路原理图复制到此文件中，并删除需要优化的连线。

4）单击【布线】工具栏中的【放置端口】按钮，此时光标下将出现如图 4-11 所示的 I/O 端口。

图 4-11　光标下出现 I/O 端口

5）按【Tab】键，此时系统将弹出如图 4-12 所示的【Port】对话框。

- 【Name】文本框：在该文本框中输入端口名称。
- 【I/O Type】下拉列表框：单击下拉按钮，可以看到系统提供了 4 种端口类型：【Unspecified】（未指定）、【Output】（输出端口）、【Input】（输入端口）及【Bidirectional】（双向端口）。
- 【Font】下拉列表框：用于改变端口的字体、颜色、大小以及加粗等。
- 【Alignment】按钮区：用于设置端口名称的放置位置，可以看到系统提供了 3 种位置：左对齐、居中及右对齐。
- 【Border】下拉列表框：用于端口的边界设置，有四种设置可供选择。后面还有颜色按钮用于颜色的设置。
- 【Fill】颜色按钮：用于设置端口的填充颜色。

6）在【Name】文本框中输入 I/O 端口名（同上一节），根据实际电路图设置【I/O Type】和【Alignment】，其他选项采用系统的默认设置，设置完成后关闭设置框。

图 4-12 【Port】对话框

7）按照上述方式在其他引脚线上放置 I/O 端口。参数设置均一致，结果如图 4-13 所示。

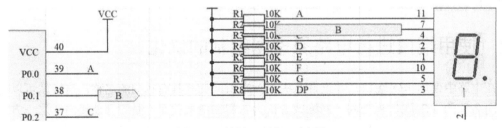

图 4-13 放置 I/O 端口示意图

8）单击工具栏中的【保存】按钮 ，保存对电路原理图的编辑。

最后查看网络表，与上节一样，与电路连接一致，因此可以在较复杂的连线时采用 I/O 端口来简化电路，使电路图更加直观，更利于用户读图。

4.3 使用自上而下的层次电路设计方法优化绘制

1. 自上而下层次电路的结构

对于一个庞大的电路设计任务来说，用户不可能一次完成，也不可能在一张电路图中绘制，更不可能一个人完成。Altium Designer 充分满足用户在实践中的需求，提供了一个层次电路设计方案。

　　层次电路设计方案实际上是一种模块化的方法。用户将系统划分为多个子系统，子系统又由多个功能模块构成，在大的工程项目中，还可进一步细化。将项目分层后，即可分别完成各子块，子块之间通过定义好的连接方式连接，即可完成整个电路的设计。自上而下的电路设计流程如图 4-14 所示。

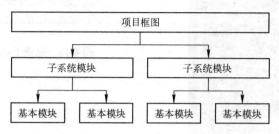

图 4-14　自上而下电路设计流程图

2. 绘制自上而下的层次原理图的主电路图

　　下面还是以前面的实例电路原理图为例，但不进行优化，而是将该电路划分为 3 个功能模块，分别是以 3 个芯片为核心的扩展电路。

　　1）新创建电路原理图，并命名为 Sheet8.SchDoc。

　　2）单击【布线】工具栏中的【放置页面符】按钮，如图 4-15 所示。此时光标下将出现如图 4-16 所示的图表符。

图 4-15　单击【放置页面符】按钮

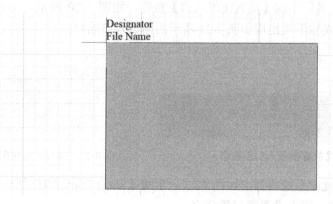

图 4-16　开始放置图表符

　　3）按【Tab】键，此时系统将弹出如图 4-17 所示的【Sheet Symbol】对话框。在该对话框中可对子电路块的名称、大小、颜色等参数进行设置。

　　4）单击并拖动鼠标，到合适大小再次单击，完成子电路块的放置，如图 4-18 所示。按照上述方式放置其他子电路块，并命名为 U1、U2、U3，结果如图 4-19 所示。

　　5）接下来编辑 U1 图表符的端口。U1 子电路块代表 U1 及其扩展电路以及数码管，因此 U1 子电路块需放置 10 个输入端口，并需在 U1 子电路块中放置 5 个输出端口。

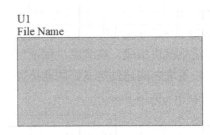

图 4-18 完成子电路块的放置

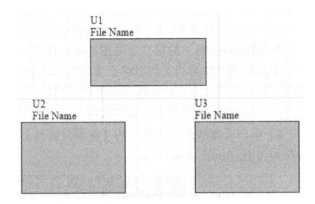

图 4-17 【Sheet Symbol】对话框

图 4-19 放置其他子电路块

6）单击【布线】工具栏中的【放置图纸入口】按钮，如图 4-20 所示。将光标放置到子电路块上，单击，此时光标下将出现如图 4-21 所示的图纸入口端口。

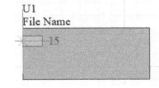

图 4-20 单击【放置图纸入口】按钮

图 4-21 光标下出现图纸入口端口

7）按【Tab】键，此时系统将弹出如图 4-22 所示的【Sheet Entry】对话框。

- 【Name】文本框：用于设置端口的名称。
- 【I/O Type】下拉列表框：用于设置端口类型。系统提供了 4 种端口类型，单击下拉按钮，在弹出的下拉列表中可选择端口类型。
- 【Kind】下拉列表框：用于设置端口风格。系统提供了 4 种端口风格，单击下拉按钮，在弹出的下拉列表中可选择端口风格。

8）定义端口【Name】为 VCC，定义【I/O Type】为【Input】，【Kind】可以根据个人需求和喜好设定，这里设置为【Block & Triangle】，其他选项采用系统默认设置。设置完成后单击【确定】按钮确认设置，结果如图 4-23 所示。

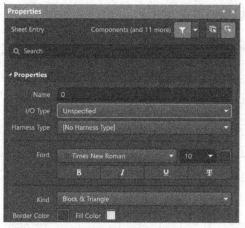

图 4-22 【Sheet Entry】对话框

9）按照上述方法在 U1 子电路块中放置其他端口，结果如图 4-24 所示。通常左侧放置输入端口，右侧或下侧放置输出端口，本例也遵照这一常规。

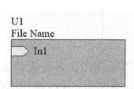

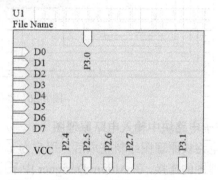

图 4-23 设置完成的端口 图 4-24 在 U1 子电路块中放置其他端口

10）按照上述方法编辑其他子电路块，编辑好的子电路块如图 4-25 所示。

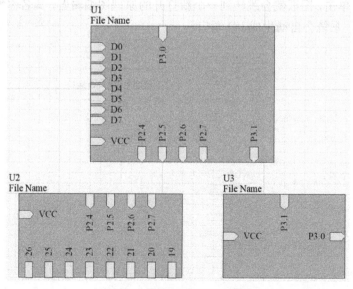

图 4-25 编辑完成所有电路块

11）连接子电路块，结果如图 4-26 所示。

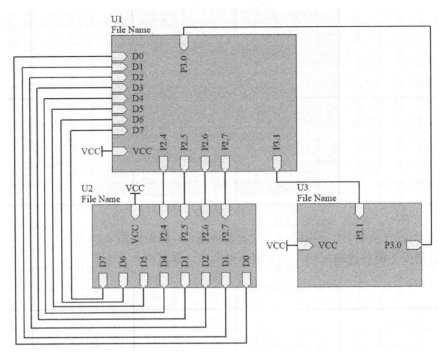

图 4-26 连接子电路块

3. 在子电路块中输入电路原理图

当子电路块原理图绘制完成后，用户为子电路块输入电路原理图。首先需建立子电路块与电路原理图的连接，在 Altium Designer 中子电路块与电路原理图通过 I/O 端口匹配。Altium Designer 提供了由子电路块生成电路原理图 I/O 端口的功能，这样就简化了用户的操作。

1）执行【设计】→【从页面符创建图纸】命令，此时光标变为"十"字形状，移动光标到 U1 子电路块，单击，图纸就会跳转到一个新打开的原理图编辑器，其名称为 U1，如图 4-27 所示。可以看到，系统会自动生成 I/O 端口。

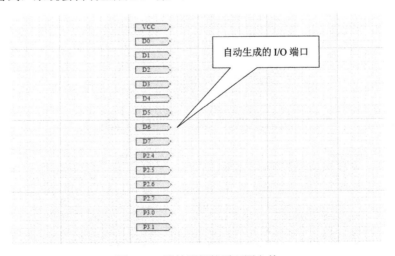

图 4-27 跳转到新的原理图文件

2）采用复制的方法输入电路原理图，并连接 I/O 端口，与普通电路原理图一样，可以使用网络标签，结果如图 4-28 所示。

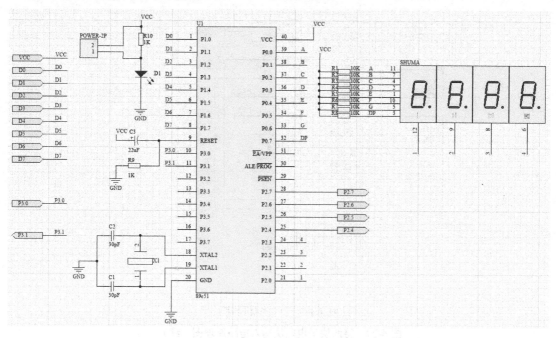

图 4-28　连接好的 U1 电路原理图

3）按照上述方法将另两块子电路块输入电路原理图，并连接 I/O 端口，结果如图 4-29 所示。

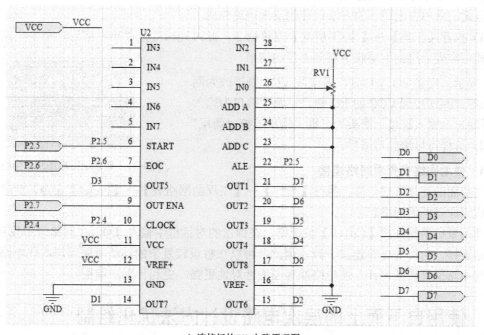

a）连接好的 U2 电路原理图

图 4-29　将两块子电路块输入电路原理图

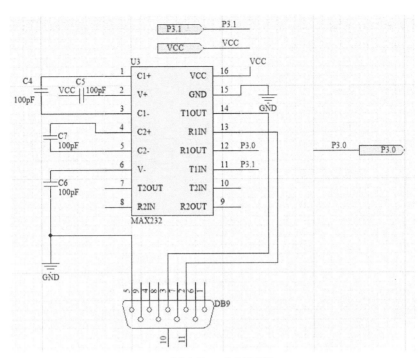

b）连接好的 U3 电路原理图

图 4-29　将两块子电路块输入电路原理图（续）

4）双击主电路图的各个模块，将【File Name】改为对应的子电路图名称。

5）右击数字电压表.PrjPCB 文件选项，执行【Validate PCB Project】命令，其效果是将前面的三个子电路图放在主电路图下，如图 4-30 所示。

至此，采用自上而下的方法设计的层次电路完成。

6）执行【工具】→【上/下层次】菜单命令，此时光标变为"十"字形，单击电路中的端口即可实现上层到下层或下层到上层的切换。

> **提示：** 连接 I/O 端口时，将电源 VCC 删掉改为网络标签，并连接到 VCC 的 I/O 端口。确认端口为输入还是输出，输入连接"箭头"一端，输出连接"箭尾"一端，这样可以增加可读性。

4. 使用网络表查看网络连接

与前面的优化方法一样，执行【设计】→【工程的网络表】→【Protel】命令，此时系统将生成该原理图的网络表。

图 4-30　加载子电路图到主电路图下

使用鼠标滑轮或按【Ctrl+F】快捷键，在弹出的对话框中输入 D0，在网络表中找到 D0 的网络连接，可知与电路连接一致。因此，可以在敷设较复杂的连线时采用层次化电路设计来简化电路原理图的设计，使电路原理图的针对性更强，更利于用户读图。

4.4　使用自下而上的层次电路设计方法优化绘制

使用自下而上的设计方法，即先子模块后主模块，先底层后顶层，先部分后整体。自下而上设计电路的流程如图 4-31 所示。

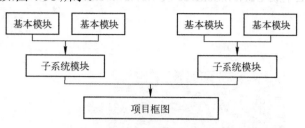

图 4-31　自下而上设计电路的流程图

1．创建子模块电路

采用另存为的方式创建子模块电路。

1）因为在自上而下的电路中已创建了子模块电路，因此打开上节的 U1.SchDoc 电路原理图，执行【文件】→【另存为】菜单命令。

2）修改文件名为 U1New.SchDoc，然后单击【保存】按钮确认。

3）按照上述方法创建 U2New.SchDoc 与 U3New.SchDoc 文件。

2．从子电路原理图生成子电路模块

1）执行【文件】→【新的】→【原理图】命令，打开一个新的原理图文件，将其命名为 Sheet9.SchDoc。

2）在新建原理图编辑环境中，执行【设计】→【Create Sheet Symbol From Sheet】菜单命令，此时系统将弹出如图 4-32 所示的【Choose Document to Place】对话框。

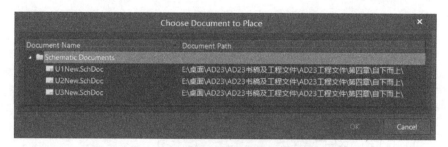

图 4-32　【Choose Document to Place】对话框

3）选中 U1New.SchDoc 文件后，单击【OK】按钮，此时光标下出现子电路模块。在期望放置子电路模块的位置单击，即可放置子电路模块，结果如图 4-33 所示。单击子电路模块，将在子电路块四周出现绿色手柄，拖动绿色手柄即可改变模块尺寸，如图 4-34 所示。

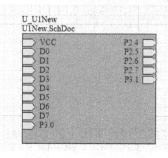

图 4-33　放置子电路模块

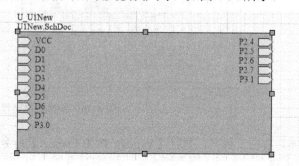

图 4-34　改变模块尺寸

4）按照上述方法生成 U2New.SchDoc 及 U3New.SchDoc 子电路模块，并对其进行调整，结果如图 4-35 所示。

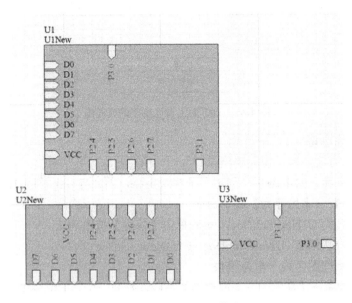

图 4-35　生成子电路模块

5）连接相应端口，连接后如图 4-36 所示。

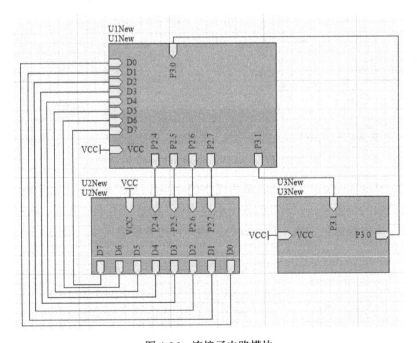

图 4-36　连接子电路模块

6）右击工程名，执行【Validate PCB Project】命令，即完成采用自下而上的方法设计的层次电路。

同样，执行【设计】→【工程的网络表】→【Protel】菜单命令，可查看相应的网络连接，与原电路一致。

4.5　层次设计电路的特点

1）将一个复杂的电路设计分为几个部分，分配给不同的技术人员同时进行设计，这样可缩短设计周期。

2）按功能将电路设计分成几个部分，使具有不同特长的设计人员负责不同部分的设计，降低了设计难度。

3）复杂电路图需要很大的页面图纸绘制，而打印输出设备可能不支持打印过大的电路图。

4）目前自上而下的设计策略已成为电路和系统设计的主流。这种设计策略与层次电路结构相一致。因此相对复杂的电路和系统设计，目前大多采用此方法。

4.6　在电路原理图中标注元器件其他相关参数优化绘制

在实例电路中包含电阻元件，当电阻体内有电流流过时要发热，温度太高容易烧毁，为了使电路正常工作，在选用电阻时用户需要考虑选择何种功率的电阻；电路中还用到电容，电容的耐压值的合理选取是保证电路正常工作的重要参数；此外，电路中还用到二极管，二极管的最大反向工作电压值的选取是关系电路正常工作的重要参数，如果反向电压选取不当，可能会造成二极管被击穿。因此，在电路原理图中标注元器件参数便于用户阅读。

1）双击电路原理图中的电阻 R10，此时系统将弹出【Properties】对话框，在【Parameters】选项卡中的【Value】文本框中编辑电阻 R10 的功率为 0.25W，如图 4-37 所示。

2）编辑完成后，退出设置，结果如图 4-38 所示。

图 4-37　编辑电阻 R10 的功率为 0.25W

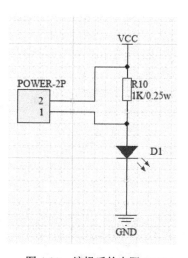

图 4-38　编辑后的电阻 R10

3）按照上述方法标注电路中其他元器件的参数，可增加电路的可读性。

习题

1. 优化原理图绘制有哪些方法？

2. 写出自上而下的层次电路设计和自下而上的层次电路设计的流程图，并说说这两种方法之间的差别。

3. 层次电路设计的优点有哪些？

第 5 章

PCB 设计预备知识

内容提要：

1. 印制电路板的构成及其基本功能。
2. PCB 制造工艺流程。
3. PCB 中的名称定义。
4. PCB 板层。
5. Altium Designer 中的分层设置。
6. 元器件封装技术。
7. 电路板的形状及尺寸定义。
8. 印制电路板设计的一般原则。
9. 电路板测试。

目标： 初步掌握 PCB 相关知识。

PCB 是 Printed Circuit Board 的英文缩写，称之为印制电路板。通常把在绝缘材料上，按预定设计，制成印制线路、印制元器件或两者组合而成的导电图形称为印制电路。而在绝缘基材上提供元器件之间电气连接的导电图形，称为印制线路。将印制电路的成品板称为印制电路板。

印制电路的基板由绝缘隔热且不易弯曲的材质制作而成。在表面可以看到的细小线路是铜箔，原本铜箔是覆盖在整个板子上的，而在制造过程中部分被蚀刻处理掉，留下来的部分就变成网状的细小线路了，这些线路被称作导线或称布线，用来提供 PCB 上零件的电路连接。

印制电路板几乎应用于各种电子设备中，如电子玩具、手机、计算机等，只要有集成电路等电子元器件，为了它们之间的电气互连，都会使用印制电路板。

5.1 印制电路板的构成及其基本功能

5.1.1 印制电路板的构成

一块完整的印制电路板主要由以下几部分构成。

- 绝缘基材：一般由酚醛纸基、环氧纸基或环氧玻璃布制成。
- 铜箔面：铜箔面为电路板的主体，它由裸露的焊盘和被绿油覆盖的铜箔电路组成，焊盘用于焊接电子元器件。
- 阻焊层：用于保护铜箔电路，由耐高温的阻焊剂制成。
- 字符层：用于标注元器件的编号和符号，便于印制电路板加工时的电路识别。

● 孔：用于基板加工、元器件安装、产品装配以及不同层面的铜箔电路之间的连接。
一块完整的印制电路板如图 5-1 所示。

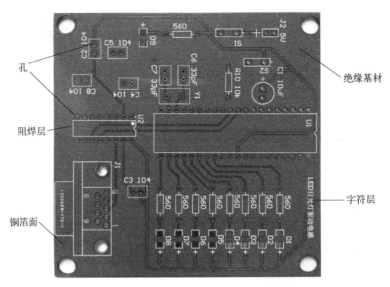

图 5-1　一块完整的印制电路板

PCB 上的绿色或棕色是阻焊漆的颜色。这层是绝缘的防护层，可以保护铜线，也可以防止零件被焊到不正确的地方。在阻焊层上另外会印制一层丝网印制面，通常会在上面印上文字与符号（大多是白色的），以标示出各零件在板子上的位置。丝网印制面也被称作图标面。

5.1.2　印制电路板的功能

1. 提供机械支撑

印制电路板为集成电路等各种电子元器件固定和装配提供了机械支撑，如图 5-2 所示。

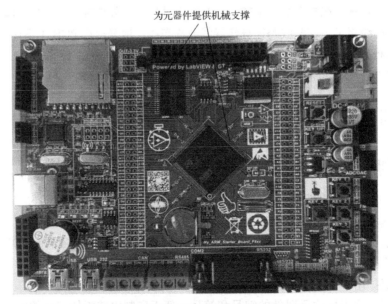

图 5-2　印制电路板为元器件提供机械支撑

2．实现电气连接或电绝缘

印制电路板实现了集成电路中各种电子元器件之间的布线和电气连接，如图 5-3 所示。印制电路板也实现了集成电路中各种电子元器件之间的电绝缘。

3．其他功能

印制电路板为自动装配提供阻焊图形，同时也为元器件的插装、检查、维修提供识别字符和图形，如图 5-4 所示。

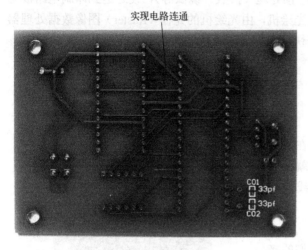

图 5-3　实现电气连接

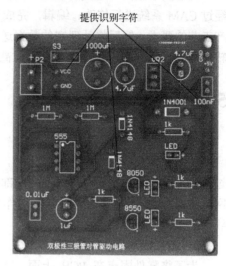

图 5-4　提供识别字符

5.2　PCB 制造工艺流程

1．菲林底版

菲林底版是印制电路板生产的前导工序。在生产某一种印制电路板时，印制电路板的每种导电图形（信号层电路图形和地、电源层图形）和非导电图形（阻焊图形和字符）至少都应有一张菲林底版。菲林底版在印制板生产中的用途包括：图形转移中的感光掩膜图形，包括线路图形和光致阻焊图形；网印工艺中丝网模板的制作，包括阻焊图形和字符；机加工（钻孔和外形铣）数控机床编程依据及钻孔参考。

2．基板材料

覆铜箔层压板（Copper Clad Laminates，CCL）简称覆铜箔板或覆铜板，是制造印制电路板（PCB）的基板材料。目前应用最广泛的蚀刻法制成的 PCB 就是在覆铜箔板上有选择地进行蚀刻，得到所需的线路图形。

覆铜箔板在整个印制电路板上，主要担负着导电、绝缘和支撑三方面的功能。

3．拼版及光绘数据生成

PCB 设计完成后，因为 PCB 板形太小，不能满足生产工艺要求，或者一个产品由几块 PCB 组成，这样就需要把若干小板拼成一个面积符合生产要求的大板，或者将一个产品所用的多个 PCB 拼在一起，此道工序即为拼版。

拼版完成后，用户需生成光绘图数据。PCB 生产的基础是菲林底版。早期制作菲林底版时，需要先制作菲林底图，然后再利用底图进行照相或翻版。随着计算机技术的发展，印制电路板 CAD 技术得到极大的进步，印制电路板生产工艺水平也不断向多层、细导线、小孔径、高密度方向迅速提高，原有的菲林制版工艺已无法满足印制电路板的设计需要，于是出现了光绘技术。使用光绘机可以直接将 CAD 设计的 PCB 图形数据文件送入光绘机的计算机系统，控制光绘机利用光线直接在底片上绘制图形。然后经过显影、定影得到菲林底版。

光绘图数据的产生是将 CAD 软件产生的设计数据转化称为光绘数据（多为 Gerber 数据），经过 CAM 系统进行修改、编辑，完成光绘预处理（拼版、镜像等），使之达到印制电路板生产工艺的要求。然后将处理完的数据送入光绘机，由光绘机的光栅（Raster）图像数据处理器转换成为光栅数据，此光栅数据通过高倍快速压缩还原算法发送至激光光绘机，完成光绘。

5.3 PCB 中的名称定义

1. 导线

原本铜箔是覆盖在整个板子上的，而在制造过程中部分被蚀刻处理掉，留下来的部分就变成网状的细小线路了，这些线路被称作导线或布线，如图 5-5 所示。

2. ZIF 插座

为了将零件固定在 PCB 上面，将它们的接脚直接焊在布线上。在最基本的 PCB（单面板）上，零件都集中在其中一面，导线则都集中在另一面。因此就需要在板子上打洞，这样接脚才能穿过板子到另一面，所以零件的接脚是焊在另一面上的。其中，PCB 的正面被称为零件面，而反面被称为焊接面。如果 PCB 上某些零件需要在制作完成后也可以拿掉或装回去，那么该零件安装时会用到插座。插座是直接焊在板子上的，零件可以任意的拆装。零插拔力（Zero Insertion Force，ZIF）插座，它可以让零件轻松插进插座，也可以拆下来。ZIF 插座如图 5-6 所示。

3. 边接头

如果要将两块 PCB 相互连接，一般都会用到俗称"金手指"的边接头（Edge Connector）。金手指上包含了许多裸露的铜垫，这些铜垫事实上也是 PCB 布线的一部分。通常连接时，将其中一片 PCB 上的金手指插进另一片 PCB 上合适的插槽上（Slot，一般叫作扩充槽）。在计算机中，如显示卡、声卡或是其他类似的界面卡，都是通过金手指与主机板连接的。边接头如图 5-7 所示。

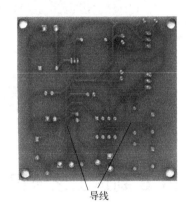

导线

图 5-5 导线图

图 5-6 ZIF 插座

边接头

图 5-7 边接头图

5.4　PCB 板层

5.4.1　PCB 分类

1. 单面板

在最基本的 PCB 上，元器件集中在其中一面，导线则集中在另一面上。因为导线只出现在其中一面，所以就称这种 PCB 为单面板（Single-Sided）。因为单面板在设计线路上有许多严格的限制（因为只有一面，布线间不能交叉而必须绕独自的路径），所以只有早期的电路才使用这类的板子。

2. 双面板

双面板（Double-Sided Boards）的两面都有布线。不过要用上两面的导线，必须要在两面间有适当的电路连接才行。这种电路间的"桥梁"叫作导孔（Via）。导孔是 PCB 上充满或涂上金属的小洞，它可以与两面的导线相连接。因为双面板的面积比单面板大了一倍，而且因为布线可以互相交错（可以绕到另一面），它更适合用在比单面板更复杂的电路中。双面板实例如图 5-8 所示。

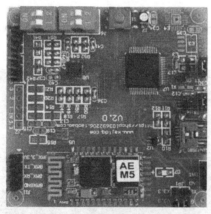

a）双面板成品

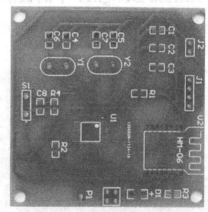

b）双面板上面

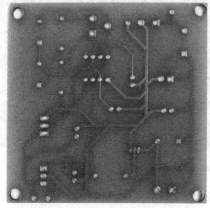

c）双面板下面

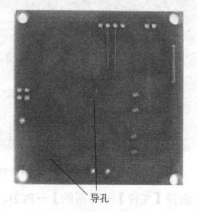

d）双面板上的导孔

图 5-8　双面板实例

3．多层板

为了增加可以布线的面积，多层板（Multi-Layer Boards）用上了更多单面或双面的布线板。多层板使用数片双面板，并在每层板间放进一层绝缘层后粘牢（压合）。板子的层数就代表有几层独立的布线层，通常层数都是偶数，并且包含最外侧的两层。大部分的主机板都是4～8 层的结构，不过技术上可以做到近 100 层。大型的超级计算机大多使用相当多层的主机板，不过因为这类计算机已经可以用许多普通计算机的集群代替，超多层板已经渐渐不被使用了。因为 PCB 中的各层都紧密结合，一般不太容易看出实际数目。

导孔如果应用在双面板上，那么一定都是打穿整个板子。不过在多层板当中，如果只想连接其中一些线路，那么导孔可能会浪费一些其他层的线路空间。埋孔（Buried Vias）和盲孔（Blind Vias）技术可以避免这个问题，因为它们只穿透其中几层。盲孔是将几层内部PCB 与表面 PCB 连接，无须穿透整个板子；埋孔则只连接内部的 PCB，所以从表面是看不出来的。

在多层板中，整层都直接连接地线与电源，所以将各层分为信号层（Signal）、电源层（Power）或是地线层（Ground）。如果 PCB 上的零件需要不同的电源供应，通常这类 PCB 会有两层以上的电源与地线层。

5.4.2　Altium Designer 中的板层管理

PCB 板层结构的相关设置及调整是通过如图 5-9 所示的【Layer Stack Manager】（层叠管理器）对话框来完成的。

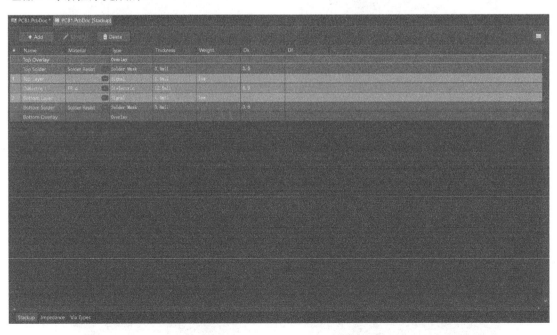

图 5-9　【Layer Stack Manager】对话框

首先选择【文件】→【新的】→PCB，接下来打开【Layer Stack Manager】（层叠管理器）对话框，可以采用以下两种方式。

（1）执行【设计】→【层叠管理器】菜单命令，如图 5-10 所示。

（2）在 PCB 编辑环境中按【O】键，在弹出的菜单中执行【层叠管理器】命令。执行上述命令后将弹出两部分内容，如图 5-9 和图 5-11 所示。

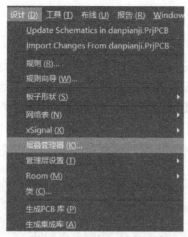

图 5-10　【设计】→【层叠管理器】菜单命令

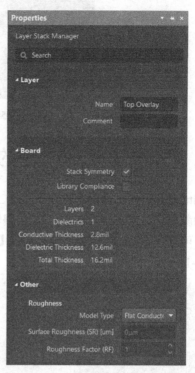

图 5-11　【Properties-Layer Stack Manager】界面

为了适应软硬板，AD23 可以进行多个叠层的设定。AD23 的【层叠管理器】对于各个层的设定做了优化，使得可设置的内容变得更加详细而操作更加简单。在【Material】栏中可以对层的材质进行预定，完成预定以后便可在叠层管理器中直接使用。AD23 中对于过孔和背钻做了可视化的处理。

单击图 5-9 页面下方的【Impedance】切换分页，弹出阻抗设置界面，如图 5-12 所示。此处例式的线宽等参数均为默认添加的值，读者可根据需要自行修改宽度等内容。AD23 对于高速电路多层板的阻抗计算进行了优化，支持更复杂的阻抗计算公式，同时也支持差分线的阻抗计算。

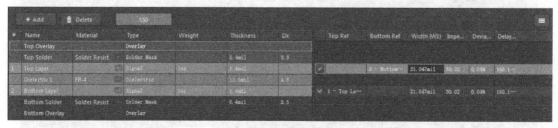

图 5-12　阻抗设置界面

单击图 5-9 页面下方的【Via Types】切换分页，弹出过孔设置界面如图 5-13 所示。此处例式为默认添加的模式，读者可根据需要自行修改过孔的宽度占比等内容。由图 5-13 可以看出该过孔的位置，这也就是 AD23 做出的可视化处理。

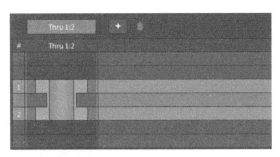

图 5-13　过孔设置界面

5.5　Altium Designer 中的分层设置

Altium Designer 为用户提供了多个工作层，板层标签用于切换 PCB 工作的层面，所选中板层的颜色将显示在最前端。在 PCB 编辑环境中右击，在弹出的快捷菜单中执行【优先选项】命令，可打开【优选项】对话框，选择【PCB Editor】→【Layer Colors】，进入视图配置界面，如图 5-14 所示。

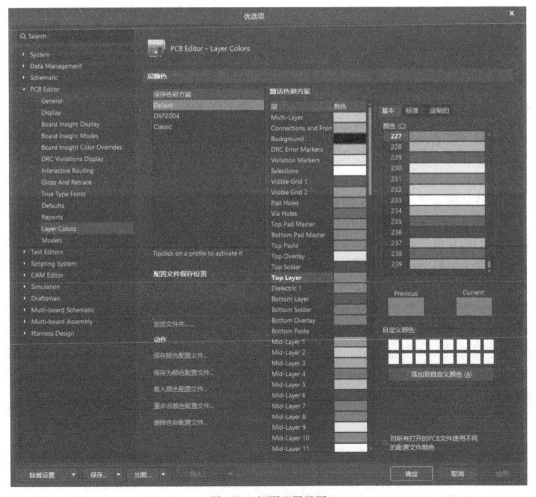

图 5-14　视图配置界面

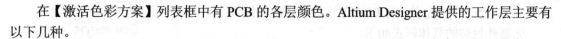

在【激活色彩方案】列表框中有 PCB 的各层颜色。Altium Designer 提供的工作层主要有以下几种。

1．信号层

Altium Designer 提供了 32 个信号层，分别为 Top layer（顶层）、Mid-Layer1（中间层 1）、Mid-Layer2（中间层 2）、……、Mid-Layer30（中间层 30）和 Bottom layer（底层）。信号层主要用于放置元器件（顶层和底层）和走线。

2．内平面

Altium Designer 提供了 16 个内平面层，分别为 Internal Plane1（内平面层第 1 层）、Internal Plane2（内平面层第 2 层）、……、Internal Plane16（内平面层第 16 层）。内平面层主要用于布置电源线和地线网络。

3．机械层

Altium Designer 提供了 16 个机械层，分别为 Mechanical1（机械层第 1 层）、Mechanical2（机械层第 2 层）、……、Mechanical16（机械层第 16 层）。机械层一般用于放置有关制板和装配方法的指示性信息，如电路板轮廓、尺寸标记、数据资料、过孔信息、装配说明等信息。制作 PCB 时，系统默认的机械层为 1 层。

4．掩模层

Altium Designer 提供了 4 个掩模层，分别为 Top Paste（顶层锡膏防护层）、Bottom Paste（底层锡膏防护层）、Top Solder（顶层阻焊层）和 Bootom Solder（底层阻焊层）。

5．丝印层

Altium Designer 提供了 2 个丝印层，分别为 Top Overlay（顶层丝印层）和 Bottom Overlay（底层丝印层）。丝印层主要用于绘制元器件的外形轮廓、放置元件的编号、注释字符或其他文本信息。

6．其余层

Drill Guide（钻孔说明）层和 Drill Drawing（钻孔视图）层：用于绘制钻孔图和钻孔的位置。

Keep-Out Layer（禁止布线层）：用于定义元件布线的区域。

Multi-layer（多层）：焊盘与过孔都要设置在多层上，如果关闭此层，焊盘与过孔就无法显示出来。

5.6 元器件封装技术

5.6.1 元器件封装的具体形式

元器件封装分为插入式封装和表面贴装封装。其中，将零件安置在板子的一面，并将接脚焊在另一面上，这种技术称为插入式（Through Hole Technology，THT）封装；另一种，接脚焊在与零件同一面，不用为每个接脚的焊接而在 PCB 上钻孔，这种技术称为表面贴装（Surface Mounted Technology，SMT）封装。使用 THT 封装的元器件需要占用大量的空间，并且要为每只接脚钻一个孔，因此它们的接脚实际上占用了两面的空间，而且焊点也比较大；SMT 元器件也比 THT 元器件要小，因此使用 SMT 技术的 PCB 上零件要密集得多；SMT 封装元器件也比 THT 封装元器件要便宜，所以现今的 PCB 上大部分都采用 SMT。但 THT 元器件和 SMT 元器件比起来，与 PCB 连接的构造比较好。

元器件封装的具体形式如下。

1．SOP 系列

SOP 是英文 Small Outline Package 的缩写，即小外形封装。SOP 技术由菲利浦公司开发，后来逐渐派生出 SOJ（J 型引脚小外形封装）、TSOP（薄小外形封装）、VSOP（甚小外形封装）、SSOP（缩小型 SOP）、TSSOP（薄的缩小型 SOP）及 SOT（小外形晶体管）、SOIC（小外形集成电路）等。SOJ-14 封装如图 5-15 所示。

图 5-15　SOJ-14 封装

2．DIP

DIP 是英文 Double In-line Package 的缩写，即双列直插式封装。DIP 属于插装式封装，引脚从封装两侧引出，封装材料有塑料和陶瓷两种。DIP 是普及最广泛的插装型封装，应用范围包括标准逻辑 IC、存储器 LSI 及微机电路。DIP-14 封装如图 5-16 所示。

图 5-16　DIP-14 封装

3．PLCC

PLCC 是英文 Plastic Leaded Chip Carrier 的缩写，即塑封有引线封装。PLCC 方式外形呈正方形，四周都有引脚，外形尺寸比 DIP 小得多。PLCC 适合用 SMT 表面安装技术在 PCB 上安装布线，具有外形尺寸小、可靠性高等优点。PLCC-20 封装如图 5-17 所示。

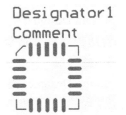

图 5-17　PLCC-20 封装

4．TQFP

TQFP 是英文 Thin Quad Flat Package 的缩写，即薄塑封四角扁平封装。TQFP 工艺能有效利用空间，从而降低印制电路板空间大小的要求。由于缩小了高度和体积，这种封装工艺非常适合对空间要求较高的应用，如 PCMCIA 卡和网络器件。

5．PQFP

PQFP 是英文 Plastic Quad Flat Package 的缩写，即塑封四角扁平封装。PQFP 芯片引脚之间距离很小，引脚很细，一般大规模或超大规模集成电路采用这种封装形式。PQFP84（N）封装如图 5-18 所示。

6．TSOP

TSOP 是英文 Thin Small Outline Package 的缩写，即薄型小尺寸封装。TSOP 内存封装技术的一个典型特征就是在封装芯片的周围做出引脚。TSOP 适合用 SMT 技术在 PCB 上安装布线，适合高频应用场合，操作比较方便，可靠性也比较高。TSOP8×14 封装如图 5-19 所示。

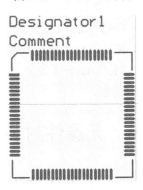

图 5-18　PQFP84（N）封装

7．BGA 封装

BGA 是英文 Ball Grid Array 的缩写，即球栅阵列（封装）。BGA 封装的 I/O 端口以圆形或柱状焊点按阵列形式分布在封装下面，BGA 技术的优点是 I/O 引脚数虽然增加了，但引脚间距并没有减小反而增加了，从而提高了组装成品率；虽然它的功耗增加，但 BGA 能用可控塌陷芯片法焊接，从而可以改善它的电热性能；厚度和重量都较以前的封装技术有所减少；

寄生参数减小，信号传输延迟小，使用频率大大提高；组装可用共面焊接，可靠性高。BGA10.25.1.5 封装如图 5-20 所示。

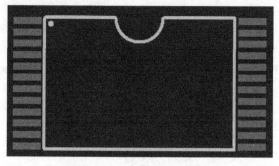

图 5-19　TSOP8×14 封装

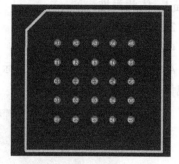

图 5-20　BGA10.25.1.5 封装

5.6.2　Altium Designer 中的元器件及封装

Altium Designer 中提供了许多元器件模型及其封装形式，如电阻、电容、二极管、晶体管等。

1. 电阻

电阻是电路中最常用的元件，如图 5-21 所示。

在 Altium Designer 中电阻的标识为 Res1、Res2、Res Semi 等，其封装属性为 AXIAL 系列。AXIAL 的中文意义就是轴状的。Altium Designer 中的电阻如图 5-22 所示。

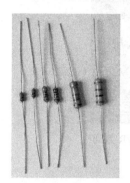

图 5-21　电阻

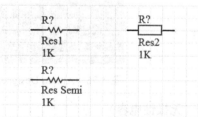

图 5-22　Altium Designer 中的电阻

Altium Designer 中提供的电阻封装 AXIAL 系列如图 5-23 所示。

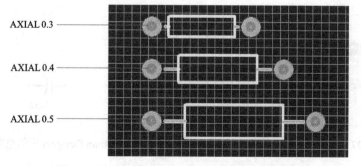

图 5-23　Altium Designer 中电阻封装 AXIAL 系列

图 5-23 中所列出的电阻封装为 AXIAL 0.3、AXIAL 0.4 及 AXIAL 0.5，其中 0.3 是指该电阻在印制电路板上焊盘间的间距为 300mil，0.4 是指该电阻在印制电路板上焊盘间的间距为 400mil，依此类推。

2．电位器

电位器实物如图 5-24 所示。

Altium Designer 中电位器的标识为 RPot 等，其封装属性为 VR 系列。Altium Designer 中的电位器如图 5-25 所示。

图 5-24　电位器实物　　　　　　图 5-25　Altium Designer 中的电位器

Altium Designer 中提供的电位器封装 VR 系列如图 5-26 所示。

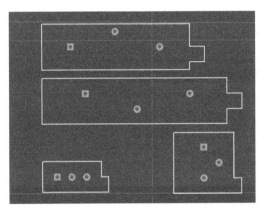

图 5-26　Altium Designer 中电位器封装 VR 系列

3．电容（无极性电容）

电路中的无极性电容元件如图 5-27 所示。

Altium Designer 中无极性电容的标识为 Cap 等，其封装属性为 RAD 系列。Altium Designer 中的电容如图 5-28 所示。

图 5-27　无极性电容元件　　　　　图 5-28　Altium Designer 中的电容

Altium Designer 中提供的无极性电容封装 RAD 系列如图 5-29 所示。

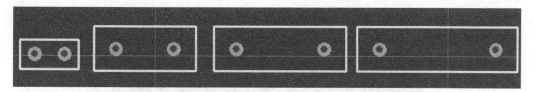

图 5-29　Altium Designer 中无极性电容封装 RAD 系列

图 5-29 中自左向右依次为 RAD 0.1、RAD 0.2、RAD 0.3、RAD 0.4。其中，0.1 是指该电容在印制电路板上焊盘间的间距为 100mil，0.2 是指该电容在印制电路板上焊盘间的间距为 200mil，依此类推。

4. 极性电容

电路中的极性电容元件，如电解电容，如图 5-30 所示。

Altium Designer 中电解电容的标识为 Cap Pol，其封装属性为 RB 系列。Altium Designer 中的电解电容如图 5-31 所示。

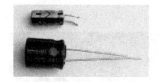

图 5-30　电解电容

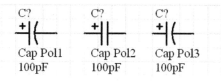

图 5-31　Altium Designer 中的电解电容

Altium Designer 中提供的电解电容封装 RB 系列如图 5-32 所示。

图 5-38 中从左到右分别为 RB5-10.5、RB7.6-15。其中，RB5-10.5 中的 5 表示焊盘间的距离是 5mm，10.5 表示电容圆筒的外径为 10.5mm，RB7.6-15 的含义同此。

5. 二极管

二极管的种类比较多，其中常用的有整流二极管 1N4001 和开关二极管 1N4148，二极管实物如图 5-33 所示。

Alitum Designer 中二极管的标识为 Diode（普通二极管）、D Schottky（肖特基二极管）、D Tunnel（隧道二极管）、D

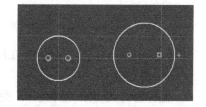

图 5-32　Altium Designer 中电解电容封装 RB 系列

Varactor（变容二极管）及 D Zener（稳压二极管），其封装属性为 DIODE 系列。Altium Designer 中的二极管如图 5-34 所示。

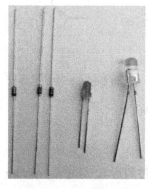

图 5-33　二极管实物

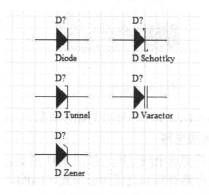

图 5-34　Alitum Designer 中的二极管

Altium Designer 中提供的二极管封装 DIODE 系列如图 5-35 所示。

图 5-35　Altium Designer 中二极管封装 DIODE 系列

图 5-35 中从左到右依次为 DIODE-0.4、DIODE-0.7。其中，DIODE-0.4 中的 0.4 为焊盘间距 400mil；DIODE-0.7 中的 0.7 为焊盘间距 700mil。后缀数字越大，表示二极管的功率越大。

而对于发光二极管，Altium Designer 中的标识符为 LED，器件符号如图 5-36 所示。

通常发光二极管使用 Atlium Designer 中提供的 LED-0、LED-1 封装，封装形式如图 5-37 所示。

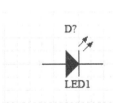

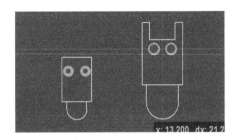

图 5-36　Altium Designer 中的发光二极管图　　　图 5-37　Altium Designer 中发光二极管封装形式

图 5-37 中从左到右依次为 LED-1、LED-0 封装形式。

6. 晶体管

晶体管分为 PNP 型和 NPN 型，晶体管的三个引脚分别为 E、B 和 C，如图 5-38 所示。

Altium Designer 中晶体管的标识为 NPN、PNP，其封装属性为 TO 系列。Altium Designer 中的晶体管如图 5-39 所示。

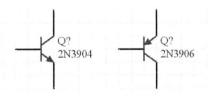

图 5-38　晶体管　　　　　　　　　图 5-39　Altium Designer 中的晶体管

Altium Designer 中提供的晶体管封装 TO92A，如图 5-40 所示。

7. 集成电路

常用的集成电路（IC）如图 5-41 所示。

集成电路有双列直插封装形式（DIP），也有单排直插封装形式（SIP）。Altium Designer 中的常用集成电路如图 5-42 所示。

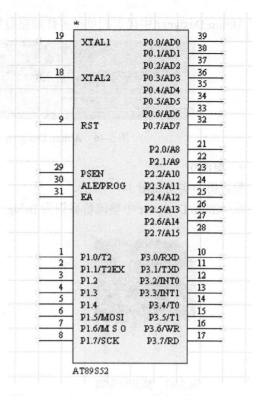

图 5-42　Atlium Designer 中的常用集成电路形式

图 5-40　Altium Designer 中晶体管封装形式

图 5-41　常用的集成电路

Altium Designer 中提供的集成电路 DIP、SIP 系列如图 5-43 所示。

从图 5-43 可以看到，在上方的是 SIP 形式，下方的是 DIP 形式。

8．单排多针插座

单排多针插座实物如图 5-44 所示。

在 Altium Designer 中单排多针插座标识为 Header，Altium Designer 中的单排多针插座元器件如图 5-45 所示。

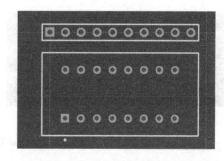

图 5-43　Altium Designer 中集成电路 DIP、SIP 系列

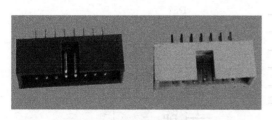

图 5-44　单排多针插座实物

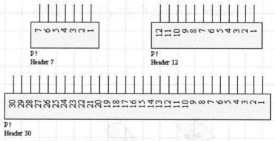

图 5-45　Altium Designer 中的单排多针插座元器件

Header 后的数字表示单排插座的针数，如 Header12，即为 12 脚单排插座。

Altium Designer 中提供的单排多针插座封装为 SIP 系列，如图 5-46 所示。

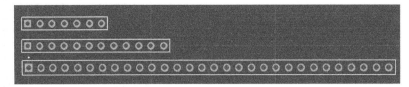

图 5-46   Altium Designer 中单排多针插座封装形式

9．整流桥

整流桥的实物如图 5-47 所示。

在 Altium Designer 中整流桥标识为 Bridge，Altium Designer 中的整流桥如图 5-48 所示。

图 5-47   整流桥实物

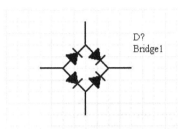

图 5-48   Altium Designer 中的整流桥

Altium Designer 中提供的整流桥封装为 D 系列，如图 5-49 所示。

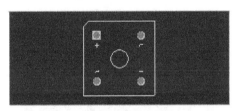

a）整流桥 D-38 封装图

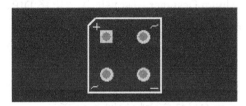

b）整流桥 D-46_6A 封装

图 5-49   Altium Designer 中的整流桥封装

10．数码管

数码管的实物如图 5-50 所示。

在 Altium Designer 中数码管标识为 Dpy Amber，Altium Designer 中的数码管如图 5-51 所示。

图 5-50   数码管实物

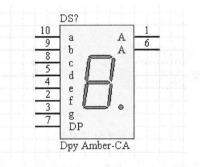

图 5-51   Altium Designer 中的数码管

Altium Designer 中提供的数码管封装为 LEDDIP 系列，如图 5-52 所示。

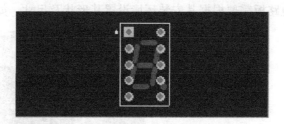

图 5-52　Altium Designer 中的数码管封装形式

5.6.3　元器件引脚间距

元器件不同，其引脚间距也不相同，但大多数引脚都是 100mil（2.54mm）的整数倍。在 PCB 设计中必须准确测量元器件的引脚间距，因为它决定着焊盘放置间距。通常对于非标准元器件的引脚间距，用户可使用游标卡尺进行测量。

焊盘孔距是根据元器件引脚间距来确定的。而元器件引脚间距有软尺寸和硬尺寸之分。软尺寸是指基于引脚能够弯折的元器件，如电阻、电容、电感等，如图 5-53 所示。因其引脚可弯折，故设计该类元器件的焊盘孔距比较灵活。

图 5-53　引脚间距为软尺寸的元器件

硬尺寸是基于引脚不能弯折的元器件，如排阻、晶体管、集成电路等，如图 5-54 所示。由于其引脚不可弯折，因此设计时对焊盘孔距的要求相当准确。

5.7　电路板的形状及尺寸定义

电路板尺寸的设置直接影响电路板成品的质量。当 PCB 尺寸过大时，必然造成印制线路过长，从而导致阻抗增加，致使电路的抗噪声能力下降，成本也增加；而当

图 5-54　引脚间距为硬尺寸的元器件

PCB 尺寸过小时，则导致 PCB 的散热不好，且印制线路密集，必然使邻近线路易受干扰。因此，电路板的尺寸定义应引起设计者的重视。通常 PCB 外形及尺寸应根据设计的 PCB 在产品中的位置、空间的大小、形状以及与其他部件的配合来确定 PCB 的外形与尺寸。

1. 根据安装环境设置电路板的形状及尺寸

当设计的电路板有具体的安装环境时，用户需要根据实际的安装环境设置电路板的形状

及尺寸。例如，设计如图 5-55 所示的电路实物板。

设计一个电路的电路板需要根据其安装环境设置其形状及尺寸，如图 5-56 所示。

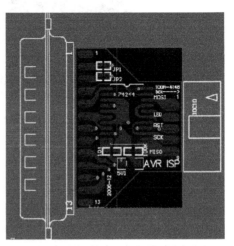

图 5-55　电路实物板　　　　　　　　　　图 5-56　电路 PCB

2．布局布线后定义电路板的尺寸

当对电路板的尺寸及形状没有特别要求时，可在完成布局布线后再定义板框。如图 5-57 所示，电路没有具体的板框尺寸及形状要求，因此用户可先根据电路功能进行布局布线。

布局布线后，用户可根据布线结果绘制板框，结果如图 5-58 所示。

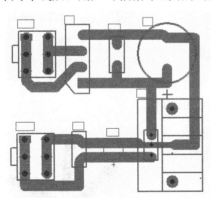

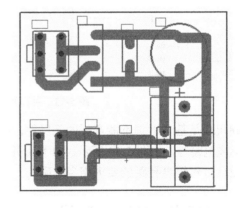

图 5-57　先进行布局布线操作　　　　　　图 5-58　布局布线后绘制板框

5.8　印制电路板设计的一般原则

1．PCB 导线

在 PCB 设计中，应注意 PCB 导线的长度、宽度、导线间距。

（1）导线长度　PCB 制板设计中导线应尽量短。

（2）导线宽度　PCB 导线宽度与电路电流承载值有关，一般导线越宽，承载电流的能力越强。因此在布线时，应尽量加宽电源、地线的宽度，最好是地线比电源线宽。它们的关系：地线>电源线>信号线。通常信号线宽为 0.2～0.3mm（8～12mil）。

在实际的 PCB 制作过程中，导线宽度应以能满足电气性能要求而又便于生产为宜。它的最小值以承受的电流大小而定，导线宽度和间距可取 0.3mm（12mil）；导线的宽度在大电流的情况下还要考虑其温升问题。

在 DIP 形式的 IC 脚间导线，当两脚间通过 2 根线时，焊盘直径可设为 50mil，线宽与线距都为 10mil；当两脚间只通过 1 根线时，焊盘直径可设为 64mil，线宽与线距都为 12mil。

（3）导线间距　相邻导线间必须满足电气安全要求，其最小间距至少要能适合承载的电压。

导线间最小间距主要取决于相邻导线的峰值电压差、环境大气压力、印制电路板表面所用的涂覆层等。

无外涂覆层的导线间距（海拔为 3048m）见表 5-1。

表 5-1　无外涂覆层的导线间距（海拔为 3048m）

导线间的直流或交流峰值电压/V	最小间距/mm	最小间距/mil
0～50	0.38	15
51～150	0.635	25
151～300	1.27	50
301～500	2.54	100
>500	0.005×电压值	0.2×电压值

无外涂覆层的导线间距（海拔高于 3048m）见表 5-2。

表 5-2　无外涂覆层的导线间距（海拔高于 3048m）

导线间的直流或交流峰值电压/V	最小间距/mm	最小间距/mil
0～50	0.635	25
51～100	1.5	59
101～170	3.2	126
171～250	12.7	500
>250	0.025×电压值	1×电压值

而有外涂覆层的导线间距（任意海拔）见表 5-3。

表 5-3　有外涂覆层的导线间距（任意海拔）

导线间的直流或交流峰值电压/V	最小间距/mm	最小间距/mil
0～9	0.127	5
10～30	0.25	10
31～50	0.38	15
51～150	0.51	20
151～300	0.78	31
301～500	1.52	60
>500	0.003×电压值	0.12×电压值

此外，导线不能有急剧的拐弯和尖角，拐角不得小于 90°。

2．PCB 焊盘

元器件通过 PCB 上的引线孔，用焊锡焊接固定在 PCB 上，印制导线把焊盘连接起来，实现元器件在电路中的电气连接，引线孔及其周围的铜箔称为焊盘，如图 5-59 所示。

焊盘的直径和内孔尺寸需从元器件引脚直径、公差尺寸，以及焊锡层厚度、孔金属化电镀层厚度等方面考虑。焊盘的内孔一般不小于 0.6mm（24mil），因为小于 0.6mm 时孔开模冲孔不易加工，通常情况下以金属引脚直径值加 0.2mm（8mil）作为焊盘内孔直径。例如，电容的金属引脚直径为 0.5mm（20mil）时，其焊盘内孔直径应设置为 0.5mm+0.2mm=0.7mm（28mil）。焊盘直径与焊盘内孔直径之间的关系见表 5-4。

表 5-4 焊盘直径与焊盘内孔直径之间的关系

焊盘内孔直径		焊盘直径	
0.4mm	16mil		
0.5mm	20mil	1.5mm	59mil
0.6mm	24mil		
0.8mm	31mil	2mm	79mil
1.0mm	39mil	2.5mm	98mil
1.2mm	47mil	3.0mm	118mil
1.6mm	63mil	3.5mm	138mil
2.0mm	79mil	4mm	157mil

通常焊盘的外径应当比内孔直径大 1.3mm（51mil）以上。

当焊盘直径为 1.5mm（59mil）时，为了增加焊盘抗剥强度，可采用长不小于 1.5mm、宽为 1.5mm 的长圆形焊盘，如图 5-60 所示。

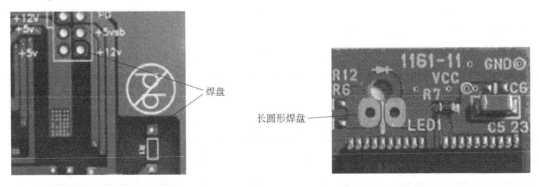

图 5-59　PCB 中的焊盘　　　　图 5-60　长圆形焊盘

在 PCB 设计时，焊盘的内孔边缘应放置到距离 PCB 边缘大于 1mm（39mil）的位置，以避免加工时焊盘的缺损；当与焊盘连接的导线较细时，应将焊盘与导线之间的连接设计成水滴状，以避免导线与焊盘断开；相邻的焊盘要避免成锐角等。

此外，在 PCB 设计中，用户可根据电路特点选择不同形状的焊盘。焊盘形状选取依据见表 5-5。

表 5-5　焊盘形状选取依据

焊盘形状	形状描述	用　途
	圆形焊盘	广泛用于元器件规则排列的单、双面 PCB 中
	方形焊盘	用于 PCB 上元器件大而少且印制导线简单的电路
	多边形焊盘	用于区别外径接近而孔径不同的焊盘，以便加工和装配

3．PCB 抗干扰设计

PCB 抗干扰设计与具体电路有着密切的关系，这里仅就 PCB 抗干扰设计的几项常用措施做一些说明。

（1）电源线设计　根据印制电路板电流的大小，选择合适的电源，尽量加大电源线宽度，减小环路电阻。同时，使电源线、地线的走向和电流的方向一致，这样有助于增强抗噪声能力。

（2）地线设计　地线设计的原则如下。

- 数字地与模拟地分开。若电路板上既有逻辑电路又有线性电路，应使它们尽量分开。低频电路的地应尽量采用单点并联接地，实际布线有困难时可部分串联后再并联接地。高频电路宜采用多点串联接地，地线应短而粗；高频元器件周围尽量用栅格状的大面积铜箔。
- 接地线应尽量加粗。若接地线用很细的线条，则接地点位随电流的变换而变化，导致抗噪声能力降低。因此应将接地线加粗，使它能通过三倍于印制电路板上的允许电流。如有可能，接地线应在 2～3mm。
- 接地线构成环路。只由数字电路组成的印制电路板，其接地电路构成闭环能提高抗噪声能力。

5.9　电路板测试

电路板制作完成之后，用户需测试电路板是否能正常工作。测试分为两个阶段：第一阶段是裸板测试，主要目的在于测试未插置元器件之前电路板中相邻铜膜走线间是否存在短路；第二阶段是组合板测试，主要目的在于测试插置元器件并焊接之后整个电路板的工作情况是否符合设计要求。

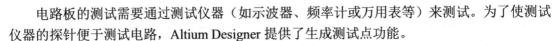

　　电路板的测试需要通过测试仪器（如示波器、频率计或万用表等）来测试。为了使测试仪器的探针便于测试电路，Altium Designer 提供了生成测试点功能。

　　一般合适的焊盘和过孔都可作为测试点，当电路中无合适的焊盘和过孔时，用户可生成测试点。测试点可能位于电路板的顶层或底层，也可以双面都有。

- PCB 上可设置若干个测试点，这些测试点可以是孔或焊盘。
- 测试孔设置与再流焊导通孔要求相同。
- 探针测试支撑导通孔和测试点。

　　采用在线测试时，PCB 上要设置若干个探针测试支撑导通孔和测试点，这些孔或点和焊盘相连时，可从有关布线的任意处引出，但应注意以下几点。

- 不同直径的探针进行自动在线测试（ATE）时的最小间距。
- 导通孔不能选在焊盘的延长部分，与再流焊导通孔要求相同。
- 测试点不能选在元器件的焊点上。

习题

1. 简述印制电路板的构成和基本功能。
2. 什么是"金手指"？
3. 如何对 PCB 进行分类？
4. 什么是元器件封装技术？

第6章

PCB 设计基础

内容提要:

1. 创建 PCB 文件和 PCB 设计环境。
2. 元器件在 Altium Designer 中的验证。
3. 规划电路板及参数设置。
4. 电路板系统环境参数的设置。
5. 载入网络表。

目标: 掌握 PCB 设计。

印制电路板是从电路原理图变成一个具体产品的必经之路。因此,印制电路板设计是电路设计中最重要、最关键的一步。Altium Designer 印制电路板设计的具体流程如图 6-1 所示。

数据库文件已在原理图绘制中创建,这里从创建 PCB 文件开始介绍。其中各项的作用如下。

- 创建 PCB 文件用于用户调用 PCB 服务器。
- 元器件制作用于创建 PCB 封装库中未包含的元器件。
- 规划电路板用于确定电路板的尺寸,确定 PCB 为单层板、双层板或其他。
- 参数设置是电路板设计中非常重要的步骤,用于设置布线工作层、地线线宽、电源线线宽、信号线线宽等。
- 装入元器件库用于在 PCB 中放置对应的元器件,而装入网络表用于实现电路原理图与 PCB 的对接。
- 当网络表输入到 PCB 文件后,所有的元器件都会放在工作区的零点,重叠在一起,下一步的工作就是把这些元器件分开,并按照一定的规则摆放,即元件布局。元件布局分为自动布局和手动布局。为了使布局更合理,多数设计者都采用手动布局。
- PCB 布线也分为自动布线和手动布线。其中,自动布线采用无网络、基于形状的对角线技术,只要设置相关参数,元器件布局合理,自动布线的成功率几乎是 100%;通常在自动布线后,用户常采用 Altium Designer 提供的手动布线功能调整自动布线不合理的地方,以便使电路走线更加合理。
- 铺铜。通常对于大面积的地或电源铺铜,起到屏蔽作

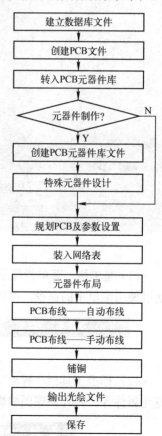

图 6-1 印制电路板设计流程图

建立数据库文件

创建PCB文件

转入PCB元器件库

元器件制作? —N

↓Y

创建PCB元器件库文件

特殊元器件设计

规划PCB及参数设置

装入网络表

元器件布局

PCB布线——自动布线

PCB布线——手动布线

铺铜

输出光绘文件

保存

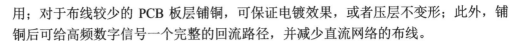

用；对于布线较少的 PCB 板层铺铜，可保证电镀效果，或者压层不变形；此外，铺铜后可给高频数字信号一个完整的回流路径，并减少直流网络的布线。

- 输出光绘文件。光绘文件用于驱动光学绘图仪。

6.1 创建 PCB 文件和 PCB 设计环境

1．创建 PCB 文件

在 Altium Designer 的主页面中，执行【文件】→【新的】→【PCB】命令，可新建一个 PCB 文件。需要说明的是，这样创建的 PCB 文件，其各项参数均采用了系统的默认值。因此在具体设计时，需要设计者重新设置。

2．PCB 设计环境

在创建一个新的 PCB 文件或打开一个现有的 PCB 文件后，则启动了 Altium Designer 系统的 PCB 编辑器，进入其设计环境，如图 6-2 所示。

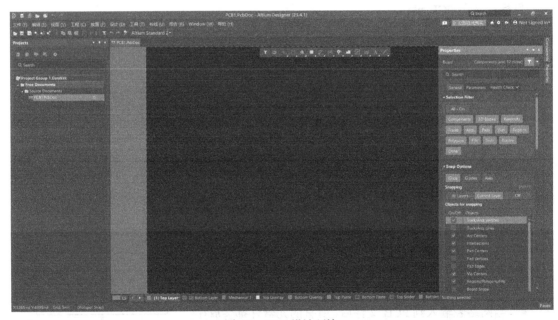

图 6-2　PCB 设计环境

（1）菜单栏　菜单栏显示了供用户选用的菜单操作，如图 6-3 所示。在 PCB 设计过程中，通过使用菜单中的命令，可以完成相应的操作。

图 6-3　菜单栏

（2）标准工具栏　标准工具栏提供了一些基本操作命令，如打印、放缩、快速定位、浏览元器件等。其与原理图编辑环境中的标准工具栏基本相同，如图 6-4 所示。

图 6-4　标准工具栏

（3）布线工具栏　布线工具栏提供了 PCB 设计中常用的图元放置命令，如焊盘、过孔、文本编辑等。还包括了几种布线的方式，如交互式布线连接、交互式差分对连接、使用灵巧布线交互布线连接。布线工具栏如图 6-5 所示。

图 6-5　布线工具栏

（4）过滤工具栏　使用过滤工具栏，根据网络、元器件标号等过滤参数，可以使符合设置的图元在编辑窗口内高亮显示，明暗的对比度和亮度可通过窗口右下方的【屏蔽层】按钮来进行调节。过滤工具栏如图 6-6 所示。

图 6-6　过滤工具栏

（5）导航工具栏　导航工具栏用于指示当前页面的位置，借助所提供的左、右按钮可以实现 Altium Designer 系统中所打开窗口之间的相互切换。导航工具栏如图 6-7 所示。

图 6-7　导航工具栏

（6）编辑区　编辑区即进行 PCB 设计的工作平台，用于进行与元器件的布局、布线有关的操作。PCB 设计主要在这里完成。

（7）板层标签　用于切换 PCB 工作的层面，所选中板层的颜色将显示在最前端，如图 6-8 所示。

图 6-8　板层标签

（8）状态栏　用于显示光标指向的坐标值、所指向元器件的网络位置、所在板层和有关参数，以及编辑器当前的工作状态，如图 6-9 所示。

图 6-9　状态栏

6.2　元器件在 Altium Designer 中的验证

为了确保 Altium Designer 中提供的元器件封装与元器件实物一一对应，先验证元器件实物与 Altium Designer 中提供的元器件封装。

1. 二极管 1N4001 匹配验证

二极管 1N4001 的器件符号如图 6-10 所示，其实物图尺寸如图 6-11 所示。Altium Designer 中 DO-41 封装如图 6-12 所示。

在图 6-12 中双击左、右焊盘，系统会给出焊盘的相关信息，如焊盘大小、焊盘的坐标定位等，如图 6-13 所示。

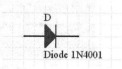

图 6-10　二极管器件符号

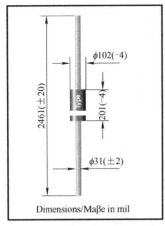

图 6-11　二极管实物图尺寸

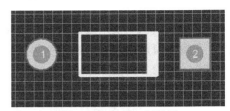

图 6-12　DO-41 封装图

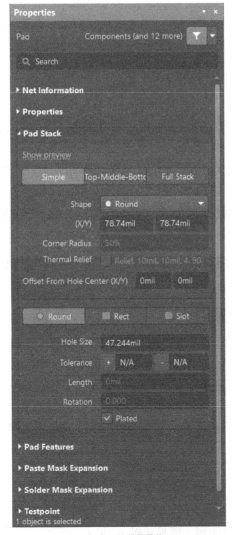

a）焊盘 1 的封装数值

b）焊盘 2 的封装数值

图 6-13　DO-41 封装具体数值

通过计算，两焊盘间距离为 10.16mm，折合成英制为 400mil；焊盘直径为 0.85mm，折合成英制为 33.4646mil。与二极管实物尺寸对照，可知 Altium Designer 所提供的封装尺寸与二极管实物尺寸相匹配。

2. 运算放大器 LF347N 匹配验证

运算放大器 LF347N 的元器件尺寸图如图 6-14 所示，图中尺寸标注横线上部分单位为 mil，横线下部分单位为 mm。

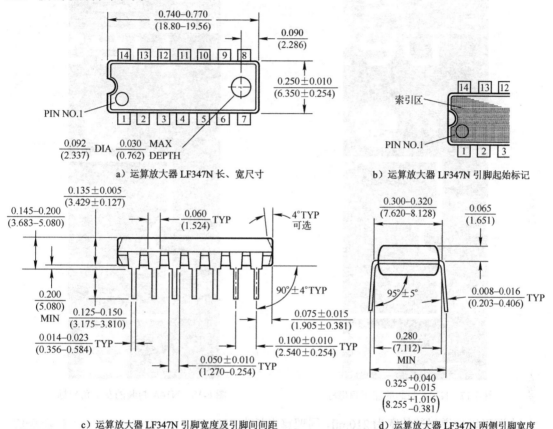

a）运算放大器 LF347N 长、宽尺寸　　　　b）运算放大器 LF347N 引脚起始标记

c）运算放大器 LF347N 引脚宽度及引脚间间距　　　　d）运算放大器 LF347N 两侧引脚宽度

图 6-14　运算放大器 LF347N 元器件尺寸图

运算放大器 LF347N 的元器件符号如图 6-15 所示。

Altium Designer 给出的 LF347N 的封装形式如图 6-16 所示。

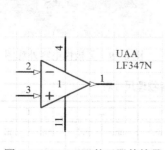

图 6-15　LF347N 的元器件符号

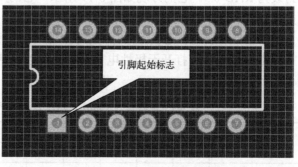

图 6-16　LF347N 的封装形式

与之前实例同样的操作，双击任意两个相邻引脚，可以打开引脚的属性窗口。

从图 6-16 中可以得到其封装的尺寸。计算出相邻引脚之间的距离为 100mil，相对引脚之间的距离为 300mil，孔径为 35.433mil，与实物尺寸相匹配。

将光标放在编辑区的任何位置，编辑区的左上角会显示出其具体坐标，利用此方法可以计算出封装的长、宽等数值，如图 6-17 和图 6-18 所示。

图 6-17　N14A 封装的左下角坐标

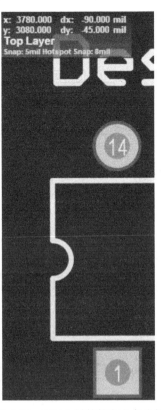

图 6-18　N14A 封装的左上角坐标

由图可以知道封装的宽为 210mil，同理算出长为 780mil。与实物对照，满足设计要求。

3．无极性电容封装 RAD-0.3 匹配验证

电路中电容值为 100pF、耐压为 50V 的无极性电容使用的封装为 RAD-0.3。它的外观如图 6-19 所示，它的尺寸示意图如图 6-20 所示，其物理尺寸数据表 6-1。

Altium Designer 中无极性电容的封装如图 6-21 所示。

双击两焊盘，可打开无极性电容引脚的属性对话框，如图 6-22 所示。

图 6-19　无极性电容外观图

表 6-1　电容值为 100pF、耐压为 50V 的无极性电容物理尺寸表

电容值	耐压	B		D		d		F		L		T	
		mm	mil	mm	mil	mm	mil	mm	mil	mm	mil	mm	mil
100pF	50V	2	79	7.16	281	0.5	20	6.88	231	25	984	4.36	172

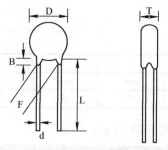

图 6-20　无极性电容尺寸示意图　　　　　图 6-21　无极性电容的封装形式

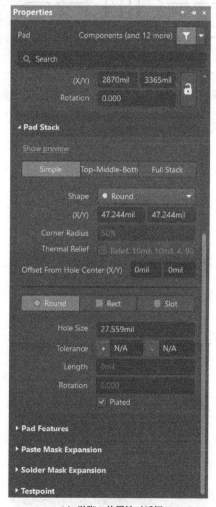

a）引脚 1 的属性对话框　　　　　　　　　b）引脚 2 的属性对话框

图 6-22　无极性电容引脚的属性对话框

　　通过与电容的实际物理尺寸比较可知，采用 RAD-0.3 的封装，焊盘间距为 300mil。由于无极性电容的焊盘间距为软尺寸，因此可以满足电路的需要。

4. 电阻封装 AXIAL-0.4 匹配验证

电阻外形如图 6-23 所示，其尺寸示意图如图 6-24 所示，其物理　　图 6-23　电阻外形图尺寸数据见表 6-2。

表 6-2　电阻物理尺寸表

电阻功率值	L		D		d	
	mm	mil	mm	mil	mm	mil
1/4W	6.90	232	3.24	128	0.50	16

Altium Designer 中电阻封装为 AXIAL-0.4，其形式如图 6-25 所示。

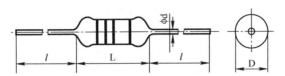

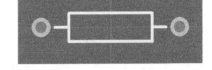

图 6-24　电阻尺寸示意图　　　　　　图 6-25　AXIAL-0.4 封装形式

双击两焊盘，可打开电阻引脚的属性对话框，如图 6-26 所示。

a）引脚 1 属性对话框　　　　　　b）引脚 2 属性对话框

图 6-26　电阻引脚属性对话框

经验证，两焊盘之间的距离为 400mil，过孔直径为 33.465mil，满足要求。因此 AXIAL-0.4 可作为电阻的封装。

5. 变阻器元件封装

变阻器元件的外观如图 6-27 所示，其相关物理尺寸见表 6-3。

表 6-3　变阻器物理尺寸

电阻值	长		宽		焊盘间距		引脚与边界的距离	
	mm	mil	mm	mil	mm	mil	mm	mil
10kΩ/50kΩ	8.13	320	6.10	200	2.54	100	2.54	100

Altium Designer 中变阻器封装形式为 VR5，其形式如图 6-28 所示。

图 6-27　变阻器元件的外观　　　　图 6-28　VR5 封装形式

打开 VR5 封装的引脚属性对话框，如图 6-29 所示。

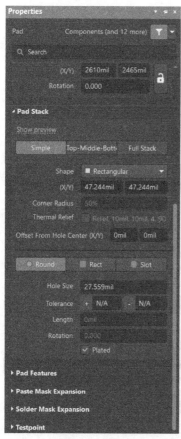

a）引脚 1 属性对话框　　　b）引脚 2 属性对话框　　　c）引脚 3 属性对话框

图 6-29　VR5 封装的引脚属性对话框

可以看到，VR5 封装的引脚之间的距离为 100mil，可以满足设计时的要求，与给出的实际尺寸相匹配。

6．4.7μF/50V 的电解电容元件封装

通常电容值小于 100μF 时常用的封装形式为 RB2.1- 4.22，即外径为 200mil、焊盘间距为 100mil 的封装。

4.7μF/50V 的电解电容外观如图 6-30 所示，其物理尺寸见表 6-4。

图 6-30　4.7μF/50V 的电解电容外观

表 6-4　4.7μF/50V 的电解电容物理尺寸

电容值	耐压值	外径		焊盘间距		孔径	
		mm	mil	mm	mil	mm	mil
4.7μF	50V	4.22	166	2.1	83	0.42	16

由于此电解电容焊盘间距为软尺寸，因此可使用 RB2.1-4.22 封装。由于 Altium Designer 中未找到 RB2.1-4.22 封装，因此用户需手动制作该封装。

6.3　规划电路板及参数设置

对于要设计的电子产品，设计人员首先需要确定其电路板的尺寸。因此，电路板的规划也成为 PCB 制板中需要首先解决的问题。

电路板规划也就是确定电路板的板边，并且确定电路板的电气边界。规划 PCB 有两种方法：一种是手动规划；另一种是利用 Altium Designer 的向导进行规划，这种方法前面已经介绍过了这里不再重复。

【例 6-1】　手动规划电路板。

1）单击板层标签中的【Mechanical 1】，将编辑区域切换到机械层，如图 6-31 所示。

◀ ▶ ▢ Top Layer ▢ Bottom Layer ▮ Mechanical 1 ▢ Mechanical 13 ▢ Mechanical 15 ▮ Top Overlay ▢ Bottom Overlay ▮ Top Paste ▮ Bottom Paste ▢ Top Solder

图 6-31　将编辑区域切换到机械层

2）执行【设计】→【板子形状】→【定义板切割】命令，进入重新定义板子外形界面，如图 6-32 所示。

3）用 "十" 字光标框选出一个矩形，如图 6-33 所示。右击可退出【定义板剪切】界面。在编辑区上方的标准工具栏中有一个【Altium Standard 2D】按钮，在其下拉菜单可以选择 3D 显示，如图 6-34 所示，可知框选的部分为裁掉部分。

4）返回 2D 显示，并切换层面到禁止布线层（Keep-Out Layer），然后执行【设计】→【板子形状】→【根据板子外形生成线条】命令，出现【从板外形而来的线/弧原始数据［mil］】对话框，如图 6-35 所示。

5）选中【包含切割槽】复选框，并单击【确定】按钮，绘制出 PCB 的电气边界，如图 6-36 所示。

【例 6-2】　按照选择对象定义规划板形。

1）执行【放置】→【走线】命令，绘制 PCB 物理边界，如图 6-37 所示。

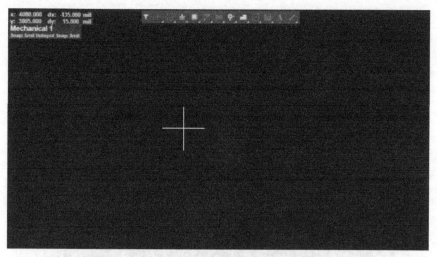

图 6-32　进入重新定义板子外形界面

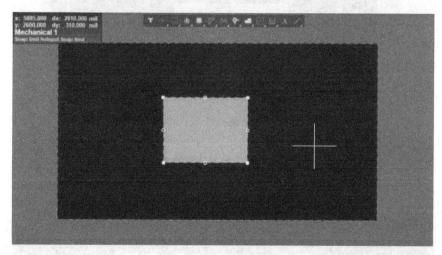

图 6-33　规划板子外形

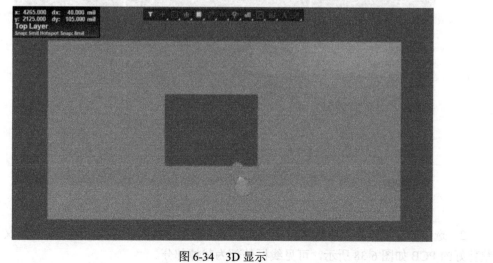

图 6-34　3D 显示

图 6-35 【从板外形而来的线/弧原始数据[mil]】对话框

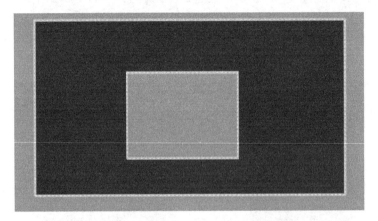

图 6-36 具有电气边界的 PCB

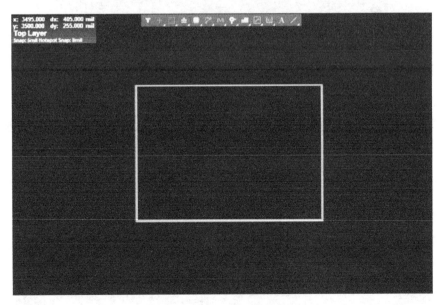

图 6-37 绘制 PCB 物理边界

2）选中整个矩形框，然后执行【设计】→【板子形状】→【按照选择对象定义】命令，裁剪好的 PCB 如图 6-38 所示，可见线框外部为裁掉部分。

图 6-38　裁剪好的 PCB

3）切换层面到禁止布线层（Keep-Out Layer），如图 6-39 所示。

图 6-39　切换层面到禁止布线层

4）再次执行【放置】→【走线】命令，绘制出 PCB 的电气边界，如图 6-40 所示。

图 6-40　绘制 PCB 的电气边界

至此，PCB 的规划就完成了。

6.4　电路板系统环境参数的设置

系统环境参数的设置是 PCB 设计过程中非常重要的一步，用户根据个人的设计习惯，设置合理的环境参数，这样可以极大地提高设计效率。

单击右上角的【设置】按钮，或者在编辑区内右击，在弹出的菜单中执行【优先选项】命令，或者执行【工具】→【优先选项】命令，将会打开 PCB 编辑器的【优选项】对话框，如图 6-41 所示。

图 6-41 【优选项】对话框

【优选项】对话框的【PCB Editor】中有 13 个选项设置界面供设计者进行设置。

1）【PCB Editor-General】：用于设置 PCB 设计中的各类操作模式，如【在线 DRC】、【智能元件捕捉】、【移除复制品】、【自动平移选项】和【铺铜重建】等。其设置界面如图 6-41 所示。

2）【PCB Editor-Display】：用于设置 PCB 编辑区内的显示模式，如【显示选项】、【高亮选项】和【层绘制顺序】等。其设置界面如图 6-42 所示。

3）【PCB Editor-Board Insight Display】：用于设置 PCB 图文件在编辑区内的显示方式，包括【焊盘和过孔显示选项】、【显示对象已锁定的结构】和【实时高亮】等。其设置界面如图 6-43 所示。

4）【PCB Editor-Board Insight Modes】：用于设置 Board Insight 系统的显示模式。其设置界面如图 6-44 所示。

5）【PCB Editor-Board Insight Color Overrides】：用于设置 Board Insight 系统的覆盖颜色模式。其设置界面如图 6-45 所示。

图 6-42 【PCB Editor-Display】设置界面

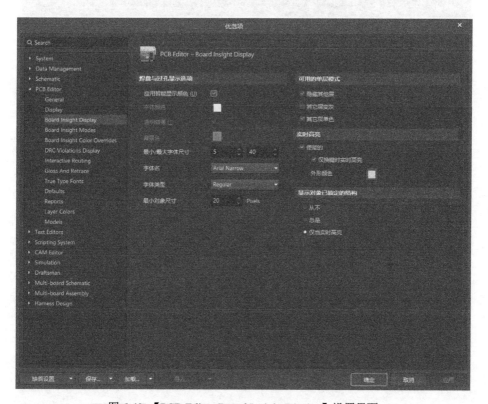

图 6-43 【PCB Editor-Board Insight Display】设置界面

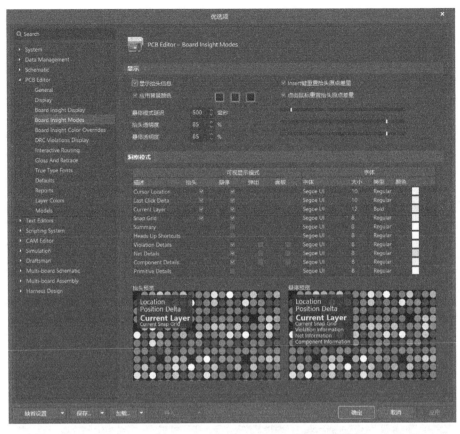

图 6-44 【PCB Editor-Board Insight Modes】设置界面

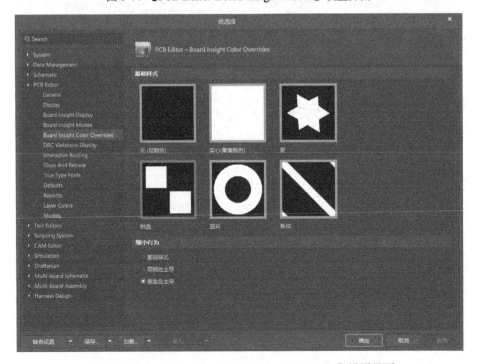

图 6-45 【PCB Editor-Board Insight Color Overrides】设置界面

6）【PCB Editor-DRC Violations Display】：用于设置 DRC 设计规则的错误显示模式。其设置界面如图 6-46 所示。

图 6-46　【PCB Editor-DRC Violations Display】设置界面

7）【PCB Editor-Interactive Routing】：用于设置交互式布线操作的有关模式，包括【布线冲突方案】、【交互式布线宽度来源】和【交互式布线选项】等设置。其设置界面如图 6-47 所示。

8）【PCB Editor-Gloss And Retrace】：Gloss 功能用于消除冗余的弯曲和提高布线的整体效率。Retrace 功能用于按照指定的设计规则重新布置选定的走线。其设置界面如图 6-48 所示。

9）【PCB Editor-True Type Fonts】：用于设置 PCB 设计中所用的 True Type 字体。其设置界面如图 6-49 所示。

10）【PCB Editor-Defaults】：用于设置各种类型图元的系统默认值。在该项设置中可以对 PCB 图中的各项图元的值进行设置，也可以将设置后的图元的值恢复到系统默认状态。其设置界面如图 6-50 所示。

11）【PCB Editor-Reports】：用于设置对 PCB 相关文档的批量输出。其设置界面如图 6-51 所示。

12）【PCB Editor-Layer Colors】：用于设置 PCB 各层板的颜色，如图 6-52 所示。

13）【PCB Editor-Models】：用于设置模型搜索路径等，如图 6-53 所示。

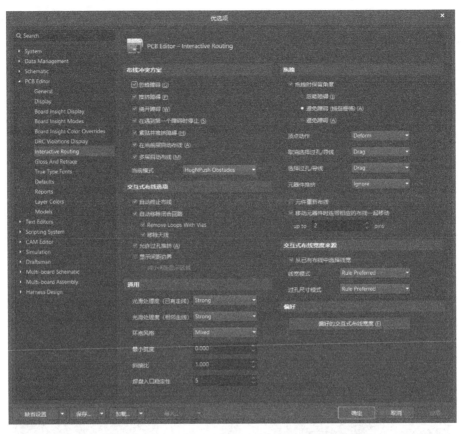

图 6-47 【PCB Editor-Interactive Routing】设置界面

图 6-48 【PCB Editor-Gloss And Retrace】设置界面

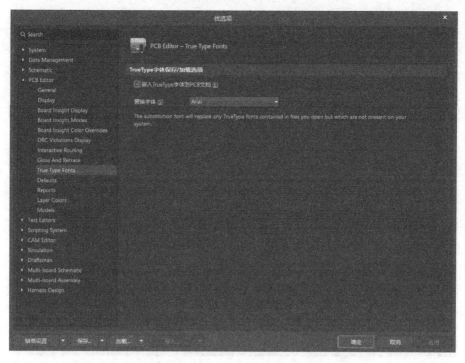

图 6-49 【PCB Editor-True Type Fonts】设置界面

图 6-50 【PCB Editor-Defaults】设置界面

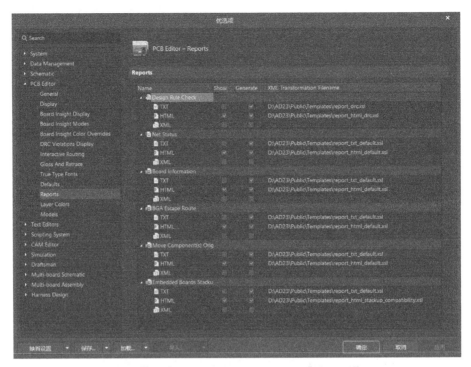

图 6-51 【PCB Editor-Reports】设置界面

图 6-52 【PCB Editor-Layer Colors】设置界面

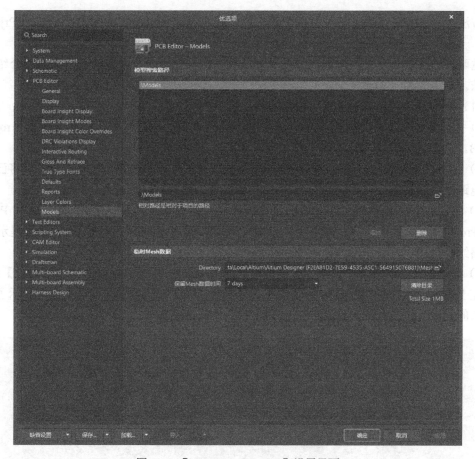

图 6-53　【PCB Editor-Models】设置界面

6.5　载入网络表

加载网络表即将原理图中元器件的相互连接关系及元器件的封装尺寸数据输入到 PCB 编辑器中，实现原理图向 PCB 的转化，以便进一步制板。

1. 准备设计转换

要将原理图中的设计信息转换到新的空白 PCB 文件中，首先应完成以下准备工作。

1）对项目中所绘制的电路原理图进行编译检查和验证设计，确保电气连接的正确性和元器件封装的正确性。

2）确认与电路原理图和 PCB 文件相关联的所有元器件库均已加载，保证原理图文件中所指定的封装形式在可用库文件中都能找到并可以使用。PCB 元器件库的加载和原理图元器件库的加载方法相同。

3）将新建的 PCB 空白文件添加到与原理图相同的项目中。

2. 网络表与元器件封装的装入

Altium Designer 为用户提供了两种装入网络表与元器件封装的方法。

方法 1：在原理图编辑环境中使用设计同步器。

方法 2: 在 PCB 编辑环境中执行【设计】→【Import Changes From PCB_Project1.PrjPCB】命令。

这两种方法的本质是相同的,都是通过启动工程变化订单来完成的。下面举例介绍这两种方法。

(1) 使用设计同步器装入网络表与元器件封装

1) 执行【文件】→【项目】命令,单击【Create】按钮,创建新的工程项目 PCB_Project1.PrjPCB。

2) 在工程名上右击,在弹出的快捷菜单中执行【添加已有文档到工程】命令,将已绘制好的电路原理图和需要进行设计的 PCB 文件导入该工程。

3) 将工作界面切换到已绘制好的原理图界面。执行【工程】→【Validate PCB Project PCB_Project1.PrjPCB】命令,编译项目 PCB_Project1.PrjPCB。若没有弹出错误信息提示,证明电路绘制正确。

4) 在原理图编辑环境中,执行【设计】→【Update PCB Document PCB1.PcbDoc】命令。执行完上述命令后打开如图 6-54 所示的【工程变更指令】对话框,在该对话框中显示了本次要载入的元器件封装及载入到的 PCB 文件名等。

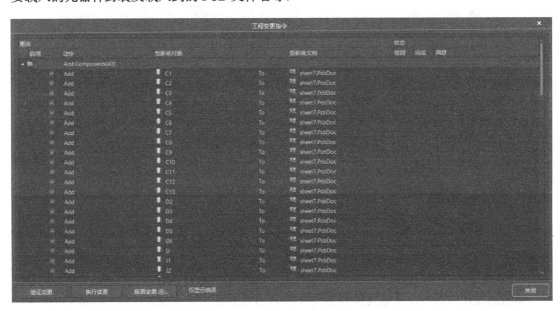

图 6-54 【工程变更指令】对话框

5) 单击【验证变更】按钮,在【状态】区域中的【检测】栏中将会显示检测的结果,出现绿色的对号标志,表明对网络表及元器件封装的检测是正确的,变化有效;当出现红色的叉号标志,表明对网络表及元器件封装的检测是错误的,变化无效。效果如图 6-55 所示。

需要强调的是,网络表及元器件封装检测错误一般是由于没有装载可用的集成库,无法找到正确的元器件封装,如图 6-55 所示。选中【仅显示错误】复选框,对话框将仅显示错误元器件,如图 6-56 所示。

6) 修改报告错误的元器件封装,加载封装库后,再次执行上述操作直至无错误,如图 6-57 所示。

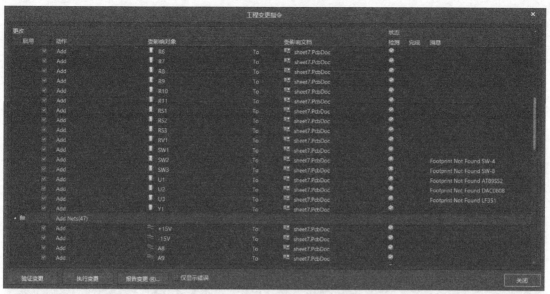

图 6-55　检测网络表及元器件封装

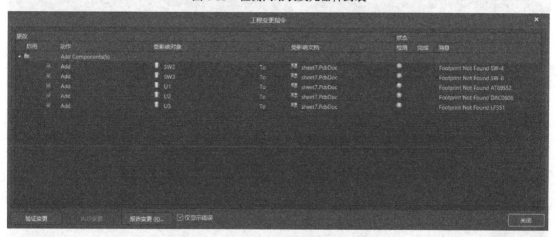

图 6-56　选中【仅显示错误】复选框后的效果

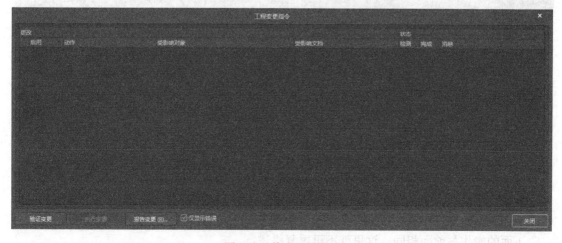

图 6-57　修改至无错误

7）单击【执行变更】按钮，将网络表及元器件封装装入到 PCB 文件 PCB1.PcbDoc 中。如果装入正确，则在【状态】区域中的【完成】栏中显示绿色的对号标志，如图 6-58 所示。

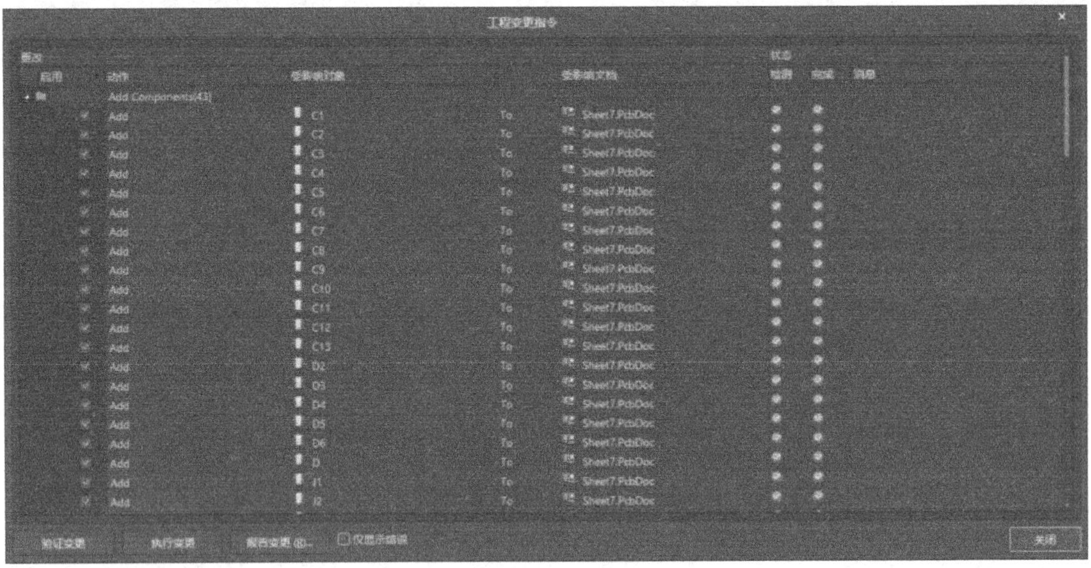

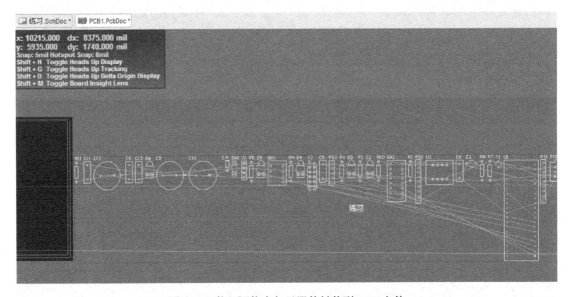

图 6-58　完成装入

关闭【工程变更指令】对话框，则可以看到所装入的网络表与元器件封装放置在 PCB 的电气边界以外，并且以飞线的形式显示网络表和元器件封装之间的连接关系，如图 6-59 所示。

图 6-59　装入网络表与元器件封装到 PCB 文件

（2）在 PCB 编辑环境中装入网络表与元器件封装　确认原理图文件及 PCB 文件已经加载到新建的工程项目中，操作与前面相同。将界面切换到 PCB 编辑环境，执行【设计】→【Import Changes From PCB_Project1.PrjPCB】命令（见图 6-60），打开【工程更改顺序】对话框。

下面的操作与前面相同，这里就不再重复描述。

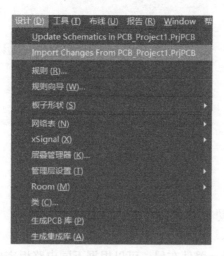

图 6-60 【设计】→【Import Changes From PCB_Project1.PrjPCB】命令

3. 飞线

将原理图文件导入 PCB 文件后，系统会自动生成飞线，如图 6-61 所示。飞线是一种形式上的连线，它只从形式上表示各个焊点间的连接关系，没有电气的连接意义，其按照电路的实际连接将各个节点相连，使电路中的所有节点都能够连通，且无回路。

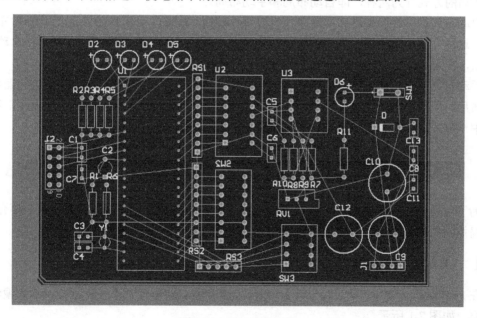

图 6-61 PCB 中的飞线

习题

1. 在第 3 章习题 1 所建立的项目文件中，添加一个新的 PCB 文件。
2. 在习题 1 的基础上，对 PCB 形状进行重新定义，给出 PCB 的物理边界和电气边界。
3. 在第 3 章习题 3 的基础上，载入网络表到该 PCB 中。

第7章

元器件布局

内容提要:

1. 自动布局。
2. 元器件的排列和手动布局。
3. PCB 布局注意事项。

目标: 能够熟练地进行元器件布局,可以根据不同电路板完成合理的手动布局。

装入网络表和元器件封装后,用户需要将元器件封装放入工作区,这就是对元器件封装的布局。在 PCB 设计中,布局是一个重要的环节。布局的好坏将直接影响布线的效果,因此可以说,合理的布局是 PCB 设计成功的第一步。

布局的方式分为两种,即自动布局和手动布局。

自动布局是指设计人员布局前先设定好设计规则,系统自动在 PCB 上进行元器件布局的方法。这种方法效率较高,布局结构比较恰当,但缺乏一定的布局合理性,所以在自动布局完成后,需要进行一定的手动调整,以达到设计的要求。

手动布局是指设计人员手动在 PCB 上进行元器件布局的方法,包括移动、排列元器件等。这种布局结果一般比较合理且实用,但效率比较低,完成一块 PCB 布局的时间比较长。所以,实际中一般采用这两种方法相结合的方式进行 PCB 设计。

7.1 自动布局

为了实现系统的自动布局,设计人员需要先对布局规则进行设置。在这里有必要介绍一下布局规则的设置选项,合理设置自动布局选项可以使自动布局结果更加完善。

7.1.1 布局规则设置

在 PCB 编辑环境中,执行【设计】→【规则】命令,即可打开【PCB 规则及约束编辑器】对话框,如图 7-1 所示。

在窗口的左侧列表框中,列出了系统提供的 10 类设计规则,分别是【Electrical】(电气规则)、【Routing】(布线规则)、【SMT】(贴片式元器件规则)、【Mask】(屏蔽层规则)、【Plane】(内层规则)、【Testpoint】(测试点规则)、【Manufacturing】(制板规则)、【High Speed】(高频电路规则)、【Placement】(布局规则)、【Signal Integrity】(信号分析规则)。

这里需要进行设置的规则是【Placement】(布局规则)。单击布局规则前面的扩展按钮,可以看到布局规则包含了 6 项子规则,如图 7-2 所示。

这 6 项布局子规则分别是【Room Definition】(空间定义)、【Component Clearance】(元

器件间距)、【Component Orientations】(元器件布局方向)、【Permitted Layers】(工作层设置)、【Nets to Ignore】(忽略网络)和【Height】(高度)子规则。下面分别对这 6 种子规则进行介绍。

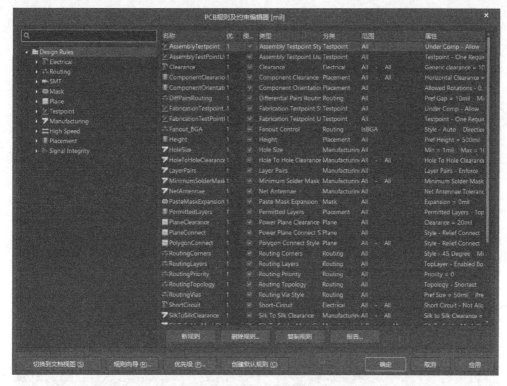

图 7-1 【PCB 规则及约束编辑器】对话框

1.【Room Definition】(空间定义)子规则

【Room Definition】子规则主要是用来设置空间的尺寸,以及它在 PCB 中所在的工作层面。单击【Room Definition】,如果有规则存在,则会显示在【PCB 规则及约束编辑器】对话框的右侧,如图 7-3 所示。

单击【新规则】按钮,左侧列表框中【Room Definition】下会新增一个【Room Definition】子规则,单击新生成的子规则,则【PCB 规则及约束编辑器】对话框的右侧如图 7-4 所示。

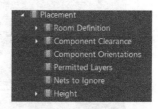

图 7-2 布局子规则

界面分为上、下两部分。

1)上部分主要用于设置该规则的具体名称及适用范围。在后面的一些子规则设置中,上部分的设置基本是相同的。其中,第一行有三个文本框,其功能是对子规则的命名及填写子规则描述信息等;【Custom Query】下拉按钮中包含 6 个下拉菜单项,供用户选择设置规则匹配对象的范围)。【Custom Query】下拉菜单如图 7-5 所示。

这 6 个单选按钮的含义分别如下。

- 【All】:选中该项,表示当前设定的规则在整个 PCB 上有效。
- 【Component】:选中该项,表示当前设定的规则在某个选定的元器件上有效,此时在右侧的编辑框内可设置元器件名称。

- 【Component Class】：选中该项，表示当前设定的规则可在全部元器件或几个元器件上有效。

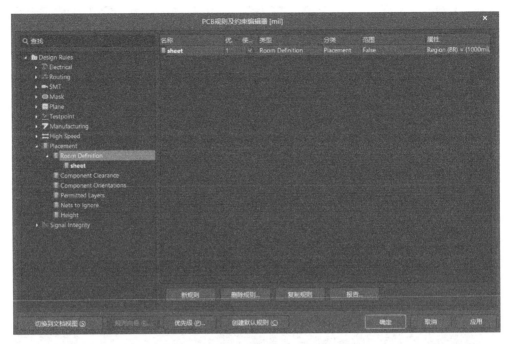

图 7-3 显示【Room Definition】子规则

图 7-4 新建【Room Definition】子规则

- 【Footprint】：选中该项，表示当前设定的规则在选定的引脚上有效，此时在右侧的编辑框内可设置引脚名称。

- 【Package】：选中该项，表示当前设定的规则在选定的范围中有效。
- 【Custom Query】：选中该项，【查询助手】按钮被激活。单击该按钮，可启动【Query Helper】对话框来编辑一个表达式，以便自定义规则的适用范围。

图 7-5　【Custom Query】下拉菜单

2）下部分主要用于设置规则的具体约束特性。对于不同的规则，约束特性的设置内容也是不同的。在【Room Definition】子规则中，需要设置的有如下几项。

- 【Room 锁定】：选中该复选框后，表示 PCB 上的空间被锁定，此时用户不能再重新定义空间，同时在进行自动布局或手动布局时该空间也不能再被拖动。
- 【元器件锁定】：选中该复选框后，空间中元器件封装的位置和状态将被锁定，在进行自动布局或手动布局时，不能再移动它们的位置和编辑它们的状态。

对于空间大小，可通过【定义】按钮或输入【X1】、【X2】、【Y1】、【Y2】4 个对角坐标来完成。其中，【X1】和【Y1】用来设置空间最左下角的横坐标和纵坐标的值，【X2】和【Y2】用来设置空间最右上角的横坐标和纵坐标的值。

最下方是两个下拉按钮，用于设置空间所在工作层及元器件所在位置。工作层设置包括两个选项，即【Top Layer】（顶层）和【Bottom Layer】（底层）。元器件位置设置也包括两个选项，即【Keep Objects Inside】（元器件位于空间内）和【Keep Objects Outside】（元器件位于空间外）。

2.【Component Clearance】（元器件间距）子规则

【Component Clearance】子规则是用来设置自动布局时元器件封装之间的安全距离。

单击【Component Clearance】子规则前面的扩展按钮，展开【Component Clearance】子规则，子规则可在【PCB 规则及约束编辑器】对话框的右侧打开如图 7-6 所示的界面。

间距是相对于两个对象而言的，因此在该规则对话框中，相应地会有两个规则匹配对象的范围设置，设置方法与前面的相同。

在【约束】选项区域内的【垂直间距模式】栏内提供了两种对该项规则进行检查的模式，对应于不同的检查模式，在布局中对于是否违规判断的依据会有所不同。这两种模式分别为【无限】和【指定】检查模式。

- 【无限】：以元器件的外形尺寸为依据。选中该模式，【约束】选项区域就会变成如图 7-7 所示的形式。在该模式下，只需设置最小水平距离。
- 【指定】：以元器件本体图元为依据，忽略其他图元。在该模式中需要设置元器件本体图元之间的最小水平间距和最小垂直间距。选中该模式，【约束】选项区域就会变成如图 7-8 所示的形式。

3.【Component Orientations】（元器件布局方向）子规则

【Component Orientations】子规则用于设置元器件封装在 PCB 上的放置方向。由图 7-4 可以看到，该项子规则前没有扩展按钮，说明该项子规则并未被激活。右击【Component Orientations】子规则，执行【新规则】命令。单击新建的【Component Orientations】子规则，即可打开设置界面，如图 7-9 所示。

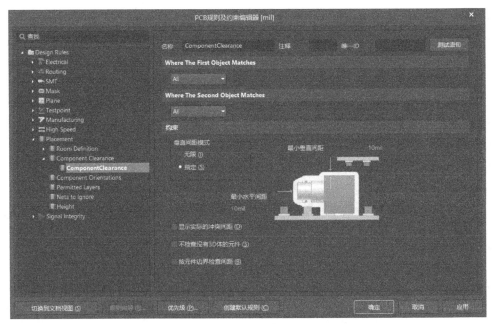

图 7-6 【Component Clearance】子规则设置界面

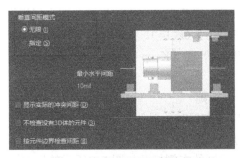

图 7-7 使用【无限】检查模式

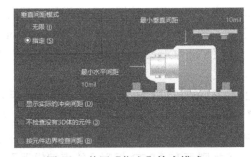

图 7-8 使用【指定】检查模式

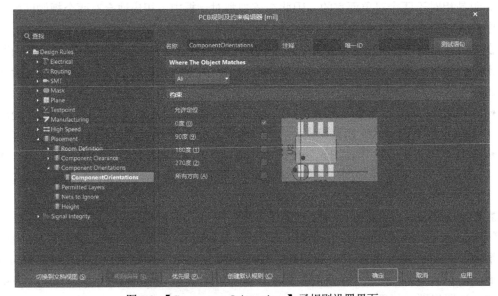

图 7-9 【Component Orientations】子规则设置界面

【约束】区域内提供了如下 5 种允许元器件旋转角度的复选框。

- 【0 度】：选中该复选框，表示元器件封装放置时不用旋转。
- 【90 度】：选中该复选框，表示元器件封装放置时可以旋转 90°。
- 【180 度】：选中该复选框，表示元器件封装放置时可以旋转 180°。
- 【270 度】：选中该复选框，表示元器件封装放置时可以旋转 270°。
- 【所有方向】：选中该复选框，表示元器件封装放置时可以旋转任意角度。当该复选框被选中后，其他复选框都处于不可选状态。

4.【Permitted Layers】（工作层设置）子规则

【Permitted Layers】子规则主要用于设置 PCB 上允许元器件封装所放置的工作层。执行【新规则】命令，新建一个【Permitted Layers】子规则，单击新建的子规则即可打开设置界面，如图 7-10 所示。

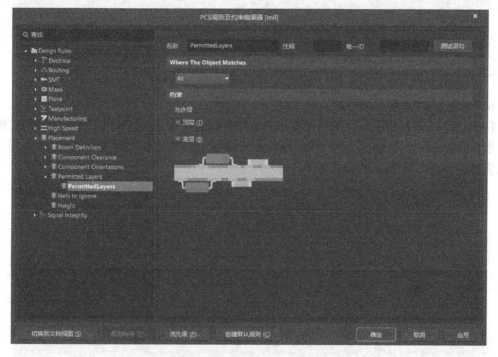

图 7-10　【Permitted Layers】子规则设置界面

该规则的【约束】选项区域内，提供了两个工作层选项允许放置元器件封装，即【顶层】和【底层】。一般过孔式元器件封装都放置在 PCB 的顶层，而贴片式元器件封装既可以放置在顶层也可以放置在底层。若要求某一面不能放置元器件封装，可以通过该设置来实现。

5.【Nets to Ignore】（忽略网络）子规则

【Nets to Ignore】子规则用于设置在采用【成群的放置项】方式执行元器件自动布局时可以忽略的一些网络，在一定程度上提高了自动布局的质量和效率。执行【新规则】命令，新建一个【Nets To Ignore】子规则，单击该新建的子规则，打开设置界面，如图 7-11 所示。

该规则的约束条件是通过对上面的规则匹配对象适用范围的设置来完成的，选出要忽略的网络名称即可。

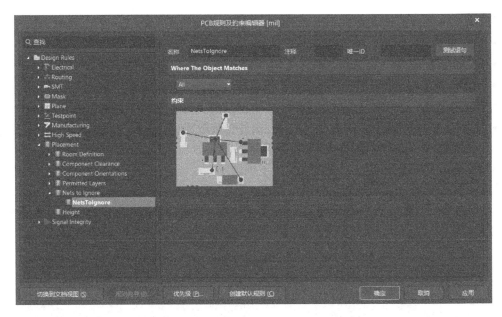

图 7-11 【Nets To Ignore】子规则设置界面

6.【Height】（高度）子规则

【Height】子规则用于设置元器件封装的高度范围。单击【Height】子规则前面的扩展按钮，展开其中的一个【Height】子规则，单击该子规则可在【PCB 规则及约束编辑器】对话框的右侧打开如图 7-12 所示的设置界面。

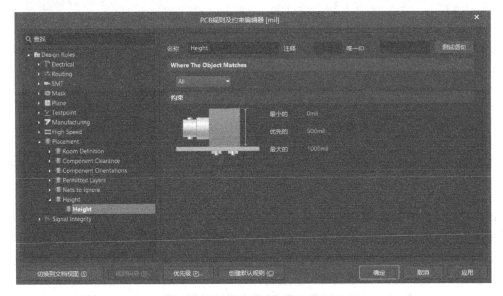

图 7-12 【Height】子规则设置界面

在【约束】选项区域内可以对元器件封装的最小、最大及优选高度进行设置。

7.1.2 元器件自动布局

对 PCB 进行自动布局的操作步骤如下。

1）对自动布局规则进行设置，所有规则设置如图 7-13 所示。

名称	优.	使.	类型	分类	范围	属性
ComponentClearance	1	✓	Component Clearance	Placement	All - All	Horizontal Clearance =
ComponentOrientati	1	✓	Component Orientation	Placement	All	Allowed Rotations - 0,
Height	1	✓	Height	Placement	All	Pref Height = 500mil
PermittedLayers	1	✓	Permitted Layers	Placement	All	Permitted Layers - Top,
布局	1	✓	Room Definition	Placement	InComponentClass(布	Region (BR) = (1420mil,

图 7-13　自动布局规则设置

2）打开已导入网络和元器件封装的 PCB 文件，选中 Room，拖动鼠标，将其移动到 PCB 内部，如图 7-14 所示。

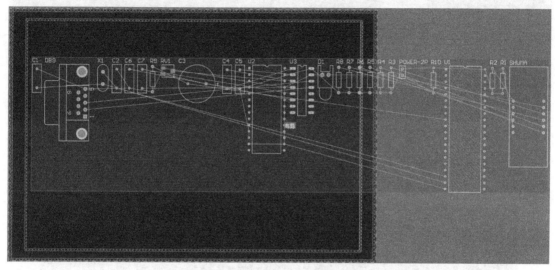

图 7-14　移动 Room 到 PCB

3）选中所有元器件，执行【工具】→【器件摆放】→【在矩形区域内排列】命令，并在 PCB 画出矩形，如图 7-15 所示。此时元器件自动布局，如图 7-16 所示。

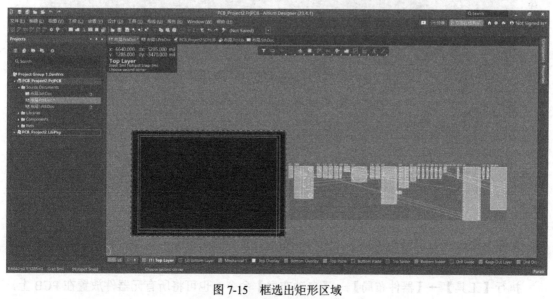

图 7-15　框选出矩形区域

图 7-16　元器件自动布局

4）调节 Room 区域，使所有元器件都在 Room 区域内，完成矩形区域内布局，如图 7-17 所示。

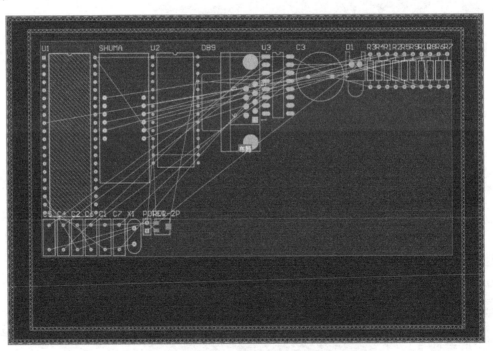

图 7-17　完成矩形区域内布局

参照 Room 区域也可实现元器件的自动布局，首先调节 Room 区域，然后选中所有元器件，再执行【工具】→【器件布局】→【按照 Room 排列】命令，结果和上面一样。

执行【工具】→【器件布局】→【自动布局】命令，也可将所有元器件放置在 PCB 上，

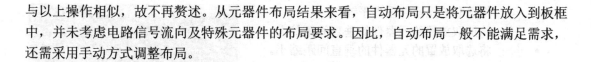

与以上操作相似，故不再赘述。从元器件布局结果来看，自动布局只是将元器件放入到板框中，并未考虑电路信号流向及特殊元器件的布局要求。因此，自动布局一般不能满足需求，还需采用手动方式调整布局。

7.2 元器件的排列和手动布局

手动布局时应严格遵循原理图的绘制结构。首先将全图最核心的元器件放置到合适的位置，然后将其外围元器件，按照原理图的结构放置到该核心器件的周围。通常使具有电气连接的元器件引脚比较接近，这样走线距离短，从而使整个电路板的导线易于连通。

7.2.1 元器件的排列

执行【编辑】→【对齐】命令，系统会弹出【对齐】菜单命令，如图 7-18 所示。

系统还提供了排列工具，单击应用工具栏的第二个下拉按钮，如图 7-19 所示。

图 7-18 【对齐】菜单命令

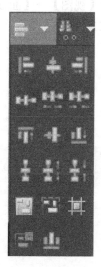

图 7-19 排列工具

各个排列工具的意义如下。

- ：将选取的元器件向最左边的元器件对齐。
- ：将选取的元器件水平中心对齐。
- ：将选取的元器件向最右边的元器件对齐。
- ：将选取的元器件水平平铺。
- ：将选取放置的元器件的水平间距扩大。
- ：将选取放置的元器件的水平间距缩小。
- ：将选取的元器件与最上边的元器件对齐。
- ：将选取的元器件按元器件的垂直中心对齐。
- ：将选取的元器件与最下边的元器件对齐。

- 品：将选取的元器件垂直平铺。
- 品↓：将选取放置的元器件的垂直间距扩大。
- 品↓：将选取放置的元器件的垂直间距缩小。
- ▦：将所选的元器件在空间中内部排列。
- ▦：将所选的元器件在一个矩形框内部排列。
- 缸：将元器件对齐到栅格上。

执行【编辑】→【对齐】→【定位器件文本】命令，打开如图 7-20 所示的【元器件文本位置】对话框。

在该对话框中，用户可以对元器件文本（标号和说明内容）的位置进行设置，也可以直接手动调整文本位置。

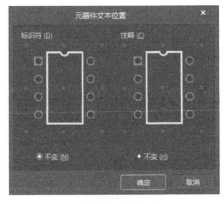

图 7-20 【元器件文本位置】对话框

使用上述菜单命令，可以实现元器件的排列，提高效率，并使 PCB 的布局更加整齐美观。

7.2.2 手动布局

继续以 7.1.2 小节的实例为例，已经完成了网络和元器件封装的装入，下面开始在 PCB 上放置元器件。

1）执行【视图】→【面板】→【Properties】命令，在打开的对话框中设置合适的栅格参数，如图 7-21 所示。

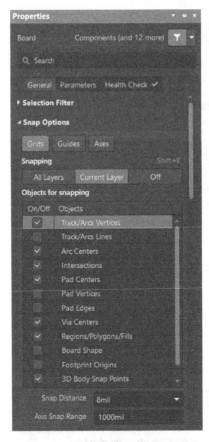

图 7-21 设置合适的栅格参数

2）使用快捷键【V】和【D】，使整个 PCB 和所有元器件显示在编辑区中。

3）参照电路原理图，首先将核心元器件 U1 移动到 PCB 上。将光标放在 U1 封装的轮廓上，按下鼠标左键不动，光标变成一个大"十"字形，移动鼠标，拖动元器件到合适的位置，松开鼠标将元器件放下，如图 7-22 所示。

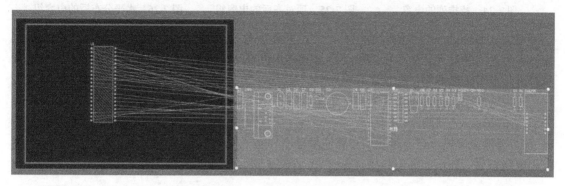

图 7-22　放置元器件 U1 到 PCB

4）用同样的操作方法，将其余元器件封装一一放置到 PCB 中，完成所有元器件封装的放置后，如图 7-23 所示。

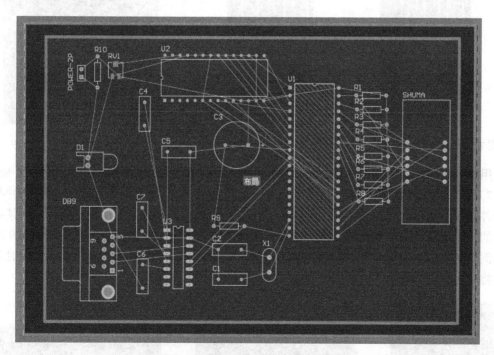

图 7-23　完成全部元器件封装的放置

5）排列对齐。调整元器件封装的位置，尽量对齐，并对元器件的标注文字进行重新定位、调整。无论是自动布局还是手动布局，根据电路的特性要求在 PCB 上放置元器件封装后，一般都需要进行一些排列对齐操作。如图 7-24 所示是一组待排列的电容。

单击【顶对齐】按钮，使电容向顶端对齐，结果如图 7-25 所示。

单击【水平分布】按钮，水平分布电容组，结果如图 7-26 所示。

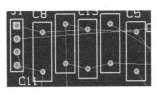
图 7-24 待排列的电容

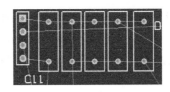
图 7-25 顶对齐后的电容组

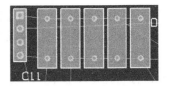
图 7-26 水平分布后的电容组

Altium Designer 提供的对齐工具，并不只是针对元器件与元器件之间的对齐，还包括焊盘与焊盘之间的对齐。如图 7-27 所示，电阻 R9 和滑动变阻器 RV1 相对的两焊盘，为了在布线时遵从最短走线原则，应使两焊盘对齐。

选中这两个焊盘，单击【右对齐】按钮，使两个焊盘对齐到一条直线上，结果如图 7-28 所示。

6）消除交叉线。在上述初步布局的基础上，为了使电路更加美观、经济，用户需进一步优化电路布局。在已布局电路中，元件 C9 存在交叉线，如图 7-29 所示。

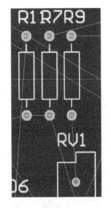
图 7-27 待对齐的两个焊盘

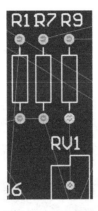
图 7-28 对齐焊盘

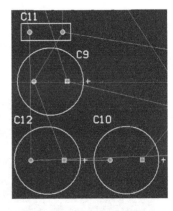
图 7-29 存在交叉线的 C9

用户可按【Space】键，调整 C9 元件的方位以消除交叉线。调整后的结果如图 7-30 所示。

7）调整标注。从调整后的元器件布局图可以看出，在对某些元器件进行旋转调整的同时，元器件的标注也跟着进行了旋转，旋转后的元器件标注看起来不是很直观，因此，对某些元器件的标注进行调整，调整的方法与调整元器件的方法相同。以调整图 7-31 中元件 C9 的标注为例，将鼠标放置到元件 C9 的标注上，按下鼠标左键，同时按下【Space】键，此时元件标注将发生旋转，如图 7-31 所示。调整后的结果如图 7-32 所示。

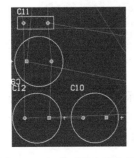
图 7-30 调整后的电路布局

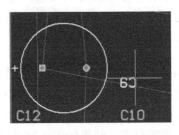
图 7-31 调整元件 C9 的标注

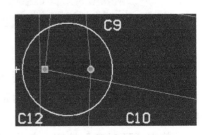
图 7-32 调整后的元件标注

7.3 PCB 布局注意事项

元器件布局依据的原则：保证电路功能和性能指标；满足工艺性、检测和维修等方面的要求；元器件排列整齐、疏密得当，兼顾美观性。而对于初学者来说，合理的布局是确保 PCB 正常工作的前提，因此 PCB 布局需要特别重视。

1. 按照信号流向布局

PCB 布局时应遵循信号从左到右或从上到下的原则，即在布局时输入信号放在电路板的左侧或上方，而将输出放置到电路板的右侧或下方，如图 7-33 所示。

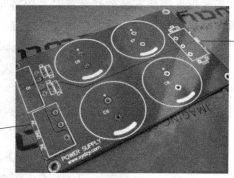

a）电源电路板

b）电源电路 PCB

图 7-33　按信号流向布局

将电路按照信号的流向逐一排布元器件，便于信号的流通。此外，与输入端直接相连的元器件应当放置在靠近输入接插件的地方；同理，与输出端直接相连的元器件应当放置在靠近输出接插件的地方。

当布局受到连线优化或空间的约束而需放置到电路板同侧时，输入端与输出端不宜离得太近，以避免引起电路振荡，导致系统工作不稳定。

2. 优先确定核心元器件的位置

以电路功能判别电路的核心元器件，然后以核心元器件为中心，围绕核心元器件布局，如图 7-34 所示。

图 7-34　围绕核心元器件布局

优先确定核心元器件的位置有利于其余元器件的布局。

3．考虑电路的电磁特性

在电路布局时，应充分考虑电路的电磁特性。通常强电部分（220V 交流电）与弱电部分要远离，电路的输入级与输出级的元器件应尽量分开。同时，当直流电源引线较长时，要增加滤波器，以防止 50Hz 干扰。

当元器件间可能有较高的电位差时，应加大它们之间的距离，以避免因放电、击穿引起意外。此外，金属壳的元器件应避免相互接触。

4．考虑电路的热干扰

对于发热元器件应尽量放置在靠近外壳或通风较好的位置，以便利用机壳上开凿的散热孔散热。当元器件需要安装散热装置时，应将元器件放置到电路板的边缘，以便于安装散热器或小风扇以确保元器件的温度在允许范围内。安装散热器的电路板如图 7-35 所示。

——散热器

图 7-35　电路板上安装了散热器

对于温度敏感的元器件，如晶体管、集成电路、热敏电路等，不宜放置在热源附近。

5．可调节元器件的布局

对于可调元器件，如可调电位器、可调电容器、可调电感线圈等，在电路板布局时，需考虑其机械结构。可调元器件的外观如图 7-36 所示。

a）大功率转盘电阻　　　　　　　　　b）可变电阻器

图 7-36　可调元器件外观

在放置可调元器件时，应尽量布置在操作人员手部方便操作的位置，以便可调元器件的使用。

而对于一些带高电压的元器件则应尽量布置在操作人员手部不易触及的地方，以确保调试、维修的安全。

6．其他注意事项

此外，元器件布局时还应考虑以下一些事项。

- 按电路模块布局。实现同一功能的相关电路称为一个模块。同一电路模块中的元器件应用就近原则。此外，数字电路和模拟电路应分开。
- 定位孔、标准孔等非安装孔周围 1.27mm（50mil）内不得贴装元器件。螺钉等安装孔周围 3.5mm（138mil）（对于 M2.5）、4mm（157mil）（对于 M3）内不得贴装元器件。
- 贴装元器件焊盘的外侧与相邻插装元器件的外侧距离应大于 2mm（79mil）。
- 金属壳体元器件和金属体（屏蔽盒等）不能与其他元器件相接触，不能紧贴印制线、焊盘，其间距应大于 2mm（79mil）；定位孔、紧固件安装孔、椭圆孔及板中其他方孔外侧距板边的尺寸应大于 3mm（118mil）。
- 高热元器件要均衡分布。
- 电源插座要尽量放置在印制电路板的四周，电源插座与其相连的汇流条接线端应放置在同侧，且电源插座及焊接连接器的间距应考虑方便电源插头的插拔。
- 所有 IC 元器件单边对齐，有极性元器件的极性应标示明确，同一印制电路板上的极性标示不得多于两个方向，出现两个方向时，两个方向应互相垂直。
- 贴片应单边对齐，字符方向应一致，封装方向应一致。

习题

1. 简述布局规则。
2. 在第 6 章习题 3 的基础上，对 PCB 进行布局。
3. PCB 布局时应考虑哪些问题？

第8章

PCB 布线

内容提要：

1. 布线的基本规则。
2. 布线前规则的设置。
3. 布线策略的设置。
4. 自动布线。
5. 手动布线。
6. 混合布线。
7. 差分对布线。
8. ActiveRoute 布线。
9. 设计规则检查。

目标：掌握布线方法，能够进行合理的手动布线。

在 PCB 设计中，布线是完成产品设计的重要步骤，可以说前面的准备工作都是为它而做的。在整个 PCB 设计中，以布线的设计过程限定最高、技巧最细、工作量最大。PCB 布线分为单面布线、双面布线及多层布线三种。PCB 布线可使用系统提供的自动布线和手动布线两种方式。虽然系统为设计者提供了一个操作方便、布通率很高的自动布线功能，但在实际设计中，仍然会有不合理的地方，这时就需要设计者手动调整 PCB 上的布线，以获得最佳的设计效果。

8.1　布线的基本规则

印制电路板（PCB）设计的好坏对电路板的抗干扰能力影响很大。因此，在进行 PCB 设计时，必须遵守 PCB 设计的基本原则，并应符合抗干扰设计的要求，使得电路获得最佳的性能。

- 印制导线的布设应尽可能地短；同一元器件的各条地址线或数据线应尽可能地保持一样的长度；当电路为高频电路或布线密集的情况下，印制导线的拐弯应成圆角。当印制导线的拐弯成直角或尖角时，在高频电路或布线密集的情况下会影响电路的电气特性。
- 当双面布线时，两面的导线应互相垂直、斜交或弯曲走线，避免相互平行，以减小寄生耦合。
- PCB 尽量使用 45°折线而不用 90°折线布线，以减小高频信号对外的发射与耦合。
- 作为电路的输入及输出用的印制导线应尽量避免相邻平行，以免发生回流，在这些导线之间最好加接地线。
- 当板面布线疏密差别大时，应以网状铜箔填充，网格大于 8mil（0.2mm）。
- 贴片焊盘上不能有通孔，以免焊膏流失造成元器件虚焊。

- 重要信号线不准从插座间穿过。
- 卧装电阻、电感（插件）、电解电容等元器件的下方避免布过孔，以免波峰焊后孔与元件壳体短路。
- 手工布线时，先布电源线，再布地线，且电源线应尽量在同一层面。
- 信号线不能出现回环走线，如果不得不出现环路，要尽量使环路小一些。
- 走线通过两个焊盘之间而不与它们连通的时候，应该与它们保持最大且相等的间距。
- 导线与导线之间的距离也应当均匀、相等并且保持最大。
- 导线与焊盘连接处的过渡要圆滑，避免出现小尖角。
- 当焊盘之间的中心间距小于一个焊盘的外径时，焊盘之间的连接导线宽度可以和焊盘的直径相同；当焊盘之间的中心距大于焊盘的外径时，应减小导线的宽度；当一条导线上有三个以上的焊盘，它们之间的距离应该大于两个直径的宽度。
- 印制导线的公共地线应尽量布置在印制电路板的边缘部分。在印制电路板上应尽可能多地保留铜箔做地线，这样得到的屏蔽效果比一长条地线要好，传输线特性和屏蔽作用也将得到改善，另外还起到了减小分布电容的作用。印制导线的公共地线最好形成环路或网状，这是因为当在同一块板上有许多集成电路时，由于图形上的限制产生了接地电位差，从而引起噪声容限的降低，当做成回路时，接地电位差减小。
- 为了抑制噪声，接地和电源的图形应尽可能与数据的流动方向平行。
- 多层印制电路板可采取其中若干层做屏蔽层，电源层、地线层均可视为屏蔽层。需要注意的是，一般地线层和电源层设计在多层印制电路板的内层，信号线设计在内层或外层。
- 数字区与模拟区尽可能进行隔离，并且数字地与模拟地要分离，最后接于电源地。

8.2　布线前规则的设置

布线规则是通过【PCB 规则及约束编辑器】对话框来完成设置的。在该对话框提供的 10 类规则中，与布线有关的主要是【Electrical】（电气规则）和【Routing】（布线规则）。下面就对这两类规则分别进行介绍。

8.2.1　电气规则（Electrical）设置

电气规则的设置是针对具有电气特性的对象，用于系统的 DRC 电气校验。当布线过程中违反电气特性规则时，DRC 校验器将自动报警，提示用户修改布线。

执行【设计】→【规则】命令，打开【PCB 规则及约束编辑器】对话框，在该对话框左侧的规则列表框中，单击【Electrical】前面的扩展按钮，可以看到需要设置的电气子规则有 6 项，如图 8-1 所示。

这 6 项子规则分别是，【Clearance】（安全间距）子规则、【Short-Circuit】（短路）子规则、【Un-Routed Net】（未布线网络）子规则、【Un-Connected Pin】（未连接引脚）子规则、【Modified Polygon】（修改的多边形）子规则及【Creepage Distance】（爬电距离）子规则。

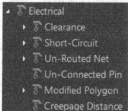

图 8-1　【Electrical】规则

下面分别介绍这 6 项子规则的用途及设置方法。

（1）【Clearance】子规则　该项子规则主要用于设置 PCB 设计中导线与导线之间、导线与焊盘之间、焊盘与焊盘之间等导电对象之间的最小安全距离，以避免彼此由于距离过近而产生电气干扰。

单击【Clearance】子规则前面的扩展按钮，会在其下展开一个【Clearance】子规则，单击该子规则可在【PCB 规则及约束编辑器】对话框的右侧打开如图 8-2 所示的界面。

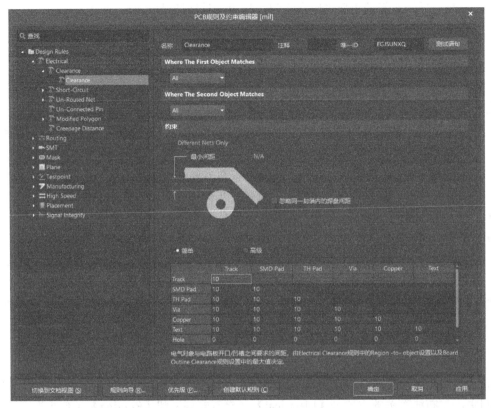

图 8-2　【Clearance】子规则设置界面

Altium Designer 软件中的【Clearance】子规则规定了板上不同网络的走线、焊盘和过孔等之间必须保持的距离。在单面板和双面板的设计中，首选值为 10～12mil；4 层及以上的 PCB 首选值为 7～8mil。对于最大安全间距一般没有限制。

相邻导线间距必须能满足电气安全要求，而且为了便于操作和生产，间距应尽量宽些。最小间距至少要能适合承受的电压。这个电压一般包括工作电压、附加波动电压及其他原因引起的峰值电压。如果相关技术条件允许在线之间存在某种程度的金属残粒，则其间距会减小。因此，设计者在考虑电压时应把这种因素考虑进去。在布线密度较低时，信号线的间距可适当加大，对高、低电压悬殊的信号线应尽可能地缩短其长度并加大距离。

电气规则的设置界面与布局规则的设置界面一样，也是由上下两部分构成。上半部分是用来设置规则的适用对象范围，前面已做过详细的讲解，这里不再赘述；下半部分是用来设置规则的约束条件，该【约束】区域内，主要用于设置该项规则适用的网络范围，由一个下拉菜单给出。

- 【Different Nets Only】：仅适用于不同的网络之间。
- 【Same Net Only】：仅适用在同一网络中。
- 【All Net】：适用于一切网络。
- 【Different Differential Pair】：用来设置不同导电对象之间具体的安全距离值。一般导电对象之间的距离越大，产生干扰或元器件之间短路的可能性就越小，但电路板就要求很大，成本也会相应提高，所以应根据实际情况加以设定。
- 【Same Differential Pair】：用来设置相同导电对象之间具体的安全距离值。

（2）【Short-Circuit】子规则　【Short-Circuit】子规则用于设置短路的导线是否允许出现在 PCB 上，其设置界面如图 8-3 所示。

图 8-3　【Short-Circuit】子规则设置界面

在该界面的【约束】区域内，只有一个复选框，即【允许短路】复选框。若选中该复选框，表示在 PCB 布线时允许设置的匹配对象中的导线短路。系统默认为不选中状态。

（3）【Un-Routed Net】子规则　【Un-Routed Net】子规则用于检查 PCB 中指定范围内的网络是否已完成布线，对于没有布线的网络，仍以飞线形式保持连接。其设置界面如图 8-4 所示。

该规则的【约束】区域内有一个约束条件设置，即【检查不完全连接】，系统默认为不选中状态。只是需要创建规则，为其设定使用范围即可。

（4）【Un-Connected Pin】子规则　【Un-Connected Pin】子规则用于检查指定范围内的元器件引脚是否已连接到网络，对于没有连接的引脚，给予警告提示，显示为高亮状态。

选中【PCB 规则及约束编辑器】对话框左侧规则列表中的【Un-Connected Pin】子规则，右击，执行【新规则】命令，在规则列表中会出现一个新的默认名为【Un-Connected Pin】子规则。单击该新建子规则，打开设置界面，如图 8-5 所示。

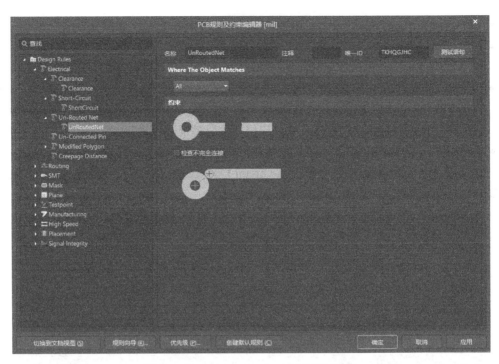

图 8-4 【Un-Routed Net】子规则设置界面

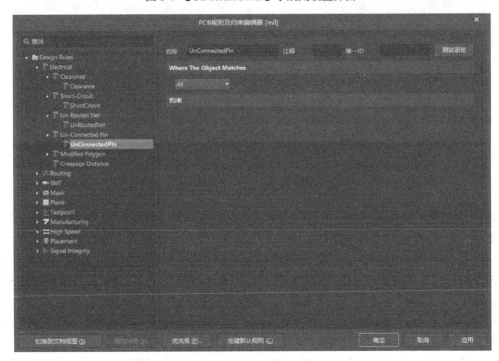

图 8-5 【Un-Connected Pin】子规则设置界面

该规则的【约束】区域内没有任何约束条件设置。只是需要创建规则，为其设定使用范围即可。

当完成该子规则设置后，未连接到网络的引脚效果如图 8-6 所示。

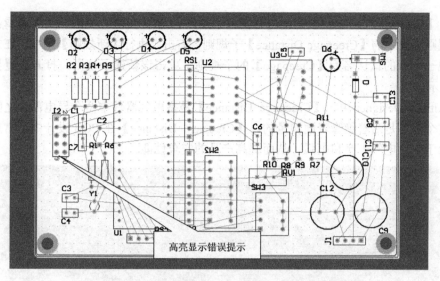

图 8-6　【Un-Connected Pin】子规则设置完成后的效果

（5）【Modified Polygon】（修改后多边形）子规则　选中【PCB 规则及约束编辑器】对话框左侧规则列表中的【Modified Polygon】子规则，右击，执行【新规则】命令，在规则列表中会出现一个新的默认名为【UnpouredPolygon】的子规则。单击该新建子规则，打开设置界面，如图 8-7 所示。

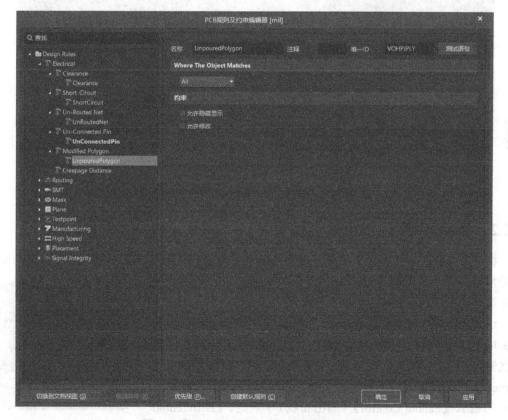

图 8-7　【Modified Polygon】子规则设置界面

（6）【Creepage Distance】（爬电距离）子规则 选中【PCB 规则及约束编辑器】对话框左侧规则列表中的【Creepage Distance】子规则，右击，执行【新规则】命令，在规则列表中会出现一个新的默认名为【Creepage】的子规则。单击该新建子规则，打开设置界面，如图 8-8 所示。

在 Altium Designer 中，【Creepage Distance】是指电气器件中两个导电部分之间的最短距离，这个距离是沿着绝缘表面测量的。【Creepage Distance】在 PCB 设计中非常重要，因为它有助于防止电气击穿和电弧，从而提高产品的安全性能。

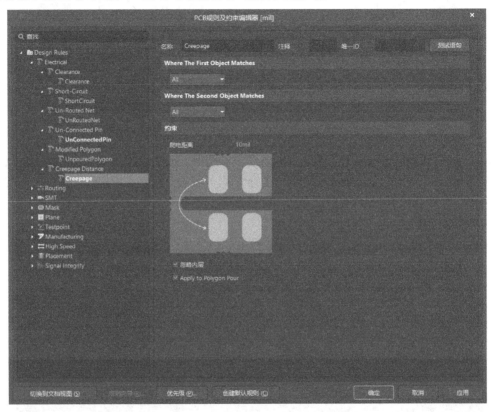

图 8-8 【Creepage Distance】子规则设置界面

8.2.2 布线规则（Routing）设置

执行【设计】→【规则】命令，打开【PCB 规则及约束编辑器】对话框，在该对话框左侧的规则列表中，单击【Routing】前面的扩展按钮，可以看到需要设置的子规则有 8 项，如图 8-9 所示。

这 8 项子规则分别是【Width】（布线宽度）子规则、【Routing Topology】（布线拓扑逻辑）子规则、【Routing Priority】（布线优先级）子规则、【Routing Layers】（布线层）子规则、【Routing Corners】（布线拐角）子规则、【Routing Via Style】（布线过孔）子规则、【Fanout Control】（扇出布线）子规则、【Differential Pairs Routing】（差分对布线）子规则。下面分别介绍这 8 项子

图 8-9 【Routing】规则

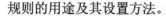

规则的用途及其设置方法。

1. 【Width】子规则

布线宽度是指 PCB 铜膜导线的实际宽度。在制作 PCB 时，走大电流的地方用粗线（如 50mil，甚至以上），小电流的信号可以用细线（如 10mil）。通常线框的经验值是 10A/mm^2，即横截面积为 1mm^2 的走线能安全通过的电流值为 10A。如果线宽太细，在大电流通过时走线就会烧毁。当然电流烧毁走线也要遵循能量公式：Q=I×I×t。例如，对于一个有 10A 电流的走线来说，突然出现一个 100A 的电流毛刺，持续时间为微秒级，那么线宽为 30mil 的导线是肯定能够承受住的，因此在实际中还要综合考虑导线的长度。

印制电路板导线的宽度应满足电气性能要求而又便于生产，最小宽度主要由导线与绝缘基板间的黏附强度和流过的电流值所决定，但最小不宜小于 8mil。在高密度、高精度的印制线路中，导线宽度和间距一般可取 12mil。导线宽度在大电流情况下还要考虑其温升。单面板实验表明当铜箔厚度为 50μm、导线宽度 1～1.5mm、通过电流 2A 时，温升很小，一般选取用 40～60mil 宽度的导线就可以满足设计要求而不致引起温升。印制导线的公共地线应尽可能粗，这在带有微处理器的电路中尤为重要，因为地线过细时，由于流过电流的变化，地电位变动，微处理器定时信号电压不稳定，会使噪声容限劣化。在 DIP 封装的 IC 脚间走线，可采用 "10-10" 与 "12-12" 的原则，即当两脚间通过两根线时，焊盘直径可设为 50mil、线宽与线距均为 10mil；当两脚间只通过一根线时，焊盘直径可设为 64mil、线宽与线距均为 12mil。

【Width】子规则用于设置 PCB 布线时允许采用的导线宽度。单击【Width】子规则前面的扩展按钮，则会展开一个【Width】子规则，单击该规则可在【PCB 规则及约束编辑器】对话框的右侧打开如图 8-10 所示的界面。

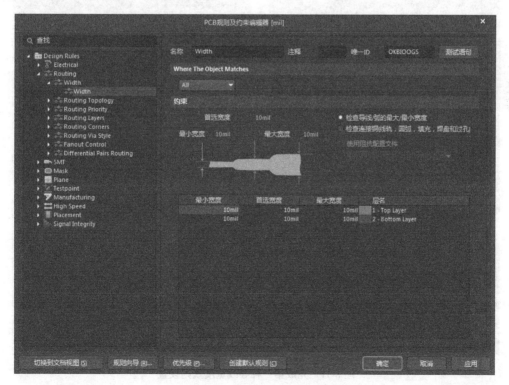

图 8-10　【Width】子规则设置界面

在【约束】区域内可以设置导线宽度，有最大、最小和首选之分。其中，最大宽度和最小宽度确定了导线的宽度范围，而首选尺寸为导线放置时系统默认的导线宽度值。

在【约束】区域内还包含了三个按钮。

1）【检查导线/弧的最大/最小宽度】：选中该单选按钮后，可设置检查线轨和圆弧的最大/最小宽度。

2）【检查连接铜（线轨，圆弧，填充，焊盘和过孔）最小/最大物理宽度】：选中该单选按钮后，可设置检查线轨、圆弧、填充、焊盘和过孔的最小/最大宽度。

3）【使用阻抗配置文件】：该单选按钮是为此项规则所针对的网络选择适用的阻抗配置文件。该配置文件指定哪些层为目标信号提供返回路径。该选项默认为不可选中，无法进行修改。

Altium Designer 设计规则针对不同的目标对象，可以定义同类型的多个规则。例如，用户可定义一个适用于整个 PCB 的导线宽度约束条件，所有导线都是这个宽度。但由于电源线和地线通过的电流比较大，比起其他信号线要宽一些，所以要对电源线和地线重新定义一个导线宽度约束规则。

下面就以定义这两种导线宽度规则为例，给出如何定义同类型的多重规则。

【例 8-1】 定义导线宽度。

1）定义第一个宽度规则。在打开的【Width】子规则设置界面中，设置【最大宽度】、【最小宽度】和【优选尺寸】的值都为 10mil，在【名称】文本框内输入 All，规则匹配对象为【所有】。设置完成后的效果如图 8-11 所示。

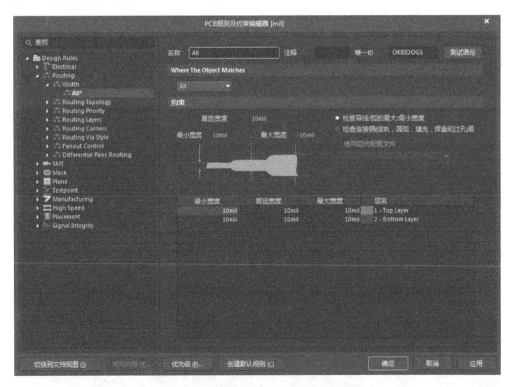

图 8-11 完成第一种导线宽度规则设置

2）定义第二个宽度规则。选中【PCB 规则及约束编辑器】对话框左侧规则列表中的【Width】子规则，右击，执行【新规则】命令，在规则列表中会出现一个新的默认名为【Width】的导线宽度子规则。单击该新建子规则，打开其设置界面。

3）在【约束】区域内，将【最大宽度】、【最小宽度】和【优选尺寸】的值都设置为20mil，在【名称】文本框内输入 VCC and GND。接下来设置第二个宽度规则匹配对象的范围，这里选择对象为【Net】，单击下拉按钮，在下拉列表中选择【+15V】，如图 8-12 所示。

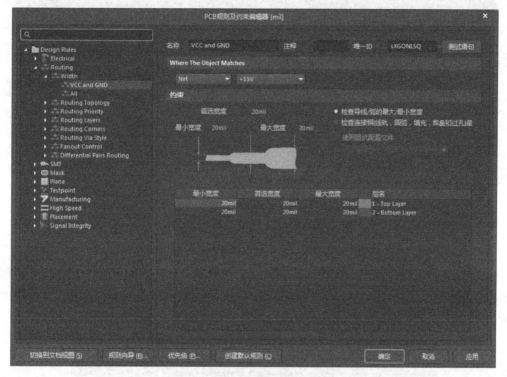

图 8-12　第二种导线宽度规则设置

4）在第一个下拉列表【Net】中单击选中【Custom Query】单选按钮，单击已被激活的【查询助手】按钮，启动【Query Helper】对话框，此时在【Query】区域中显示的内容为"InNet('+15V')"，如图 8-13 所示。

5）单击【Or】按钮，此时【Query】区域中显示的内容变为"InNet('+15V') Or"。

6）使光标停留在"Or"的右侧。单击【PCB Functions】列表中的【Membership Checks】项，在右边的【Name】列表框中找到并双击【InNet】项，此时【Query】区域中的内容变为"InNet('+15V') Or InNet()"。

7）将光标停留在第二个括号中。单击【PCB Objects Lists】列表中的【Nets】项，在右边的【Name】列表框中找到并双击【-15V】项，此时【Query】区域中的内容变为"InNet('+15V') Or InNet(-15V)"。

> 提示：在【Query】区域中输入"innet"（输入时可不区分大小写），将会弹出下拉列表，选择【InNet】项后将会弹出选择括号内的内容，输入需要填写的内容（可不输入字符，在下拉列表中寻找），在下拉列表中选择需要的内容，系统将会自动填写完毕。

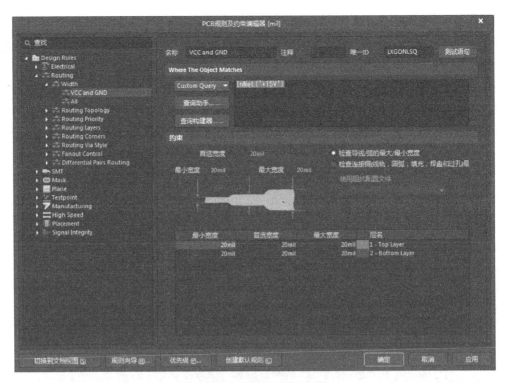

图 8-13　匹配对象范围设置

8）按照上述操作，将"VCC"网络和"GND"网络添加为匹配对象。【Query】区域中显示的最终内容为"InNet('+15V') Or InNet('-15V') Or InNet('GND') Or InNet('VCC')"，如图 8-14 所示。

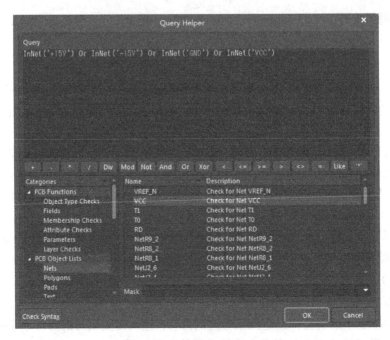

图 8-14　设置规则适用的网络

9）单击【Check Syntax】按钮，进行语法检查。系统会弹出检查信息提示对话框，如图 8-15 所示。

10）单击【OK】按钮，关闭检查信息提示对话框。单击【Query Helper】对话框中的【OK】按钮，关闭该对话框，返回规则设置界面。若弹出错误，检查输入的语句是否有格式错误。若括号里边内容颜色为白色，一般为格式错误。

图 8-15 检查信息提示对话框

11）单击规则设置界面左下方的【优先级】按钮，进入【编辑规则优先级】对话框，如图 8-16 所示。

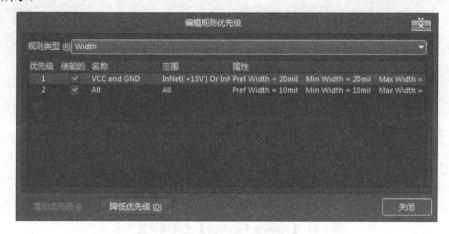

图 8-16 【编辑规则优先级】对话框

在对话框中列出了创建的两个导线宽度规则。其中，"VCC and GND"规则的优先级为 1，"All"规则的优先级为 2。单击对话框下方的【降低优先级】按钮或【增加优先级】按钮，即可调整所列规则的优先级。此处单击【降低优先级】按钮，则可将"VCC and GND"规则的优先级降为 2；再将"All"规则的优先级提升为 1，如图 8-17 所示。

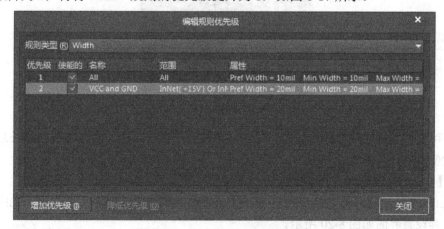

图 8-17 对规则优先级的操作

2. 【Routing Topology】子规则

【Routing Topology】子规则用于设置自动布线时同一网络内各节点间的布线方式。设置界面如图 8-18 所示。

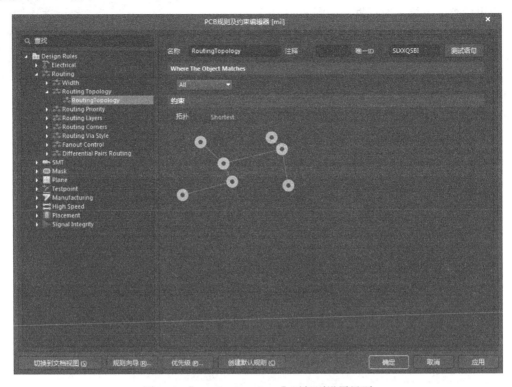

图 8-18 【Routing Topology】子规则设置界面

在【约束】区域内，单击【拓扑】下拉按钮，即可选择相应的拓扑结构，如图 8-19 所示。各拓扑结构的意义见表 8-1。

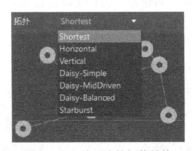

图 8-19 7 种可选的拓扑结构

用户可根据实际电路选择布线拓扑结构。通常系统在自动布线时，布线的线长最短为最佳，一般使用默认结构【Shortest】。

3．【Routing Priority】子规则

【Routing Priority】子规则用于设置 PCB 中各网络布线的先后顺序，优先级高的网络先进行布线。其设置界面如图 8-20 所示。

在【约束】区域内，只有一项数字选择框【布线优先级】，用于设置指定匹配对象的布线优先级，级别的取值范围是 0～100，数字越大相应的级别就越高，即 0 表示优先级最低，100 表示优先级最高。对于匹配对象范围的设定与上面介绍的一样，这里就不再赘述。

表 8-1　各拓扑结构的意义

名　　称	图　　解	说　　明
Shortest（最短）		在布线时连接所有节点的连线最短
Horizontal（水平）		连接所有节点后，在水平方向连线最短
Vertical（垂直）		连接所有节点后，在垂直方向连线最短
Daisy-Simple（简单雏菊）		使用链式连通法则，从一点到另一点连通所有的节点，并使连线最短
Daisy-MidDriven（雏菊中点）		选择一个 Source（源点），以它为中心向左右连通所有的节点，并使连线最短
Daisy-Balanced（雏菊平衡）		选择一个源点，将所有的中间节点数目平均分成组，所有的组都连接在源点上，并使连线最短
Starburst（星形）		选择一个源点，以星形方式去连接别的节点，并使连线最短

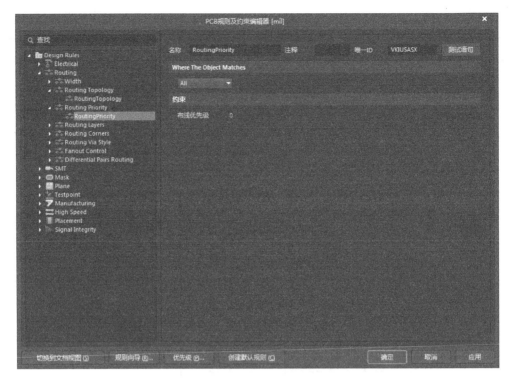

图 8-20 【Routing Priority】子规则设置界面

假设想将 GND 网络先进行布线，首先建立一个【Routing Priority】子规则，设置对象范围为 All，并设置其优先级为 0 级，命名为"All P"。单击规则列表中的【Routing Priority】子规则，执行右键菜单【新规则】命令，将新创建的子规则命名为"GND"，设置其匹配对象范围为"InNet('GND')"，并设置其优先级为 1 级，如图 8-21 所示。

单击【应用】按钮，使系统接受规则设置的更改。这样在布线时就会先对 GND 网络进行布线，再对其他网络进行布线。

4．【Routing Layers】子规则

【Routing Layers】子规则用于设置在自动布线过程中各网络允许布线的工作层，其设置界面如图 8-22 所示。

在【约束】区域内，列出了在【层堆管理】中定义的所有层，若允许布线选中各层所对应的复选框即可。

在该规则中可以设置 GND 网络布线时只布在顶层等。系统默认为所有网络允许布线在任何层。

5．【Routing Corners】子规则

【Routing Corners】子规则用于设置自动布线时导线拐角的模式，其设置界面如图 8-23 所示。

在【约束】区域内，系统提供了 3 种可选的拐角模式，分别为 90 Degrees、45 Degrees 和 Rounded，见表 8-2。系统默认为 45 Degrees 拐角模式。

对于 45 Degrees 和 Rounded 这两种拐角模式需要设置拐角尺寸的范围，在【Setback】数值框中输入拐角的最小值，在【到】数值框中输入拐角的最大值。

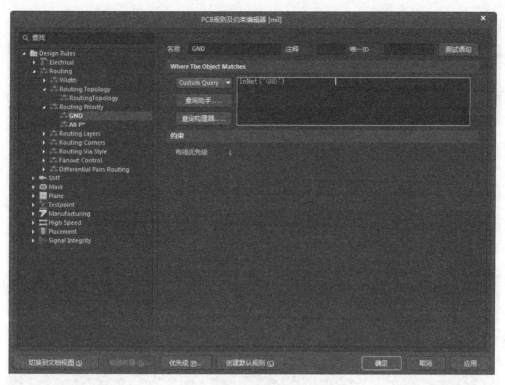

图 8-21　设置 GND 网络优先级

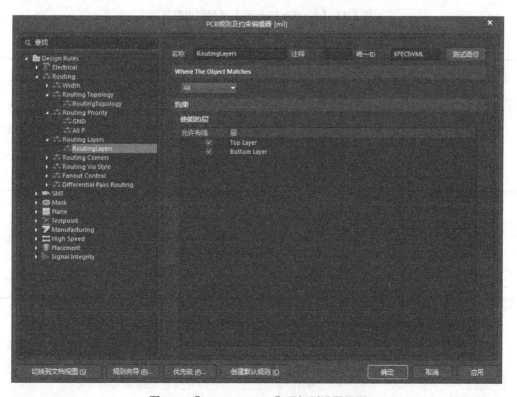

图 8-22　【Routing Layers】子规则设置界面

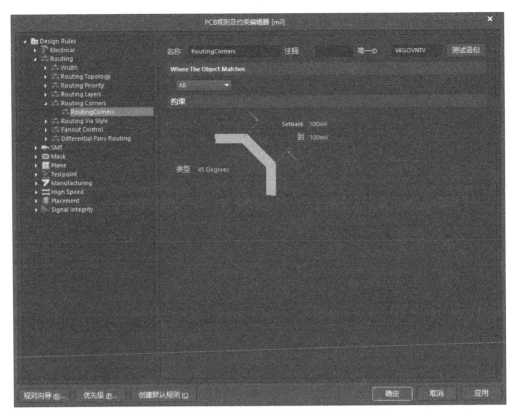

图 8-23 【Routing Corners】子规则设置界面

表 8-2　系统提供的三种布线拐角模式

拐角模式	图　　示	说　　明
90 Degrees		90°角布线比较简单，但因为有尖角，容易积累电荷，从而会接收或发射电磁波，因此该种布线的电磁兼容性能比较差
45 Degrees		45°角布线将 90°角的尖角分成两部分，因此电路的积累电荷效应降低，从而改善了电路的抗干扰能力
Rounded		圆角布线方式不存在尖端放电，因此该种布线方式具有较好的电磁兼容性能，比较适合高电压、大电流电路布线

6.【Routing Via Style】子规则

【Routing Via Style】子规则用于设置自动布线时放置过孔的尺寸,其设置界面如图 8-24 所示。

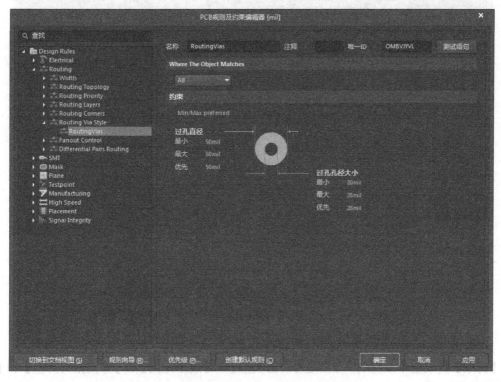

图 8-24 【Routing Via Style】子规则设置界面

在【约束】区域内,需设定过孔内、外径的最小值、最大值和首选值。其中,最大值和最小值是过孔的极限值,首选值将作为系统放置过孔时的默认尺寸。需要注意的是,单面板和双面板过孔外径应设置为 40~60mil,内径应设置为 20~30mil。4 层及以上的 PCB 外径最小值为 20mil,最大值为 40mil;内径最小值为 10mil,最大值为 20mil。

7.【Fanout Control】子规则

【Fanout Control】子规则是用于对贴片式元器件进行扇出式布线的规则。什么是扇出呢?扇出其实就是将贴片式元器件的焊盘通过导线引出并在导线末端添加过孔,使其可以在其他层面上继续布线。系统提供了 5 种扇出规则,分别对应于不同封装的元器件,即【Fanout_BGA】、【Fanout_LCC】、【Fanout_SOIC】、【Fanout_Small】和【Fanout_Default】,如图 8-25 所示。

名称	优	便	类型	分类	范围	属性	
Fanout_BGA	1	✓	Fanout Control	Routing	IsBGA	Style - Auto	Direction
Fanout_LCC	2	✓	Fanout Control	Routing	IsLCC	Style - Auto	Direction
Fanout_SOIC	3	✓	Fanout Control	Routing	IsSOIC	Style - Auto	Direction
Fanout_Small	4	✓	Fanout Control	Routing	(CompPinCount < 5)	Style - Auto	Direction
Fanout_Default	5	✓	Fanout Control	Routing	All	Style - Auto	Direction

图 8-25 系统给出的 5 种扇出规则

这几种扇出规则的设置界面除了适用范围不同外，其【约束】区域内的设置项是基本相同的。如图 8-26 所示为【Fanout_Default】规则的设置界面。

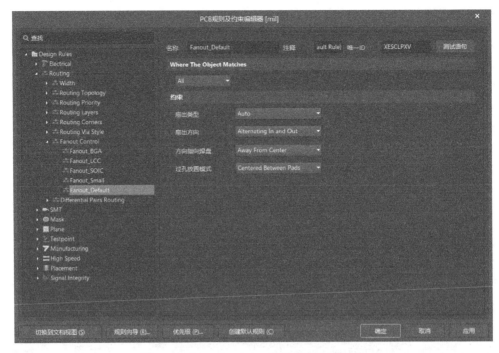

图 8-26 【Fanout_Default】规则的设置界面

【约束】区域由 4 项构成，分别是【扇出类型】、【扇出方向】、【方向指向焊盘】和【过孔放置模式】。

1）【扇出类型】下拉列表中有 5 个选项。

- 【Auto】：自动扇出。
- 【Inline Rows】：同轴排列。
- 【Staggered Rows】：交错排列。
- 【BGA】：BGA 形式排列。
- 【Under Pads】：从焊盘下方扇出。

2）【扇出方向】下拉列表中有 6 个选项。

- 【Disable】：不设定扇出方向。
- 【In Only】：输入方向扇出。
- 【Out Only】：输出方向扇出。
- 【In Then Out】：先进后出方式扇出。
- 【Out Then In】：先出后进方式扇出。
- 【Alternating In and Out】：交互式进出方式扇出。

3）【方向指向焊盘】下拉列表中有 6 个选项。

- 【Away From Center】：偏离焊盘中心扇出。
- 【North-East】：焊盘的东北方向扇出。
- 【South-East】：焊盘的东南方向扇出。

- 【South-West】：焊盘的西南方向扇出。
- 【North-West】：焊盘的西北方向扇出。
- 【Towards Center】：正对焊盘中心方向扇出。

4）【过孔放置模式】下拉列表中有 2 个选项。

- 【Close To Pad(Follow Rules)】：遵从规则的前提下，过孔靠近焊盘放置。
- 【Centered Between Pads】：过孔放置在焊盘之间。

8．【Differential Pairs Routing】子规则

【Differential Pairs Routing】子规则主要用于设置一组差分对相应的参数，其设置界面如图 8-27 所示。

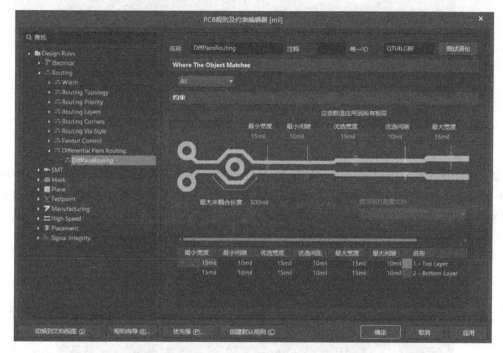

图 8-27 【Differential Pairs Routing】子规则设置界面

在【约束】区域内，需对差分对内部两个网络之间的最小宽度、最大宽度、优选间距及最大未耦合长度等进行设置，以便在交互式差分对布线器中使用，并在 DRC 校验中进行差分对布线的验证。

Altium Designer 23 取消了该界面中的【仅层堆栈里的层】复选框，改为【使用阻抗配置文件】复选框，并默认不可选中及修改。

8.2.3 用规则向导对规则进行设置

现在就以前面介绍过的对电源线和地线重新定义一个导线宽度约束规则为例，介绍如何使用规则向导设置规则。

【例 8-2】 使用规则向导设置电源线的规则。

1）在 PCB 编辑环境内执行【设计】→【规则向导】命令，启动【新建规则向导】对话框，其界面如图 8-28 所示。

图 8-28 【新建规则向导】对话框

2）在打开的设计规则向导中，单击【Next】按钮，进入【选择规则类型】界面。本例要选中【Routing】规则中的【Width Constraint】子规则，并在【名称】文本框中输入新建规则的名称"V_G"，如图 8-29 所示。

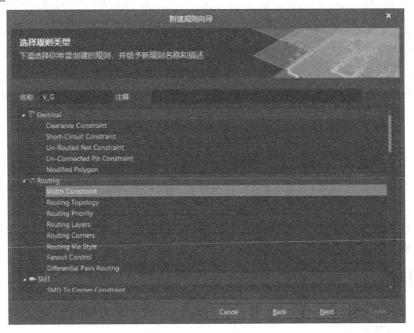

图 8-29 选择规则类型

3）单击【Next】按钮，进入【选择规则范围】界面，选中【1 个网络】单选按钮，如图 8-30 所示。

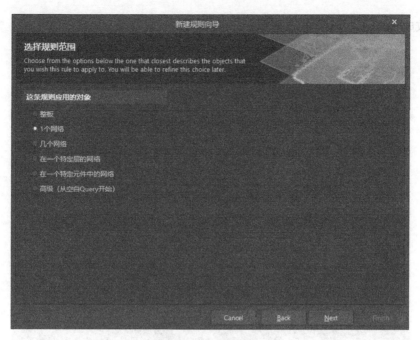

图 8-30　选择规则范围

4）单击【Next】按钮，进入【高级规则范围】界面。选择【条件类型/操作符】栏中的【Belongs to Net】项，在【条件值】栏中单击打开下拉列表，选择网络标号【–15V】，如图 8-31所示。

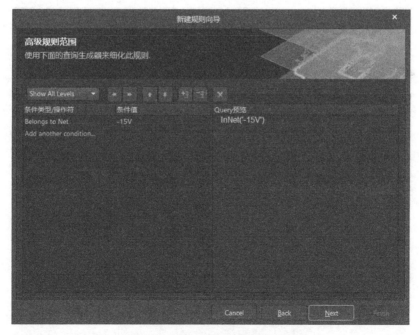

图 8-31　确定匹配对象细节（1）

5）单击【条件类型/操作符】栏中的【Add another condition…】项，在弹出的下拉列表中选择【Belongs to Net】项，在其对应的【条件值】栏中选择网络标号【+15V】，将其上方的关系值改成【OR】，如图 8-32 所示。

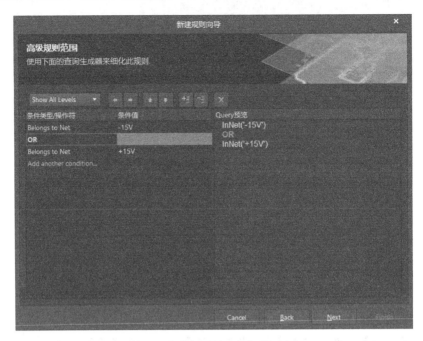

图 8-32　确定匹配对象细节（2）

6）按照上述操作将 VCC 网络和 GND 网络添加到规则中，如图 8-33 所示。

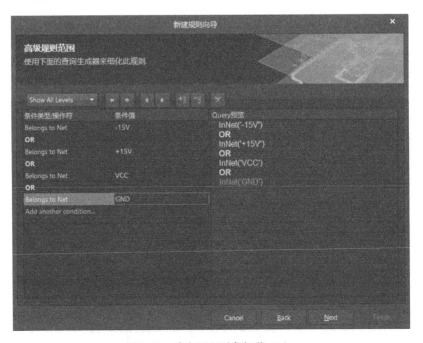

图 8-33　确定匹配对象细节（3）

7）单击【Next】按钮，进入【选择规则优先权】界面，在该界面中列出了所有的【Width】规则，如图 8-34 所示。这里不改变任何设置，保持新建规则为最高级。

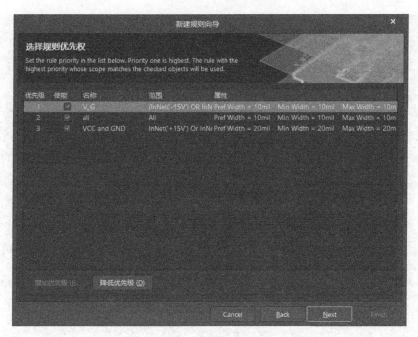

图 8-34　选择规则优先权

8）单击【Next】按钮，进入【新建规则向导】界面，如图 8-35 所示。

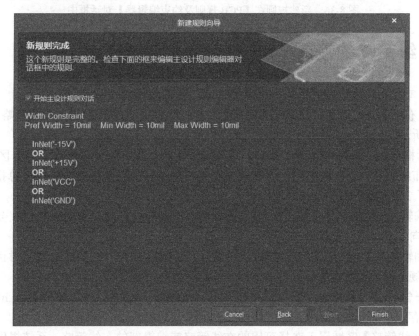

图 8-35　新规则完成

9）选中【开始主设计规则对话】复选框，单击【Finish】按钮，即打开【PCB 规则及约束编辑器】对话框。在这里完成对新建规则约束条件的设置，如图 8-36 所示。

由上述过程可以看出，使用设计规则向导进行规则设置只是设置了规则的应用范围和优先级，而约束条件还是要在【PCB 规则及约束编辑器】对话框中进行设置。

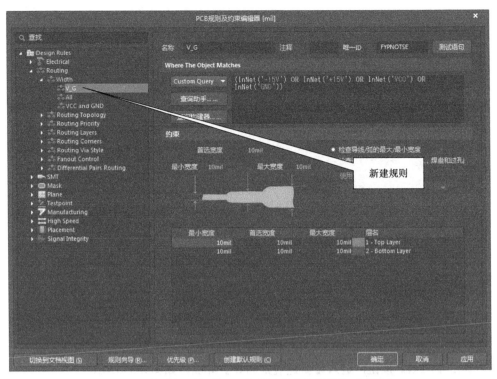

图 8-36 新建规则在【PCB 规则及约束编辑器】对话框中

8.3 布线策略的设置

布线策略是指自动布线时所采取的策略。

执行【布线】→【自动布线】→【设置】命令，此时系统弹出【Situs 布线策略】对话框，如图 8-37 所示。

该对话框分为上下两个区域，分别是【布线设置报告】区域和【布线策略】区域。

1）【布线设置报告】区域用于对布线规则的设置及其受影响的对象进行汇总报告。该区域还包含了 3 个控制按钮。

- 【编辑层走线方向】按钮：用于设置各信号层的布线方向，单击该按钮，会打开【层方向】对话框，如图 8-38 所示。
- 【编辑规则】按钮：单击该按钮，可以打开【PCB 规则及约束编辑器】对话框，对各项规则继续进行设置。
- 【报告另存为】按钮：单击该按钮，可将规则报告导出，并以扩展名为.htm 的文件保存。

2）【布线策略】区域用于选择可用的布线策略或编辑新的布线策略。系统提供了 6 种默认的布线策略。

- 【Cleanup】：默认优化的布线策略。
- 【Default 2 Layer Board】：默认双面板布线策略。
- 【Default 2 Layer With Edge Connectors】：默认具有边缘连接器的双面板布线策略。
- 【Default Multi Layer Board】：默认多层板布线策略。

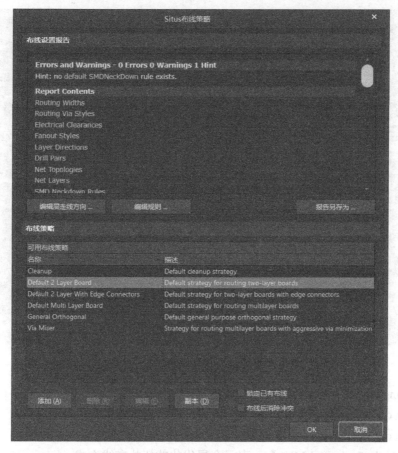

图 8-37　【Situs 布线策略】对话框

- 【General Orthogonal】：默认常规正交布线策略。
- 【Via Miser】：默认尽量减少过孔使用的多层板
  布线策略。

该对话框的下方还包括两个复选框。

- 【锁定已有布线】：选中该复选框，表示可将 PCB
  上原有的预布线锁定，在开始自动布线过程中自
  动布线器不会更改原有预布线。
- 【布线后消除冲突】：选中该复选框，表示重新布
  线后，系统可以自动删除原有的布线。

如果系统提供的默认布线策略不能满足用户的设计
要求，可以单击【添加】按钮，打开【Situs 策略编辑器】
对话框，如图 8-39 所示。

图 8-38　【层方向】对话框

在该对话框中用户可以编辑新的布线策略或设定布线时的速度。【Situs 策略编辑器】提
供了 14 种布线方式，具体含义如下。

- 【Adjacent Memory】：表示相邻的元器件引脚采用 U 形走线方式。
- 【Clean Pad Entries】：表示清除焊盘上多余的走线，可以优化 PCB。

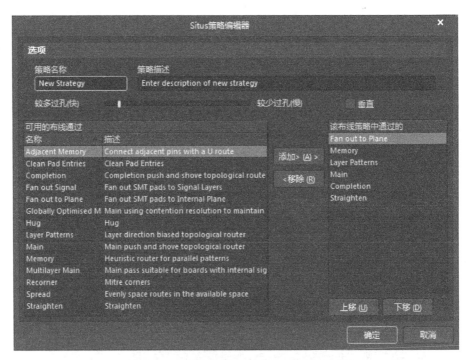

图 8-39 【Situs 策略编辑器】对话框

- 【Completion】：表示推挤式拓扑结构布线方式。
- 【Fan out Signal】：表示 PCB 上焊盘通过扇出形式连接到信号层。
- 【Fan out to Plane】：表示 PCB 上焊盘通过扇出形式连接到电源和地。
- 【Globally Optimised Main】：表示全局优化的拓扑布线方式。
- 【Hug】：表示采取环绕的布线方式。
- 【Layer Patterns】：表示工作层是否采用拓扑结构的布线方式。
- 【Main】：表示采取 PCB 推挤式布线方式。
- 【Memory】：表示启发式并行模式布线。
- 【Multilayer Main】：表示多层板拓扑驱动布线方式。
- 【Recorner】：表示斜接转角。
- 【Spread】：表示两个焊盘之间的走线正处于中间位置。
- 【Straighten】：表示走线以直线形式进行布线。

8.4 自动布线

布线参数设置好后，用户就可以利用 Altium Designer 提供的自动布线器进行自动布线了。

1. 【全部】方式

执行【布线】→【自动布线】→【全部】命令，此时系统将弹出【Situs 布线策略】对话框，在设定好所有的布线策略后，单击【Route All】按钮，开始对 PCB 全局进行自动布线。

在布线的同时系统的【Messages】面板会同步给出布线的状态信息，如图 8-40 所示。

关闭布线状态信息，可以看到布线的结果如图 8-41 所示。

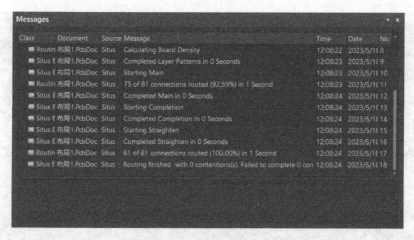

图 8-40　布线的状态信息

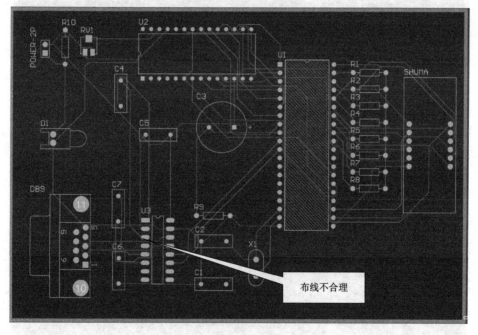

图 8-41　全部自动布线结果

从图 8-41 中可以看出有几根布线不合理，可以通过调整布局或手工布线来进一步改善布线结果。

1）删除之前的布线结果，执行【布线】→【取消布线】→【全部】命令。此时，自动布线将被删除，用户可对不满意的布线先进行手动布线，如图 8-42 所示。

2）再次进行自动布线，此时在【Situs 布线策略】对话框中，选中【锁定已有布线】复选框，结果如图 8-43 所示。

3）继续调整，直至布线结果满足要求。

2．【网络】方式

【网络】方式布线即用户可以以网络为单元，对电路进行布线。下面举例说明，首先对 GND 网络进行布线，然后对剩余的网络进行全电路自动布线。

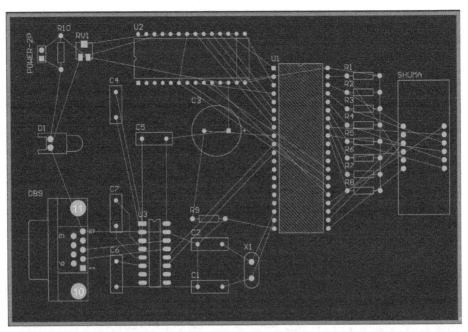

图 8-42　完成一部分手动布线

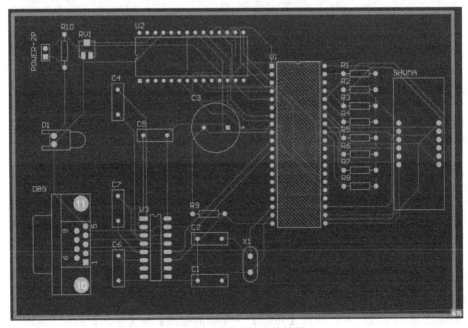

图 8-43　调整后的布线结果

【例 8-3】 使用网络方式进行布线。

1）查找 GND 网络，单击右下角【Panels】→【PCB】命令，打开【PCB】对话框，单击列表框中的【All Nets】文字项，如图 8-44 所示。

2）在 PCB 编辑环境中，所有的 GND 网络，都将以高亮状态显示。

3）执行【布线】→【自动布线】→【网络】命令，此时光标以"十"字形出现，在 GND 网络的飞线上单击，此时系统会对 GND 网络进行单一网络自动布线操作，结果如图 8-45 所示。

图 8-44　使用【PCB】对话框查找网络

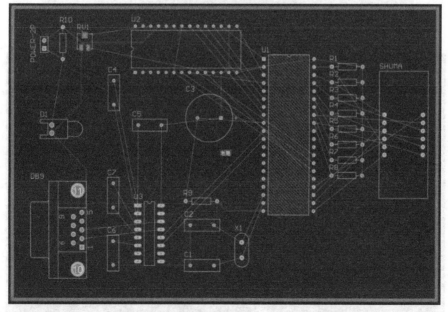

图 8-45　对 GND 网络进行单一网络自动布线

4）接着对剩余电路进行布线，执行【自动布线】→【全部】命令，在弹出的【Situs 布线策略】对话框中选中【锁定已有布线】复选框，如图 8-46 所示。

5）单击【Route All】按钮对剩余网络进行布线，布线结果如图 8-47 所示。

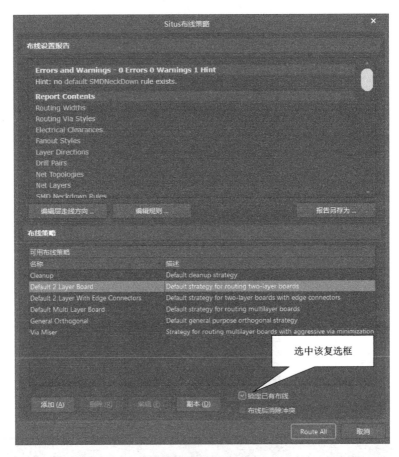

图 8-46　锁定已有布线

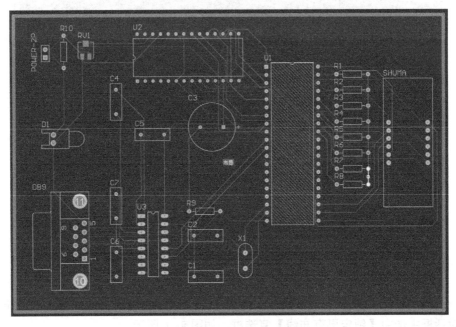

图 8-47　分步布线结果

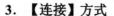

3．【连接】方式

【连接】方式即用户可以对指定的飞线进行布线。执行【布线】→【自动布线】→【连接】命令，此时光标以"十"字形出现，在期望布线的飞线上单击，可对这一飞线进行单一自动布线操作。

将期望布线的飞线布置完成后，即可对剩余网络进行布线。

4．【区域】方式

【区域】方式即用户可以对指定的区域进行布线。执行【自动布线】→【区域】命令，此时光标以"十"字形出现，在期望布线的区域拖动鼠标，可对选中的区域进行自动布线操作。

将期望布线的区域布置完成后，即可对剩余网络进行布线。

5．【元件】方式

【元件】方式即用户可以对指定的元器件进行布线。执行【布线】→【自动布线】→【元件】命令，此时光标以"十"字形出现，在期望布线的元器件上单击，可对这一元器件的网络进行自动布线操作，例如，选中元器件 U1 的结果如图 8-48 所示。

将期望布线的元器件布置完成后，即可对剩余的网络进行布线。

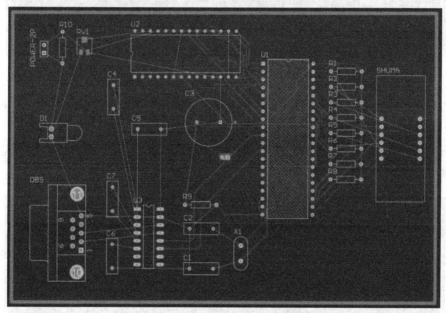

图 8-48　对单一元器件进行自动布线操作

6．【选中对象的连接】方式

这一方式与【元件】方式的性质是一样的，不同之处只是该方式可以一次对多个元器件进行布线操作。

首先选中要进行布线的多个元器件，选取多个元器件时应按住【Shift】键的同时单击。以 U1 和 U2 为例。

执行【布线】→【自动布线】→【选中对象的连接】命令，即可对选中的多个元器件进行自动布线操作，结果如图 8-49 所示。

将期望布线的元器件布置完成后，即可对剩余的网络进行布线。

7．【选择对象之间的连接】方式

该方式可以在选中的两个元器件之间进行自动布线操作。首先选中待布线的两个元器件，这里还是以 U1 和 U2 为例。

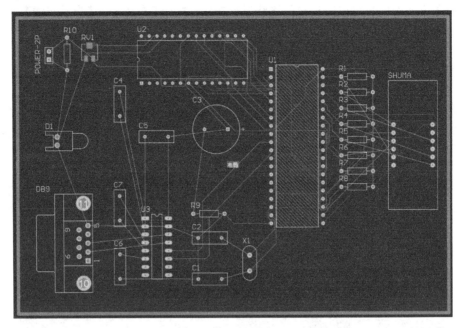

图 8-49　对选中的多个元器件进行自动布线操作

执行【布线】→【自动布线】→【选择对象之间的连接】命令，执行该命令后，布线结果如图 8-50 所示。

提示： 与【选中对象的连接】方式的区别在于，【选择对象之间的连接】方式只在选中的元器件之间进行布线。

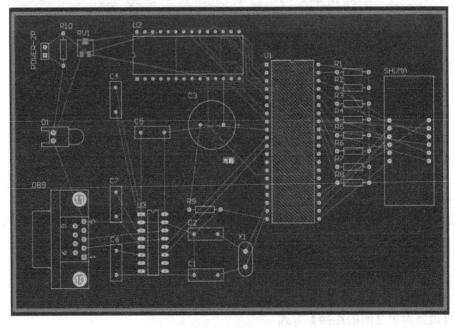

图 8-50　对两元器件间的布线结果

8．其他布线方式

1）【网络类】方式：该方式为指定的【网络类】进行自动布线。

执行【设计】→【类】命令，弹出【对象类浏览器】对话框，如图 8-51 所示。在该对话框中可以添加网络类，以便于【网络类】的布线操作。若当前的 PCB 不存在自定义的网络类，执行【网络类】布线方式后，系统弹出不存在网络类的提示对话框，如图 8-52 所示。

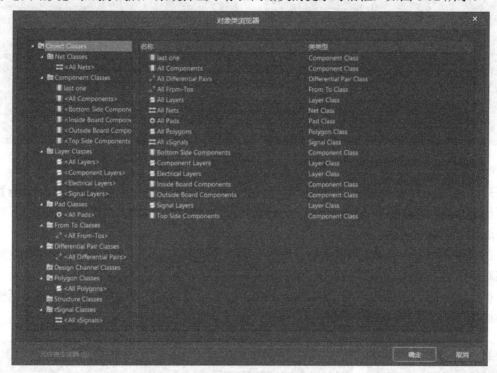

图 8-51　【对象类浏览器】对话框

2）【Room】方式：该方式为指定的 Room 空间内的所有对象进行自动布线。

3）【停止】方式：该方式终止自动布线进程。

4）【复位】方式：该方式对 PCB 重新布线。

5）【扇出】方式：该方式为利用扇出布线方式将焊盘等连接到其他网络。

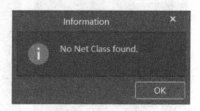

图 8-52　提示对话框

8.5　手动布线

当将电路图从原理图导入 PCB 后，各焊点间的网络连接都已定义好了（使用飞线连接网络），此时用户可使用系统提供的交互式走线模式进行手动布线。

【例 8-4】　手动布线。

1）单击【布线】工具栏中的【交互式布线连接】按钮，如图 8-53 所示。将光标放置到期望布线的网络的起点处，此时光标中心会出现一个八角空心符号，如图 8-54 所示。八角

图 8-53　【交互式布线连接】按钮

空心符号表示在此处单击就会形成有效的电气连接。

2）单击开始布线，如图 8-55 所示。

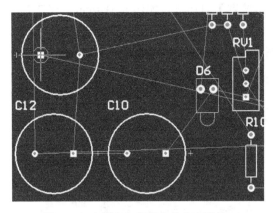

图 8-54　光标中心出现八角空心符号

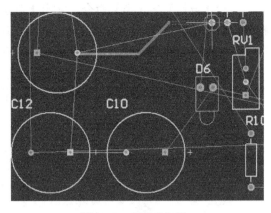

图 8-55　交互式布线

3）在布线过程中按【Tab】键，即弹出【Properties】对话框。即使之前【Properties】对话框已在右侧，也需要按【Tab】键，PCB 编辑界面将进入暂停状态。在【Properties】对话框中进行一些相关设置，如图 8-56 所示。

在该对话框的上半部分可以进行导线的宽度、导线所在层面、过孔的内外直径等设置；在该对话框的下半部分可以对交互式布线冲突解决方案、交互式布线选项等进行设置。

单击【Rules】栏中的【Width Constraint...】按钮，可以进入导线宽度规则设置对话框，对导线宽度进行设置，如图 8-57 所示。

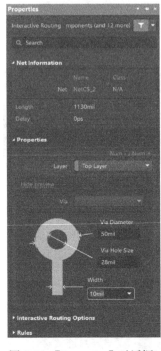

图 8-56　【Properties】对话框

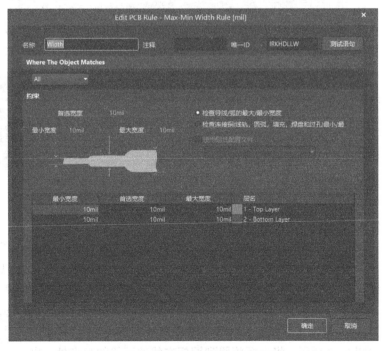

图 8-57　导线宽度规则设置对话框

单击【Rules】栏中的【Via Constraint...】按钮，可以进入过孔规则的设置窗口，对过孔规则进行设置，如图 8-58 所示。

图 8-58　过孔规则设置对话框

在【Interactive Routing Options】栏中，可以设置布线的模式、布线转弯处的风格等，可以根据用户自身需要进行设置，但设置时尽量要在本章前面介绍的规则前提下进行。

4）设置完成后，单击 PCB 编辑区的暂停按钮继续布线，将光标移动到另一待连接的焊盘处，单击，完成一次布线操作，如图 8-59 所示。

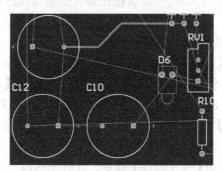

图 8-59　手动布线效果

当绘制好铜膜布线后，希望再次调整铜膜布线的属性时，可双击绘制好的铜膜布线，此时系统将弹出铜膜布线属性编辑对话框，如图 8-60 所示。

在该对话框中，用户可编辑铜膜布线的宽度、所在层、所在网络及位置等参数。

按照上述方式布线，即可完成 PCB 布线。

提示： 手动布线时要注意不同层之间的切换。

图 8-60 铜膜布线属性编辑对话框

8.6 混合布线

Altium Designer 的自动布线功能虽然非常强大，但是自动布线时多少会存在一些令人不满意的地方，而一个设计美观的印制电路板往往都在自动布线的基础上进行多次修改，才能将其设计得尽善尽美。

【例 8-5】 使用混合布线方式对电路图布线。

1）采用自动布线中的【网络】方式布通电路中的 GND 网络。

2）对 GND 网络中的部分线路进行调整。执行【工具】→【优先选项】命令，在弹出的【优选项】对话框中，选择【PCB Editor】→【General】参数，在右侧打开的界面中的【其他】选项区域中选择【器件拖拽】下拉列表中的【Connected Tracks】选项，设置完成后，单击【确定】按钮确认设置，如图 8-61 所示。

3）执行【编辑】→【移动】→【器件】命令，此时光标以"十"字形出现，单击元器件，则元器件及其焊点上的铜膜走线都随着光标的移动而移动。

4）在期望放置元器件的位置单击，即可放置元器件。按照上述方式不断线调整其他元器件。

5）不断线调整元器件后，与元器件相连的铜膜走线发生形变，因此，在调整完元器件后需要重新布线。执行【布线】→【取消布线】→【全部】命令，清除所有布线，然后再次采用自动布线中的【网络】方式布通电路中的 GND 网络。

6）接着对剩余电路进行布线，执行【自动布线】→【全部】命令，在弹出的对话框中锁定已有布线。然后，单击【Route All】按钮对剩余网络进行布线，布线结果如图 8-62 所示。

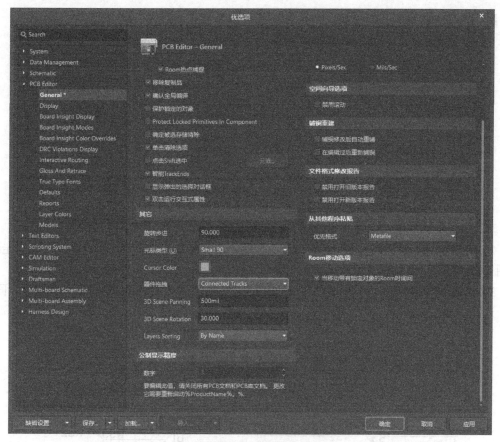

图 8-61　设置不断线拖动功能

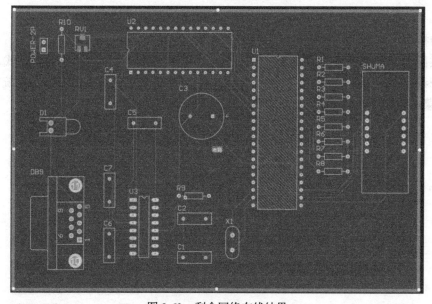

图 8-62　剩余网络布线结果

自动布线后，用户可调整不合适的连线。如图 8-63 所示的布线走线不够合理，不满足最短走线原理。

【例 8-6】 调整不合理走线。

1）删除该不合理走线，如图 8-64 所示。

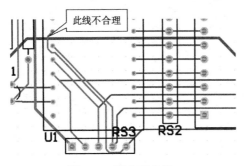

图 8-63　不合理走线

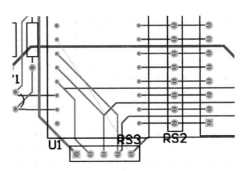

图 8-64　删除不合理走线

2）单击布线工具按钮（【交互式布线】按钮），设置布线层面为底层。重新对该点走线，如图 8-65 所示。

3）当遇到转折点时，可在按【Shift+Ctrl】组合键的同时用鼠标滑轮切换布线层面，同时加一过孔，如图 8-66 所示。

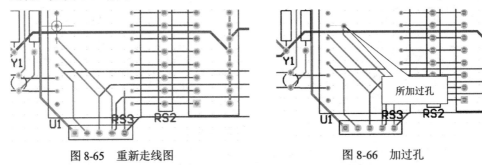

图 8-65　重新走线图　　　　　　　　　　　图 8-66　加过孔

4）切换布线层面同时加一过孔完成修改布线，如图 8-67 所示。

5）按照上述方法调整其他连线。在调整的过程中，用户可采用单层显示方式。如何在 Altium Designer 中显示单层呢？将光标移动到编辑区中的板层选项卡，右击，系统将会弹出板层设置菜单，如图 8-68 所示。

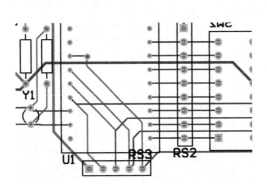

图 8-67　完成修改布线

图 8-68　板层设置菜单

执行【隐藏层】→【Bottom Layer】命令，可隐藏底层只显示顶层，效果如图 8-69 所示。用户可根据实际电路连接调整布线。

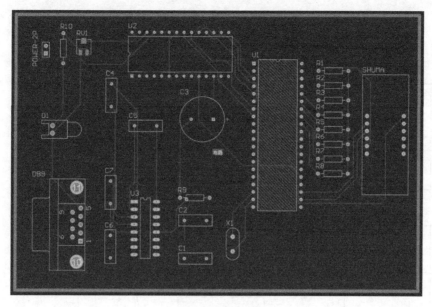

图 8-69　只显示顶层

8.7　差分对布线

差分信号也称为差动信号，它用两根完全一样但极性相反的信号传输一路数据，依靠两根信号的电平差进行判决。为了保证两根信号完全一致，在布线时要保持并行，保持线宽、线间距不变。要使用差分对布线一定要信号源和接收端都是差分信号才有意义。接收端差分线对之间通常会加匹配电阻，其值等于差分阻抗的值，这样信号品质会好一些。

差分对布线有两点需要注意：①两条线的长度要尽量一样长；②两条线的间距（此间距由差分阻抗决定）要保持不变，也就是要保持平行。差分对布线应适当地靠近且平行。所谓适当地靠近是因为这个间距会影响到差分阻抗的值，此值是设计差分对的重要参数；而需要平行也是因为要保持差分阻抗的一致性。若两线忽远忽近，差分阻抗就会不一致，从而影响信号的完整性及时间延迟。

在 Altium Designer 中实现差分对布线的流程图如图 8-70 所示。

下面就以一个实例，具体说明差分对布线的操作过程。

【例 8-7】　使用差分对布线方式进行布线。

新建 PCB 工程项目并命名为 diff Pair.PrjPCB，导入已绘制好的电路原理图（见图 8-71）和已完成布局的 PCB 文件（见图 8-72）。

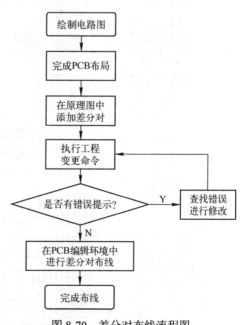

图 8-70　差分对布线流程图

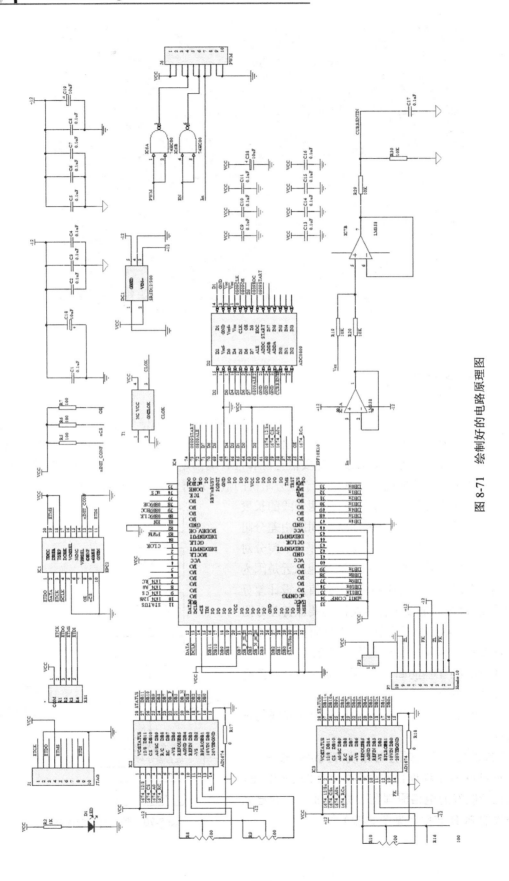

图 8-71　绘制好的电路原理图

1）将界面切换到原理图编辑环境，让一对网络的名称的前半部分相同，后半部分分别为 _N 和 _P。找到要设置成差分对的一对网络，如 DB4、DB6，如图 8-73 所示。

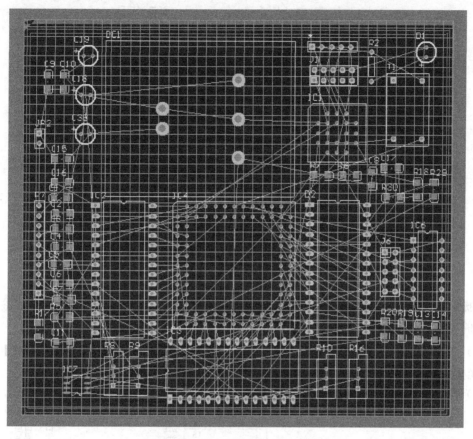

图 8-72　已完成布局的 PCB 文件

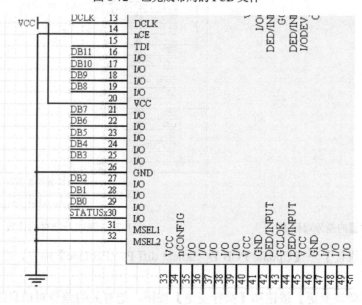

图 8-73　找到待设置为差分对的 DB4、DB6

2）双击这两个网络标签，将 DB4 重新命名为"DB_N"，将 DB6 重新命名为"DB_P"，如图 8-74 所示。

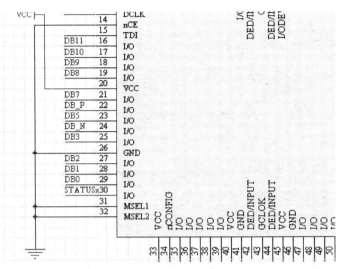

图 8-74　更改网络标签名

提示： 由于该原理图是采用网络标签来实现电气连接的，所以该处更改网络标签名，相应的另一端连接处也要同时进行更改。

3）修改完成后，就应该放置差分对标志了。执行【放置】→【指示】→【差分对】命令，此时光标变成"十"字形状，并附有差分对标志，如图 8-75 所示。

4）在引脚"DB_N"和"DB_P"处单击，即可放置差分对标志，如图 8-76 所示。

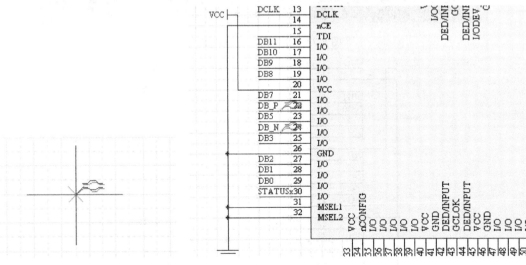

图 8-75　待放置的差分对标志　　　　　图 8-76　完成差分对的放置

5）执行【设计】→【Update PCB Document diff Pair.PcbDoc】命令，启动【工程变更指令】对话框。

6）单击【验证变更】按钮和【执行变更】按钮，把有关的差分对信息添加到 PCB 文件中。此时【工程变更指令】对话框如图 8-77 所示。

7）在 PCB 编辑环境中，打开【PCB】对话框，如图 8-78 所示。单击最上方的下拉按钮，选择【Differential Pairs Editor】选项，【PCB】对话框如图 8-79 所示。选择定义的差分对，这里全是 DB，单击【规则向导】按钮，进入【差分对规则向导】对话框，如图 8-80 所示。

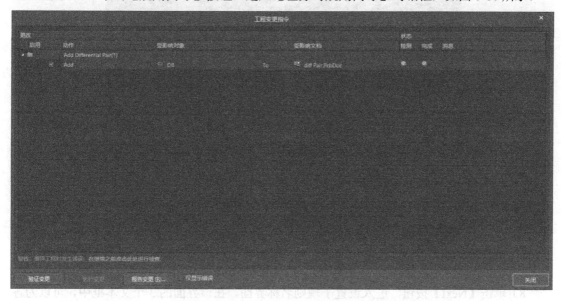

图 8-77　将差分对信息添加到 PCB 文件中

图 8-78　【PCB】对话框

图 8-79　显示所有差分对

图 8-80 【差分对规则向导】对话框

8）单击【Next】按钮，进入设置子规则名称界面。在该界面的 3 个文本框中，可以为各个差分对子规则重新定义名称。这里采用系统默认设置，如图 8-81 所示。

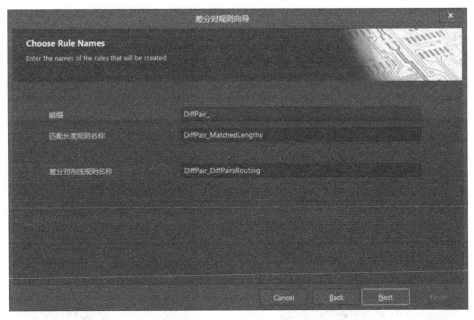

图 8-81 设置子规则名称界面

9）单击【Next】按钮，进入强制长度设置界面。该界面用于设置差分对布线的模式，以及导线之间的间距等。这里采用系统默认设置，如图 8-82 所示。

10）单击【Next】按钮，进入差分对子规则界面，如图 8-83 所示。该界面中的各项设置在前面已做过介绍，这里不再赘述。

图 8-82 强制长度设置界面

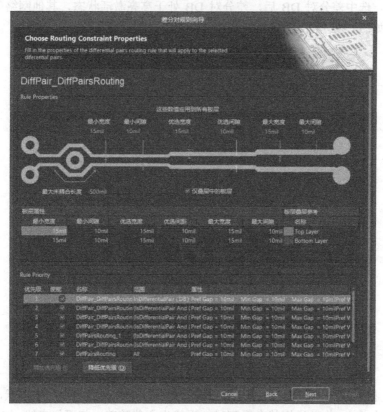

图 8-83 差分对子规则界面

11）单击【Next】按钮，进入规则创建完成界面。在该界面中，列出了差分对各项规则的设置情况，如图 8-84 所示。单击【Finish】按钮，退出设置向导。

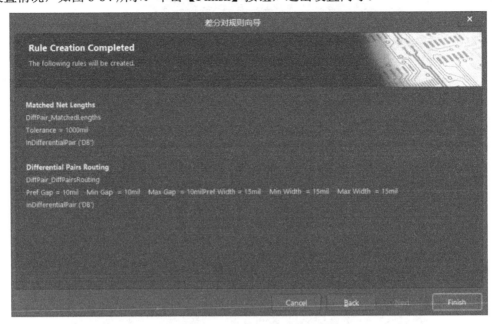

图 8-84　规则创建完成界面

可以看到，选中差分对 DB 后，差分对 DB 处于高亮激活状态，其他网络处于不可操作的灰色状态，如图 8-85 所示。

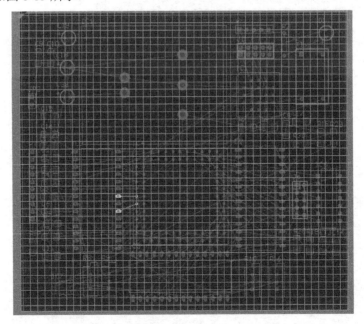

图 8-85　滤出差分对 DB

12）执行【布线】→【交互式差分对布线】命令，光标变为"十"字形状，在差分网络中的任一焊盘上单击，拖动鼠标就会看到另一根线也会伴随着一起平行走线，如图 8-86 所示。

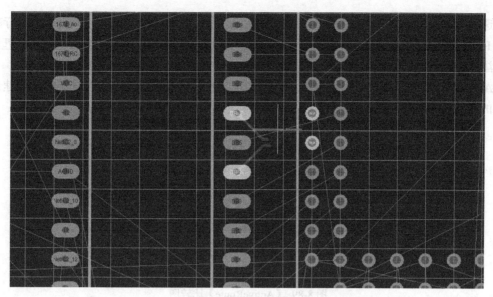

图 8-86 开始差分对布线

13）按【Ctrl+Shift】组合键的同时滚动鼠标滑轮，可以实现两根线同时换层。

14）完成布线后效果如图 8-87 所示。

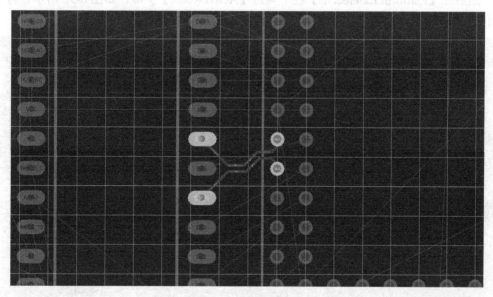

图 8-87 完成差分对布线

8.8 ActiveRoute 布线

【ActiveRoute】功能是一种自动的交互式布线技术，是交互式布线的一种补充。它在 Altium Designer 中也叫做【对选中的对象自动布线】，如图 8-88 所示。它是一种引导式的交互布线，可以在多层对选中的网络进

图 8-88 【对选中的对象自动布线】按钮

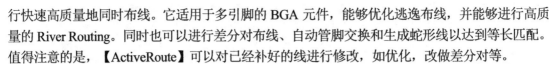

行快速高质量地同时布线。它适用于多引脚的 BGA 元件，能够优化逃逸布线，并能够进行高质量的 River Routing。同时也可以进行差分对布线、自动管脚交换和生成蛇形线以达到等长匹配。值得注意的是，【ActiveRoute】可以对已经补好的线进行修改，如优化，改做差分对等。

ActiveRoute 布线相对于手动布线、交互式布线和自动布线，具有相对较快的布线速度、较高的布线质量和较高的自动化程度，并且控制难度不高，如图 8-89 所示。

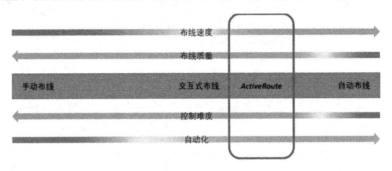

图 8-89 【ActiveRoute】比较图

【ActiveRoute】功能在安装 Altium Designer 23 的时候需要自行勾选，如果没有勾选，可以通过界面右上角 选择【Extensions and Updates...】，在【安装的】界面中单击【Configure】按钮，然后在【Platform Extensions】栏下勾选【ActiveRoute】扩展，如图 8-90 所示。再点击【应用】按钮，系统会自动安装扩展，安装完成后如图 8-91 所示。

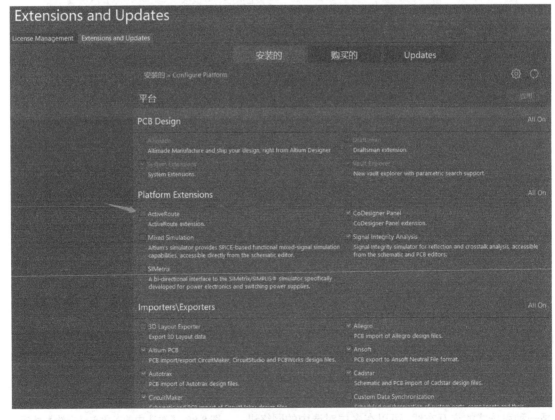

图 8-90 勾选【ActiveRoute】扩展

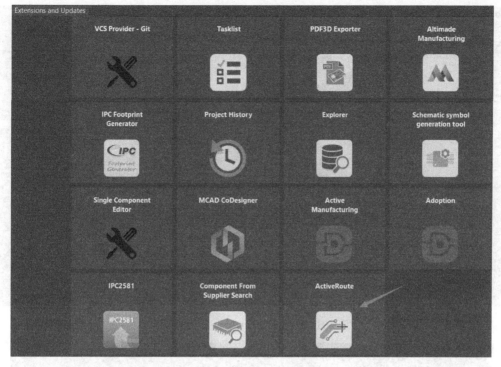

图 8-91　完成安装【ActiveRoute】扩展

值得注意的是，Altium Designer 的中文兼容性不好，可能会出现自动布线失败的情况，如图 8-92，所以自动布线前要把 PCB 文件重命名为英文，这样才会布线成功。

【例 8-8】　使用【ActiveRoute】功能对电路图布线。

1）打开 PCB 文件，在 PCB 编辑环境中按住【Alt +鼠标左键】，从右往左框选需要布线的元器件飞线。

2）选中后飞线会变粗，这时在编辑窗口单

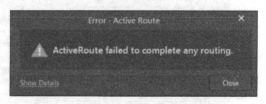

图 8-92　自动布线失败

击【K】或者【Panels】按钮，选择【PCB ActiveRoute】打开【PCB ActiveRoute】界面。

3）单击【ActiveRoute】或是使用快捷键【Shift +A】开始布线，布线结果如图 8-93 所示。

从布线结果可以看出【ActiveRoute】与手动布线的结果十分相似，它以一种最优化的方式去布线，也可能会出现一些不太合理的走线路径，这时可以手动修改。【ActiveRoute】的优势是每次以最优化的方式去接近焊盘，不会考虑焊盘入口。

至此，Altium Designer 系统提供的几种布线的操作方法都已介绍完成了。

8.9　设计规则检查

布线完成后，用户可利用 Altium Designer 提供的检测功能进行规则检测，查看布线后的结果是否符合所设置的要求，或电路中是否还有未完成的网络走线。执行【工具】→【设计规则检查】命令，此时，系统将弹出【设计规则检查器】对话框，如图 8-94 所示。

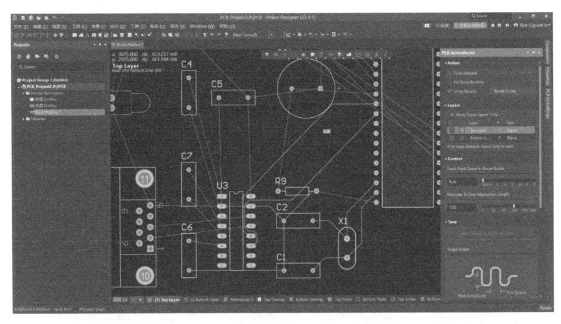

图 8-93　使用【ActiveRoute】功能布线

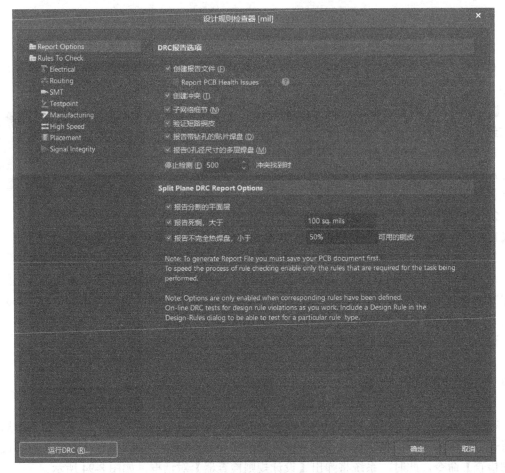

图 8-94　【设计规则检查器】对话框

在该对话框中包含两个设置内容，即【Report Options】（DRC 报告选项）设置和【Rules To Check】（检查规则）设置。

1）【Report Options】：用于设置生成的 DRC 报告中所包含的内容。

2）【Rules To Check】：用于设置需要进行检查的设计规则及进行检查时所采用的方式（在线还是批量），其设置界面如图 8-95 所示。

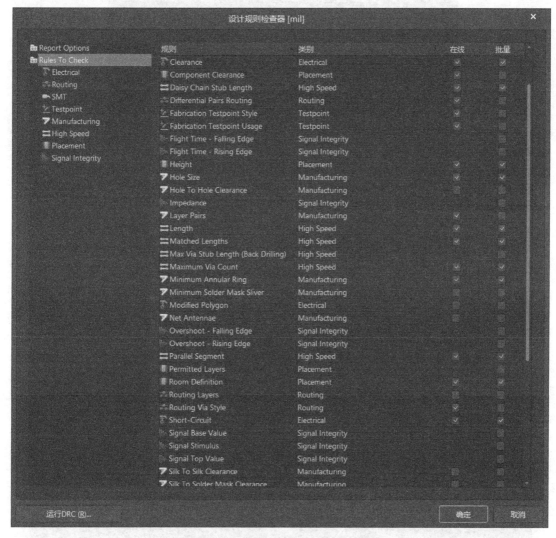

图 8-95　【Rules To Check】设置界面

设置完成后，单击【运行 DRC】按钮，系统会弹出【Messages】（信息）面板，如图 8-96 所示。如果检查有错误，【Messages】面板会提供所有的错误信息；如果检查没有错误，【Messages】面板将会是空白的。

由图 8-96 可以看出，所有的错误都是 PCB 中存在未连接的引脚。由于本例中元器件引脚并不都是连接的，为了不显示该种错误提示，在【设计规则检查器】对话框中，设置忽略【Un-Connected Pin】检查，如图 8-97 所示。

再次单击【运行 DRC】按钮，【Messages】面板如图 8-98 所示。

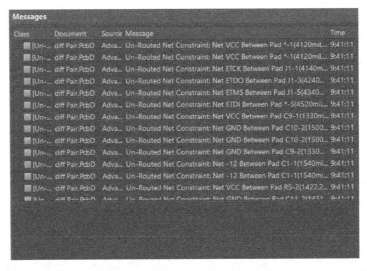

图 8-96 【Messages】面板（1）

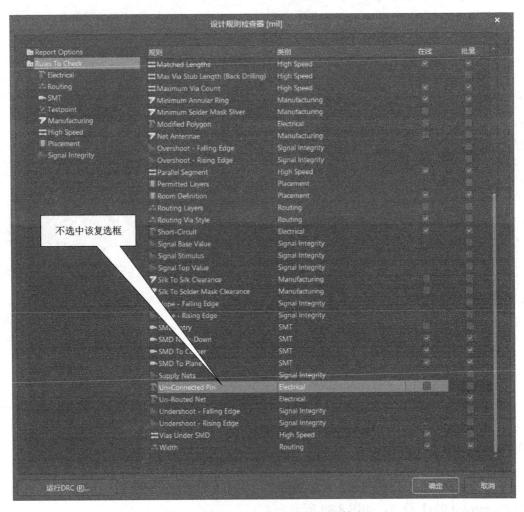

图 8-97 忽略【Un-Connected Pin】检查

图 8-98　【Messages】面板（2）

此次在【Messages】面板中不再有错误信息提示，同时其输出报表如图 8-99 所示。

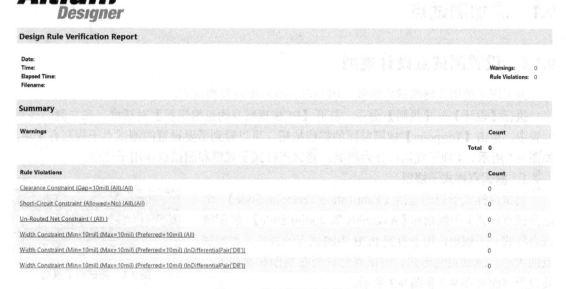

图 8-99　设计规则检查报表

该报表由两部分组成，上半部分给出了报表的创建信息，下半部分则列出了错误信息和违反各项设计规则的数目。本设计没有违反任何一条设计规则的要求，顺利通过 DRC 检测。

习题

1．简述布线的规则。
2．在第 6 章习题 3 的基础上，对 PCB 进行混合布线。
3．对完成布线的 PCB 进行设计规则检查。

第9章

PCB 后续设计

内容提要：

1. 添加测试点。
2. 补泪滴。
3. 包地。
4. 铺铜。
5. 添加过孔。
6. PCB 设计的其他功能。

目标： 掌握优化 PCB 的各项操作。

9.1 添加测试点

9.1.1 设置测试点设计规则

为了便于使用仪器测试电路板，用户可在电路中设置测试点。

执行【设计】→【规则】命令，打开【PCB 规则及约束编辑器】对话框，在左侧的规则列表中，单击【Testpoint】规则前面的扩展按钮，可以看到需要设置的测试点子规则有 4 项，如图 9-1 所示。4 项子规则可分为两类：测试点样式子规则和测试点使用子规则。

1. 测试点样式子规则

测试点样式子规则包括【Fabrication Testpoint Style】（制造测试点样式）子规则和【Assembly Testpoint Style】（装配测试点样式）子规则，用于设置 PCB 中测试点的样式，如测试点的大小、测试点的形式、测试点允许所在层面和次序等。其设置界面如图 9-2 和图 9-3 所示。

图 9-1 测试点子规则

在上述两个子规则的【约束】区域内，可以对大小和通孔尺寸的最大尺寸、最小尺寸、首选尺寸进行设置。还可以对元器件的体间距及板间距进行设置，同时还可以设置是否使用栅格。

2. 测试点使用子规则

测试点使用子规则包括【Fabrication Testpoint Usage】（制造测试点使用）子规则和【Assembly Testpoint Usage】（装配测试点使用）子规则，用于设置测试点的有效性，其设置界面如图 9-4 和图 9-5 所示。

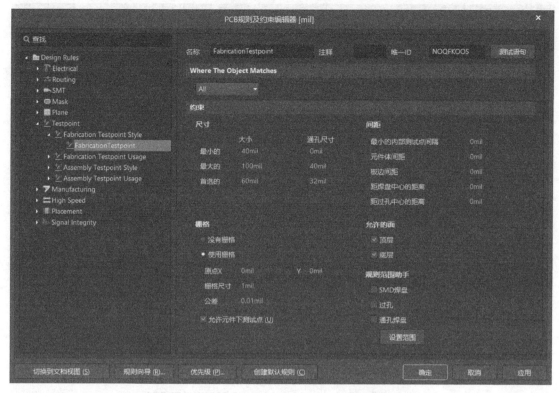

图 9-2　【Fabrication Testpoint Style】子规则设置界面

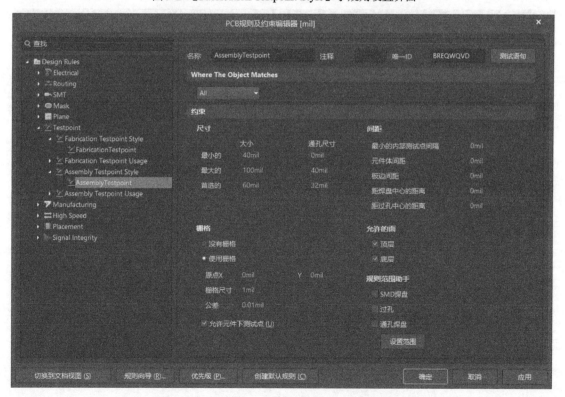

图 9-3　【Assembly Testpoint Style】子规则设置界面

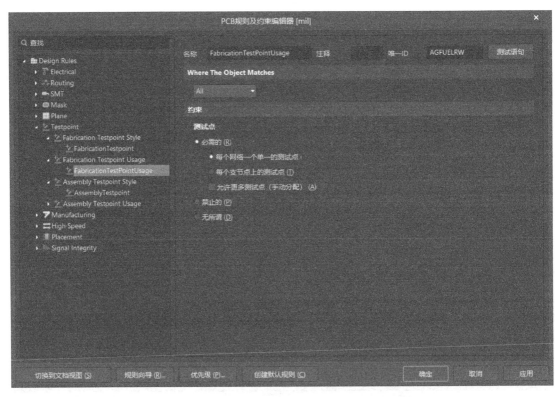

图 9-4 【Fabrication Testpoint Usage】子规则设置界面

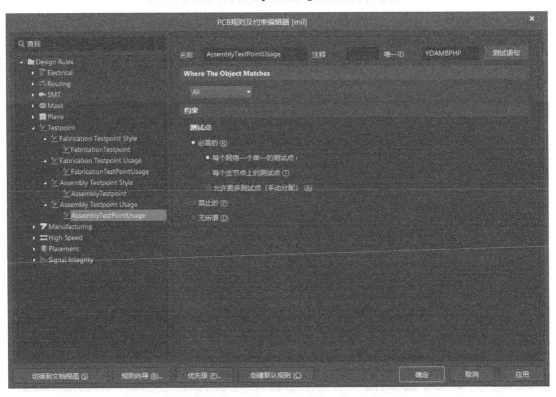

图 9-5 【Assembly Testpoint Usage】子规则设置界面

在上述两个子规则的【约束】区域内包含 3 个单选按钮，其含义如下。

- 【必需的】单选按钮：表示适用范围内的必须生成测试点。如果选中此单选按钮，可进一步选择测试点的范围。若选中【允许更多测试点（手动分配）】复选框，表示可以在同一网络上放置多个测试点。
- 【禁止的】单选按钮：表示适用范围内的每一条网络走线都不可以生成测试点。
- 【无所谓】单选按钮：表示适用范围内的网络走线可以生成测试点，也可以不生成测试点。

9.1.2　自动搜索并创建合适的测试点

【例 9-1】　采用自动搜索方式建立测试点。

1）在 PCB 环境下，执行【工具】→【测试点管理器】命令，此时系统将弹出【测试点管理器】对话框，如图 9-6 所示。该管理器包含【制造测试点】和【装配测试点】两个设置内容。

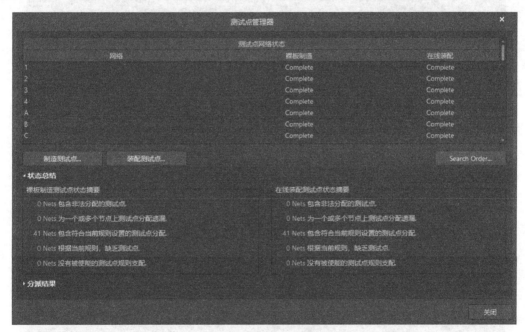

图 9-6　【测试点管理器】对话框

2）单击【制造测试点】按钮，在弹出的下拉列表中选择【分配所有】项，在分配结果中可以看到已成功制造 41 个测试点，如图 9-7 所示。

3）单击【装配测试点】按钮，在弹出的下拉列表中选择【分配所有】项，在分配结果中可以看到已成功装配 41 个测试点，如图 9-8 所示。

4）单击【关闭】按钮确认，用户可看到图 9-9 中黑色的焊盘或过孔即为系统自动创建的测试点。

5）单击菜单栏中的【保存】按钮，即可保存系统自动生成的测试点。

此外，执行【工具】→【测试点管理器】→【制造测试点】→【清除所有】和【工具】→【测试点管理器】→【装配测试点】→【清除所有】命令，可清除所有测试点，并在分派结果中看到清除结果。

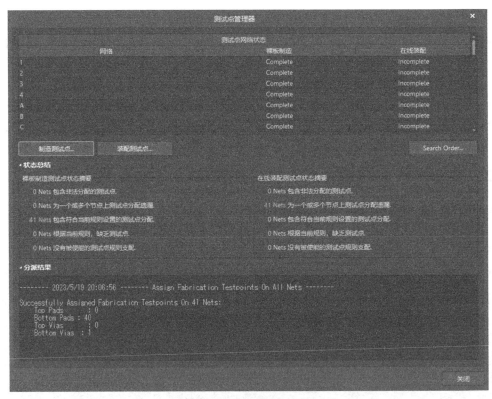

图 9-7 成功制造测试点

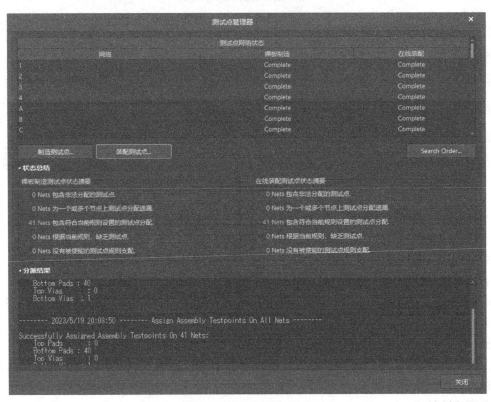

图 9-8 成功装配测试点

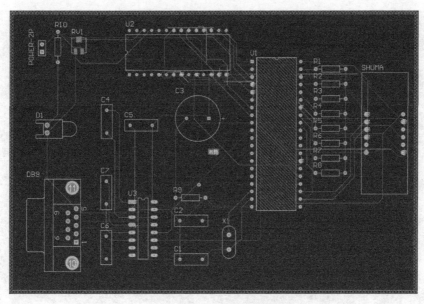

图 9-9　系统自动创建的测试点

9.1.3　手动创建测试点

由于用户不能直接参与自动创建测试点，缺少自主性，因此在 Altium Designer 中提供了手动创建测试点功能。

【例 9-2】　在图 9-10 中标注 TP 的位置手动创建测试点。

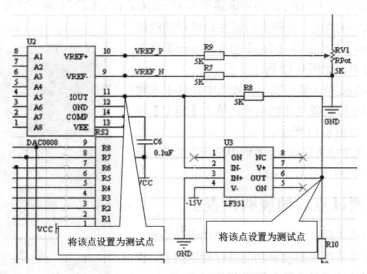

图 9-10　用户期待设置测试点位置图

1）设置测试点规则。执行【设计】→【规则】命令，在弹出的【PCB 规则及约束编辑器】对话框的左侧规则列表中，单击【Testpoint】→【Fabrication Testpoint Usage】子规则，进入测试点设置界面。修改测试点的有效性为【无所谓】，如图 9-11 所示。

2）同理，选择【Assembly Testpoint Usage】子规则，进入测试点设置界面，修改测试点的有效性为【无所谓】。

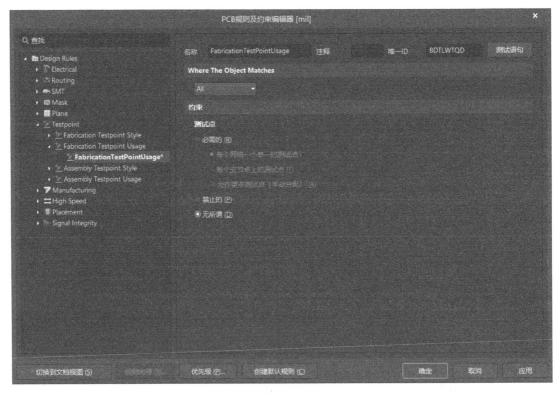

图 9-11　修改测试点的有效性为【无所谓】

3）其中测试点 TP1、TP2 即为将电路中的 U2-IOUT 和 U3-OUT 两个焊盘设置为测试点。

双击要作为测试点的焊盘，在弹出的属性设置对话框最下方的【Testpoint】栏中选中【Top】或【Bottom】复选框，或两个都选中，如图 9-12 所示。

4）此时 Locked 项（锁头图标）被选中并处于未被激活状态，说明此焊盘或过孔被锁定，单击【确定】按钮生成测试点，如图 9-13 所示。

其他测试点的生成方法同上。本例中将所有的测试点都设置为双层（顶层和底层）测试点。

9.1.4　放置测试点后的规则检查

在放置测试点之前，用户设置了相应的设计规则，因此用户可使用系统提供的检测功能进行规则检测，查看放置测试点后的结果是否符合所设置的要求。

1）执行【工具】→【设计规则检查】命令，在弹出的【设计规则检查器】对话框的左侧，单击【Testpoint】选项，选中相应的复选框，如图 9-14 所示。

2）设置完成后，单击【运行 DRC】按钮进行规则检查，结果如图 9-15 所示。

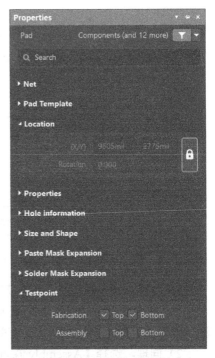

图 9-12　设置测试点属性

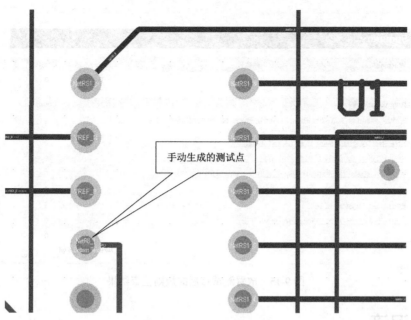

图 9-13　手动生成测试点

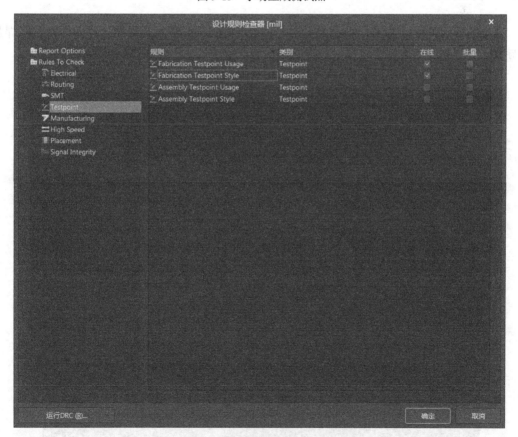

图 9-14　设置检查测试点选项

由图 9-15 可知，本设计没有违反任何一条设计规则的要求，顺利通过 DRC 检查。

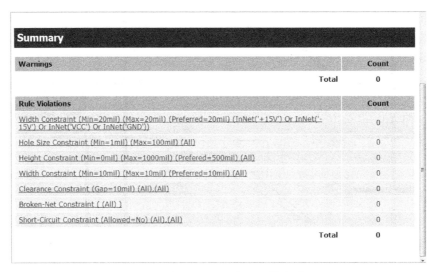

图 9-15 放置测试点后的规则检查结果

9.2 补泪滴

在电路板设计中，为了让焊盘更坚固，防止机械制板时焊盘与导线之间断开，常在焊盘和导线之间用铜膜布置一个过渡区，形状像泪滴，故常称为补泪滴（Teardrops）。

执行【工具】→【滴泪】命令，此时系统将弹出如图 9-16 所示的【泪滴】对话框。

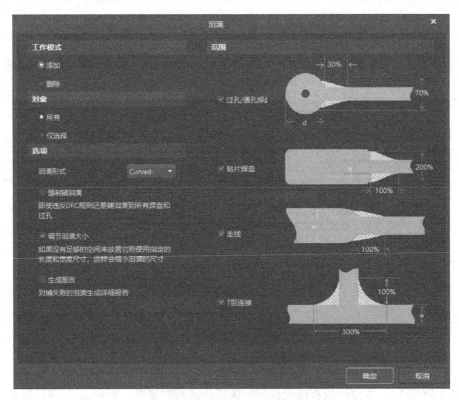

图 9-16 【泪滴】对话框

该对话框内有 4 个设置区域，分别是【工作模式】区域、【对象】区域、【选项】区域和【范围】区域。

（1）【工作模式】区域

- 【添加】单选按钮：选中该单选按钮，表示进行的是泪滴的添加操作。
- 【删除】单选按钮：选中该单选按钮，表示进行的是泪滴的删除操作。

（2）【对象】区域

- 【所有】单选按钮：用于设置是否对所有的焊盘过孔都进行补泪滴操作。
- 【仅选择】单选按钮：用于设置是否只对所选中的元器件进行补泪滴操作。

（3）【选项】区域

- 【泪滴形式】下拉列表框：选择【Curved】选项表示选择用圆弧形做补泪滴；选择【Line】选项表示选择用导线形做补泪滴。
- 【强制铺泪滴】复选框：用于设置是否忽略规则约束，强制进行补泪滴。此项操作可能导致 DRC 违规。
- 【调节泪滴大小】复选框：根据实际空间进行泪滴大小的调节。
- 【生成报告】复选框：用于设置补泪滴操作结束后是否生成补泪滴的报告文件。

（4）【范围】区域　用于对各种焊盘以及导线类型补泪滴面积的设置。

设置完成后，单击【确定】按钮即可进行补泪滴操作。使用圆弧形补泪滴的方法操作的结果如图 9-17 所示。

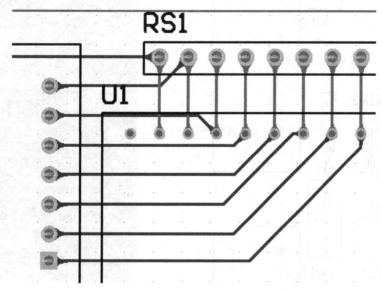

图 9-17　补泪滴后的电路图（圆弧形）

根据此方法，可以对单个的焊盘和过孔或某一网络的所有元器件的焊盘和过孔进行补滴泪操作。滴泪焊盘和过孔形状可以为弧形或线形。

9.3　包地

所谓包地就是为了保护某些网络布线不受噪声信号的干扰，在这些选定的网络的布线周围特别围绕一圈接地布线。

下面以一个简单的例子，说明如何对选定网络进行包地操作。

【例 9-3】 进行包地操作。

1）执行【编辑】→【选中】→【网络】命令，此时光标变成"十"字形，到 PCB 编辑环境中，将要包地的网络选中，如图 9-18 所示。

2）执行【工具】→【描画选择对象的外形】命令。执行这一命令后，即可在选中网络周围生成包地线，将该网络中的导线、焊盘及过孔包围起来，如图 9-19 所示。

3）双击打开每段包地布线的属性设置对话框，将设置其网络为【GND】，如图 9-20 所示。然后，执行自动布线或采用手动布线来完成包地的接地操作。

提示：包地线的线宽应与 GND 网络的线宽相匹配。

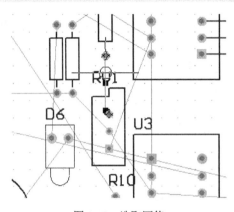

图 9-18　选取网络

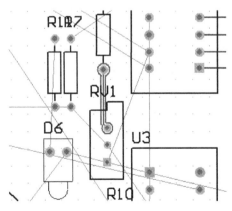

图 9-19　完成选定网络包地　　　　　图 9-20　设置其网络为【GND】

如果需要删除包地，执行【编辑】→【选中】→【连接的铜皮】命令，此时光标变为"十"字形，单击要除去的包地线整体，按【Delete】键即可删除。

9.4　铺铜

所谓铺铜就是将 PCB 上闲置的空间作为基准面，然后用固体铜填充，又称为灌铜。铺铜的意义有以下几点。

1）对大面积的地或电源铺铜，会起到屏蔽作用，对某些特殊地（如 PGND）铺铜，可起到防护作用。

2）铺铜是 PCB 工艺要求。一般是为了保证电镀效果，或者层压不变形，对布线较少的板层铺铜。

3）铺铜是信号完整性要求。它可给高频数字信号一个完整的回流路径，并减少直流网络的布线。

4）散热及特殊器件安装也要求铺铜。

1. 铺铜的操作步骤

1）单击【布线】工具栏中的【放置多边形平面】按钮，如图 9-21 所示。

图 9-21　单击【放置多边形平面】按钮

2）铺铜属性设置。按【Tab】键，此时在右侧系统将弹出属性设置对话框，暂停 PCB 编辑区的编辑操作，进行属性设置，如图 9-22 所示。

该对话框中包含【Net Information】【Properties】和【Outline Vertices】3 个区域的可设置内容。

【Net Information】区域：用于设定与铺铜有关的网络设置。

【Properties】区域：用于设定铺铜所在工作层面、铺铜区域的命名、是否自动命名、是否移除死铜等设置。该区域提供了 3 种铺铜的填充模式。

图 9-22　多边形铺铜属性设置

- 【Solid】（Copper Regions）：表示铺铜区域内为全铜铺设。
- 【Hatched】（Tracks/Arcs）：表示铺铜区域内填入网格状的铺铜。
- 【None】（Outlines）：表示只保留铺铜的边界，内部无填充。该选项卡中还包含一个下拉列表和一个复选框，下拉列表中的 3 个选项及复选框含义如下：选中【Don't Pour Over Same Net Objects】选项时，铺铜的内部填充不会覆盖具有相同网络名称的导线，并且只与同网络的焊盘相连；选中【Pour Over All Same Net Objects】选项，表示铺铜将只覆盖具有相同网络名称的多边形填充，不会覆盖具有相同网络名称的导线；选中【Pour Over Same Net Polygons Only】选项，表示铺铜的内部填充将覆盖具有相同网络名称的导线，并与同网络的所有图元相连，如焊盘、过孔等。【Remove Dead Copper】（死铜移除）复选框用于设置是否去除死铜，所谓死铜就是指没有连接到指定网络图元上的封闭区域内的铺铜。

【Outline Vertices】区域：列出了多边形的各个顶点位置以及角度大小。

在本例中设置铺铜的网络为 GND 网络，其他选项的设置如图 9-23 所示。

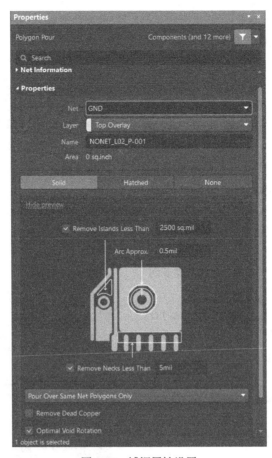

图 9-23　铺铜属性设置

3）设置完成后，此时光标以"十"字形显示，按下鼠标左键并拖动鼠标即可画线，如图 9-24 所示。

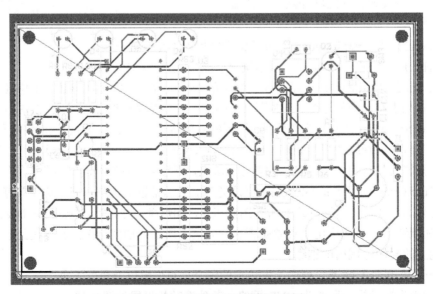

图 9-24　用鼠标画线确定铺铜范围

4）右击，退出画线状态，此时系统自动进行铺铜，如图 9-25 所示。

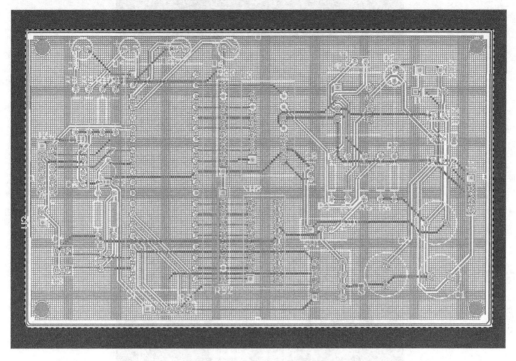

图 9-25　系统自动进行铺铜

从铺铜结果可知，铺铜是以圆角的形式进行的，如图 9-26 所示。

图 9-26　以圆角形式铺铜

5）双击电路中的铺铜部分，系统将弹出铺铜属性设置对话框，执行【Properties】→【Hatched】→【Surround Pads With】→【Octagons】（八角形铺铜）命令，如图 9-27 所示。

6）设置完成后，单击铺铜属性设置对话框右上角的【Repour】按钮确认设置，此时系统开始重新铺铜，八角形铺铜如图 9-28 所示。

八角形和圆角形式铺铜各有优点，但通常采用圆角形式铺铜。

此外，可以注意到，电路中有些位置的地线线宽不一致，如图 9-29 所示。

图 9-27   设置采用八角形铺铜

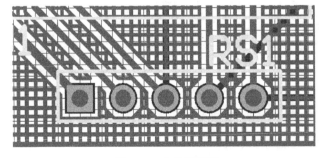

图 9-28   八角形铺铜

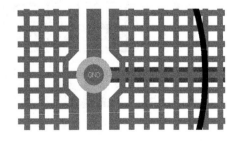

图 9-29   电路中地线线宽不一致

7）图 9-29 中与 GND 相连的线路宽度不同，此时用户需再次设置规则。执行【设计】→【规则】命令，在弹出的【PCB 规则及约束编辑器】对话框中选择【Plane】规则中的【Polygon Connect Style】子规则，如图 9-30 所示。

在该设置界面中，导线宽度为 10mil 而用户设置的 GND 导线宽度为 20mil，因此需修改【导体宽度】值为 20mil，如图 9-31 所示。

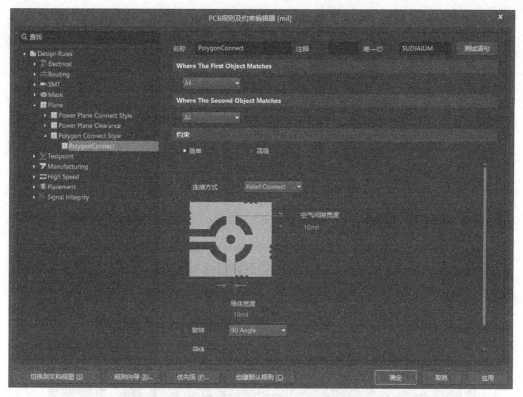

图 9-30 【Polygon Connect Style】子规则设置界面

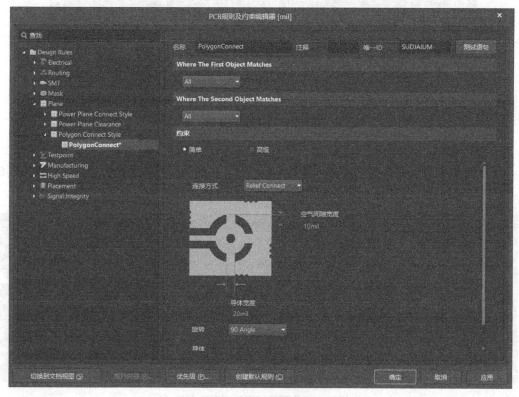

图 9-31 重新设置导线宽度

8）设置完成后，单击【确定】按钮确认设置，然后重新铺铜，结果如图 9-32 所示。

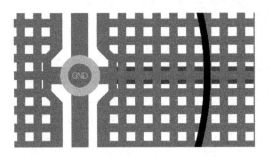

图 9-32　设置铺铜导线宽度后重新铺铜的结果

9）按照上述方法为底层铺铜，结果如图 9-33 所示。

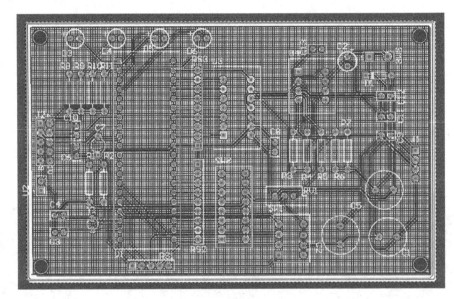

图 9-33　底层铺铜结果

2．删除铺铜

在 PCB 编辑界面中，选择层面为【Top Layer】，在铺铜区域按住鼠标左键，选中顶层铺铜，然后拖动鼠标将顶层铺铜拖到电路之外，如图 9-34 所示。

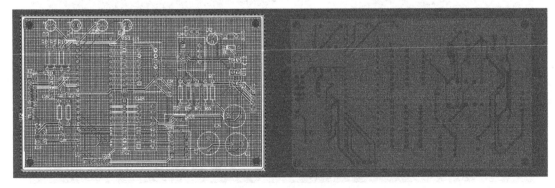

图 9-34　将顶层铺铜拖到电路之外

　　然后单击【剪切】按钮或按【Delete】键将顶层铺铜删除。同理，按照上述操作也可以删除底层铺铜。

　　铺铜的一大好处是降低地线阻抗（所谓抗干扰也有很大一部分是由地线阻抗降低带来的）。数字电路中存在大量尖峰脉冲电流，因此降低地线阻抗显得更有必要一些。普遍认为，对于全由数字器件组成的电路，应该大面积铺铜；而对于模拟电路，铺铜所形成的地线环路反而会引起电磁耦合干扰，得不偿失。因此，并不是每个电路都要铺铜。

9.5　添加过孔

　　过孔（Via）是多层 PCB 的重要组成部分，PCB 上的每一个孔都可以称为过孔。过孔的作用：第一，用作各层间的电气连接；第二，用作元器件的固定或定位。

　　单击【布线】工具栏中的【放置过孔】按钮，如图 9-35 所示。

图 9-35　单击【放置过孔】按钮

　　此时光标变为"十"字形，并带有一个过孔图形。在放置过孔时按【Tab】键，系统将会弹出如图 9-36 所示的过孔属性对话框。

图 9-36　过孔属性对话框

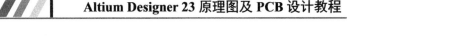

其中【Net Information】和【Definition】中的内容不做赘述，简单介绍一下其他几项。

- 【Via Stack】：用于设置通孔的直径和设置模式。其下有 3 个选项卡：【Simple】（简化）选项卡用于设置过孔的孔尺寸、孔的直径以及 X/Y 位置；【Top-Middle-Bottom】（顶-中间-底）选项卡用于设置在顶层、中间层和底层的过孔直径大小；【Full Stack】（全部层栈）选项卡可以用于编辑全部层栈的过孔尺寸。
- 【Solder Mask Expansion】：用于设置过孔盖油（塞油）和过孔开窗。过孔盖油：过孔表面有绿油覆盖，表面绝缘。过孔开窗：过孔表面裸露，只有铜皮或者喷锡，表面导电。如果哪一层需要过孔盖油，只要在该层的 Tented 前打钩即可，如果需要过孔开窗，只需将 Tented 前的钩去掉即可。
- 【Via Types & Features】：用来设置通孔类型和特征。
- 【Testpoint】：用于设置过孔是否作为测试点。可以做测试点的只有位于顶层的和底层的过孔。

将光标移到所需的位置，单击，即可放置一个过孔。将光标移到新的位置，按照上述步骤，再放置其他过孔。双击鼠标右键，光标变为箭头状，即可退出该命令状态。如图 9-37 所示为添加过孔的电路。

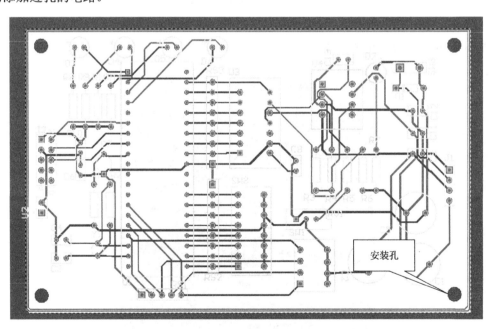

图 9-37 添加过孔的电路

9.6 PCB 设计的其他功能

在 PCB 设计中，鉴于用户的不同需求，Altium Designer 还提供了其他功能。

9.6.1 在完成布线的 PCB 中添加新元器件

现在需要在布好线的电路板中引入其他元器件，如图 9-38 所示。

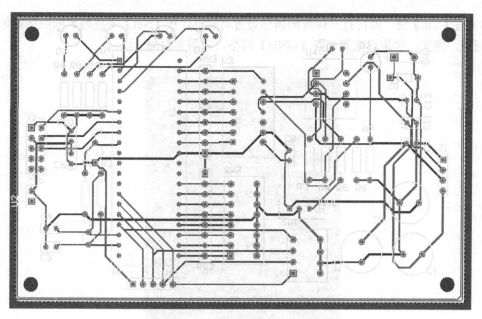

图 9-38　添加元器件示例电路

在这一电路中，用户期望添加元器件。添加元器件端时，用户可放置焊盘或放置接插件的元器件。

1. 添加焊盘

1）单击【布线】工具栏中的【放置焊盘】按钮，如图 9-39 所示。

图 9-39　单击【放置焊盘】按钮

2）此时光标以"十"字形出现，并在光标下跟随焊盘，如图 9-40 所示。

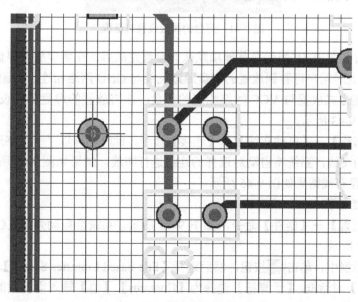

图 9-40　光标下跟随焊盘

3）按【Tab】键，即可打开焊盘的属性设置对话框，在【Net】下拉列表框中选择焊盘所在的网络，例如，接地焊盘需选择【GND】网络，如图 9-41 所示。

图 9-41　焊盘的属性设置对话框

4）具体设置如图 9-41 所示，其他项默认。设置完成后，在期望放置焊盘的位置单击，即可放置焊盘，此时用户可看到放置的焊盘通过飞线与 GND 网络相连，如图 9-42 所示。

5）参照上述方式放置与 VCC 网络相连的焊盘，即将放置的焊盘属性设置为属于 VCC 网络，结果如图 9-43 所示。

6）执行【布线】→【自动布线】→【连接】命令，此时光标以"十"字形出现。单击与 GND 焊盘相连的飞线，系统将自动对选择的连线进行布线，结果如图 9-44 所示。

7）VCC 焊盘布线结果如图 9-45 所示。

2. 添加连接端子

1）执行【放置】→【器件】命令，如图 9-46 所示。系统会自动弹出【Components】对话框，如图 9-47 所示。

2）在该对话框中，单击▇按钮，然后选择【File-based Libraries Search】，则会弹出【基于文件的库搜索】对话框，【运算符】选择为【Contains】，【值】输入需要找的【PIN2】，【搜索范围】选择【Footprints】，如图 9-48 所示。

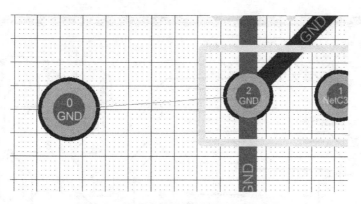

图 9-42 焊盘通过飞线与 GND 网络相连

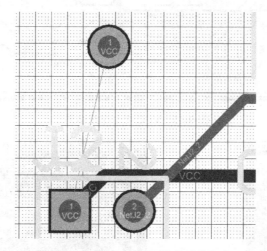

图 9-43 放置与 VCC 网络相连的焊盘

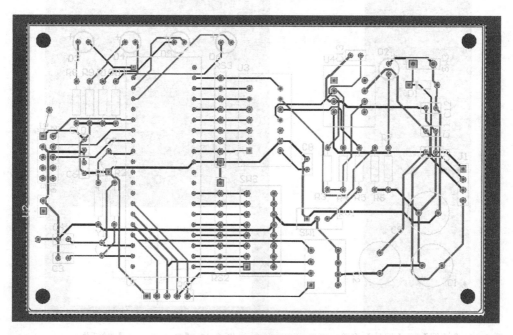

图 9-44 GND 焊盘布线结果

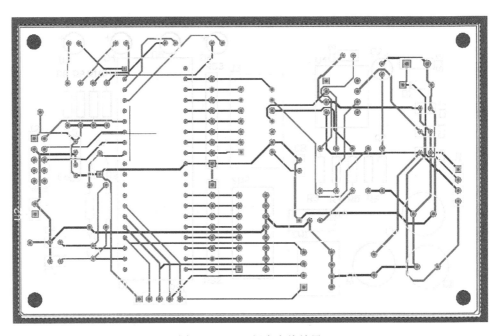

图 9-45　VCC 焊盘布线结果

图 9-46　【放置】→【器件】命令

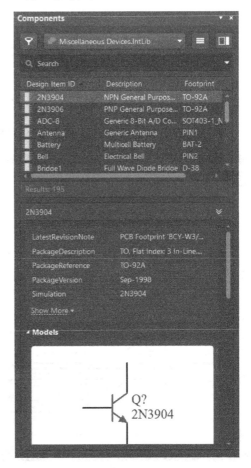

图 9-47　【Components】对话框

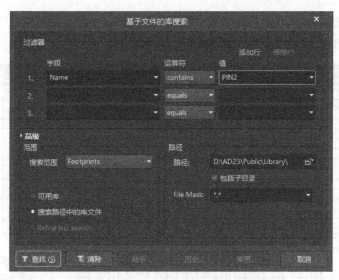

图 9-48　【基于文件的库搜索】对话框

3）单击【查找】按钮，查找结果如图 9-49 所示。对该对话框的操作与绘制原理图时对库的操作基本相同，这里不再赘述。

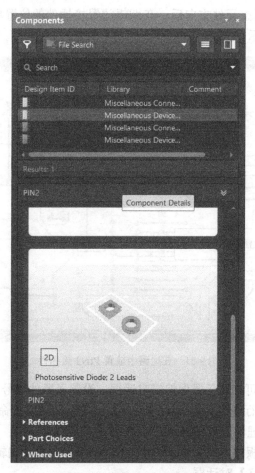

图 9-49　查找 PIN2 接插件

4）在搜索的结果中找到所需的【PIN2】，双击该封装，则此时光标以"十"字形出现，并在光标下跟随 PIN2 接插件，如图 9-50 所示。

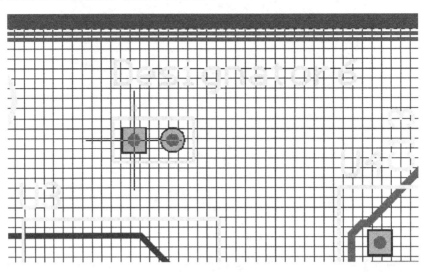

图 9-50　光标下跟随 PIN2 接插件

5）用【Space】键调整元件方向后，在期望放置接插件的位置单击，即可放置 PIN2 接插件，结果如图 9-51 所示。

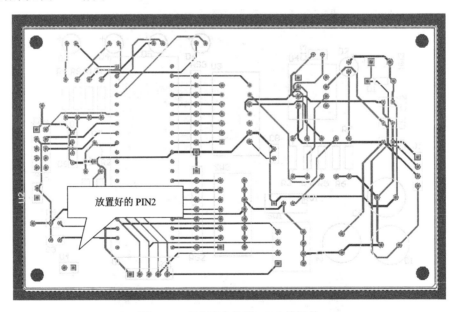

图 9-51　在电路中放置 PIN2 接插件

6）双击元器件，即可打开元器件编辑对话框，设置元器件标号为 U4。

7）设置完成后，执行【设计】→【网络表】→【编辑网络】命令，此时系统将弹出如图 9-52 所示的【网表管理器】对话框。

8）在网络列表框【板中网络】中，选中 GND 网络，单击【编辑】按钮，此时将弹出如图 9-53 所示的【编辑网络】对话框。

图 9-52 【网表管理器】对话框

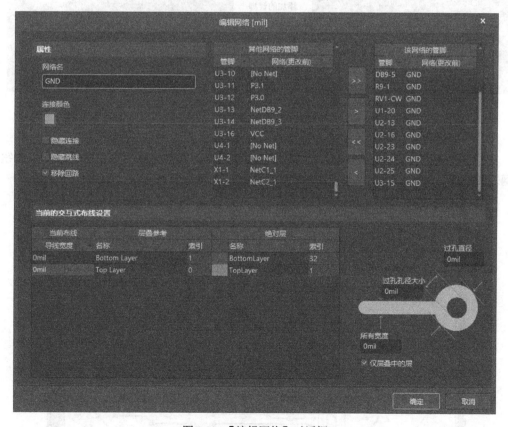

图 9-53 【编辑网络】对话框

9）在【其他网络的管脚】列表框中选择 U4-2 引脚，然后单击【>】按钮，将 U4-2 添加到【该网络的管脚】列表中，如图 9-54 所示。

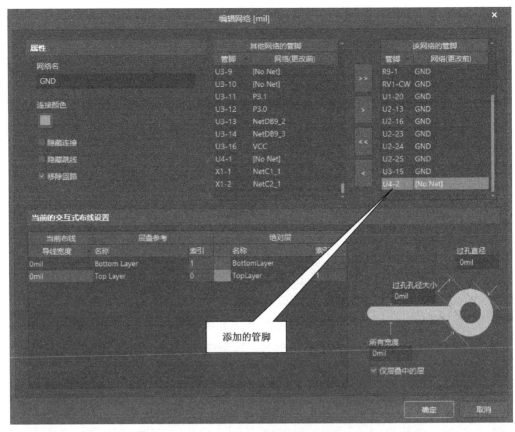

图 9-54　将 U4-2 添加到【该网络的管脚】列表中

10）设置完成后，单击【确定】按钮即可将 U4-2 引脚添加到 GND 网络。

11）参照上述方式，将 U4-1 引脚添加到 VCC 网络。添加完成后，单击【确定】按钮退出网表管理器。此时，用户可看到 PIN2 接插件通过飞线与电路连接，如图 9-55 所示。

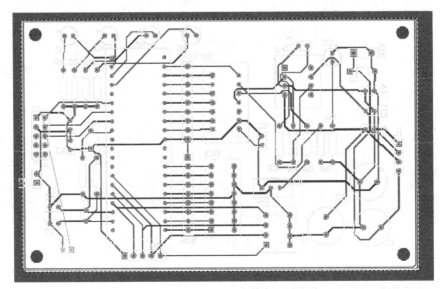

图 9-55　PIN2 接插件通过飞线与电路连接

12）执行【自动布线】→【连接】命令，对 PIN2 中引脚 2 的连线进行布线；对 PIN2 中引脚 1，执行手动布线操作。结果如图 9-56 所示。

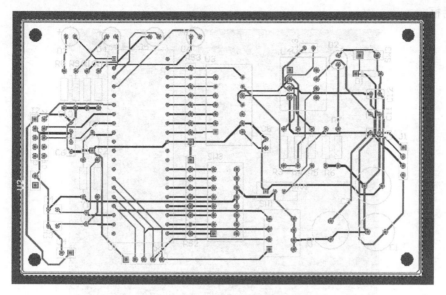

图 9-56　对 PIN2 布线的结果

9.6.2　重编元器件标号

当将电路原理图导入 PCB 布局后，元器件标号顺序不再有规律，如图 9-57 所示。

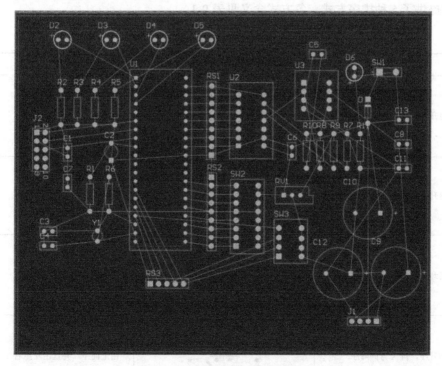

图 9-57　元器件标号顺序无规律

为了便于快速在电路板中查找元器件，通常需要重编元器件标号。

执行【工具】→【重新标注】命令，此时系统将弹出如图 9-58 所示的【根据位置重新标注】对话框。

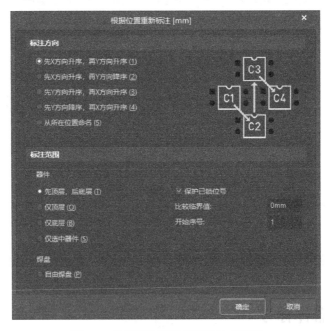

图 9-58 【根据位置重新标注】对话框

系统提供了 5 种排序方式，各方式含义见表 9-1。

表 9-1 系统提供的 5 种排序方式

名 称	图 解	说 明
先 X 方向升序，再 Y 方向升序		由左至右，并且从下到上
先 X 方向升序，再 Y 方向降序		由左至右，并且从上到下
先 Y 方向升序，再 X 方向升序		由下而上，并且由左至右
先 Y 方向升序，再 X 方向降序		由上而下，并且由左至右

（续）

名　　称	图　　解	说　　明
从所在位置命名	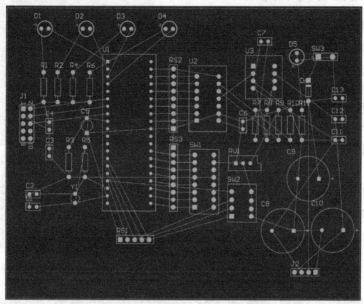	以坐标值排序（如 R1 的坐标值为 X=50、Y=80，则 R1 新的标号为 R050-080）

本例采用系统默认设置。单击【确定】按钮，系统自动对电路重排元器件标号，如图 9-59 所示。

图 9-59　重排元器件标号后的电路

9.6.3　放置文字标注

当 PCB 编辑完成后，用户可在电路板上标注电路板制板人及制板时间等信息。例如，在电路板的下方标注制板时间。

1）将当前工作层切换为【Top Overlay】，如图 9-60 所示。

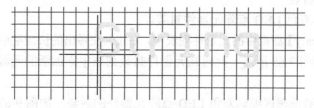

图 9-60　将当前工作层切换为【Top Overlay】

2）执行【放置】→【字符串】命令。此时光标以"十"字形出现，并在光标下跟随 String 字符串，如图 9-61 所示。

图 9-61　光标下跟随 String 字符串

3）按【Tab】键，此时将弹出字符串属性设置对话框，在【Properties】区域中的【Test】文本框中输入"2023-05-20"，如图 9-62 所示。其他设置，如大小、字体、位置等参数，均保持默认设置。

4）设置完成后，移动光标到期望的位置，单击即可放置一个文字标注，如图 9-63 所示。

5）右击，结束命令状态。

9.6.4　项目元器件封装库

当制作 PCB 时找不到期望的元器件封装时，用户可使用 Altium Designer 元器件封装编辑功能创建新的元器件封装，并将新建的元器件封装放入特定的元器件封装库。

1. 创建项目元器件封装库

项目元器件封装库就是将设计的 PCB 中所使用的元器件封装建成一个专门的元器件封装库。

打开所要生成项目元器件封装库的 PCB 文件，如 last.PcbDoc，执行【设计】→【生成 PCB 库】命令，系统会自动切换到元器件封装库编辑环境，生成相应的元器件封装库，系统默认文件名称为 last.PcbLib，如图 9-64 所示。

图 9-62　字符串属性设置对话框

图 9-63　放置文字标注

2. 创建元器件封装

【例 9-4】　创建双色 LED 点阵元器件封装。

1）在【PCB Library】面板中的元器件列表中，右击，在弹出的快捷菜单中执行【New Blank Footprint】命令，如图 9-65 所示。此时在元器件封装列表中添加新的元器件封装，如图 9-66 所示。

2）在元器件封装编辑区编辑双色 LED 点阵元器件的封装，如图 9-67 所示。

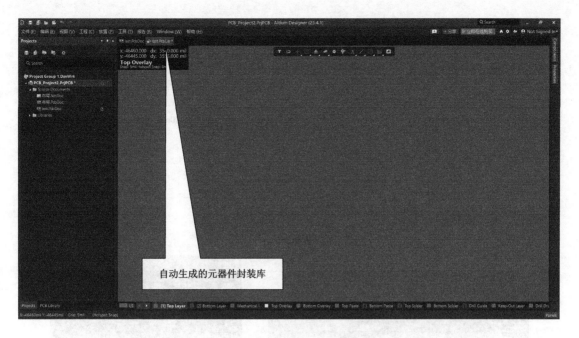

图 9-64　自动生成元器件封装库

图 9-65　执行【New Blank Footprint】命令　　图 9-66　元器件封装列表中添加新的元器件封装

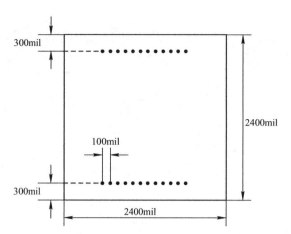

a）双色 LED 点阵元器件数据

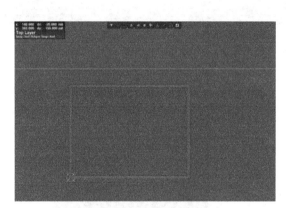

b）绘制双色 LED 点阵元器件外形框

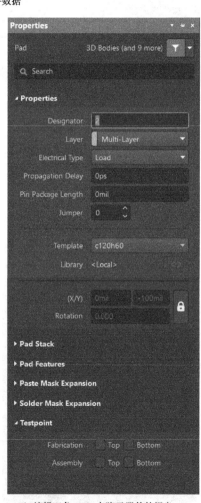

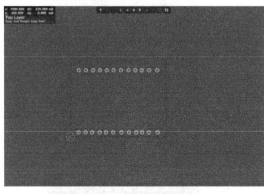

c）放置双色 LED 点阵元器件的焊盘

d）编辑双色 LED 点阵元器件的焊盘

图 9-67　编辑双色 LED 点阵元器件的封装

3）在【PCB Library】面板中，双击新建的元器件封装，系统会弹出【PCB 库封装】对话框，如图 9-68 所示。

图 9-68 【PCB 库封装】对话框

4）在该对话框中可以对新建的元器件封装进行重新命名，这里将该元器件命名为"LED Array"，如图 9-69 所示。

图 9-69 重新命名元器件封装

至此，双色 LED 点阵元器件封装制作完成。

3．元器件封装库相关报表——元器件报表

执行【报告】→【器件】命令，此时系统将弹出如图 9-70 所示的扩展名为.CMP 的元器件封装信息。

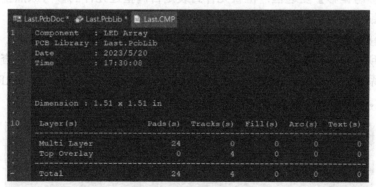

图 9-70 元器件封装信息

4．元器件封装库相关报表——库列表报表

执行【报告】→【库列表】命令，此时系统将弹出如图 9-71 所示的扩展名为.REP 的库列表文件。该文件列出了该库所包含的所有封装的名称。

5．元件封装相关报表——元件规则检查报表

执行【报告】→【元件规则检查】命令，此时系统将弹出如图 9-72 所示的【元件规则检查】对话框。

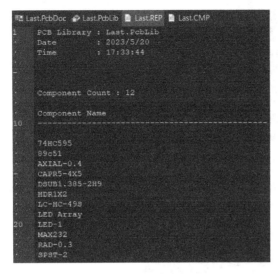

图 9-71　库列表信息　　　　　　　　图 9-72　【元件规则检查】对话框

该对话框中各选项含义如下。

（1）【重复的】选项区域

- 【焊盘】复选框：检查元件封装中是否有重复的焊点序号。
- 【基元】复选框：检查元件封装中是否有图形对象重叠现象。
- 【封装】复选框：检查元件封装库中是否有不同元件封装具有相同的元件封装名。

（2）【约束】选项区域

- 【丢失焊盘名】复选框：检查元件封装库内是否有元件封装遗漏焊点序号。
- 【镜像的元件】复选框：检查元件封装是否发生翻转。
- 【元件参考偏移】复选框：检查元件封装是否调整过元件的参考原点坐标。
- 【短接铜皮】复选框：检查元件封装的铜膜走线是否有短路现象。
- 【未连接铜皮】复选框：检查元件封装内是否有未连接的铜膜走线。
- 【检查所有元器件】复选框：对元件封装库中所有的元件封装进行检查。

本例采用系统的默认设置。单击【确定】按钮，系统自动生成扩展名为.ERR 的检查报表，如图 9-73 所示。

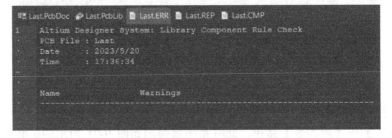

图 9-73　元件封装规则检查报表

6. 元件封装相关报表——测量距离

测量距离可用于精确测量两个端点之间的距离。

1）执行【报告】→【测量距离】菜单命令，如图 9-74 所示。

2）此时光标变成"十"字形，单击选择待测距离的两个端点，在单击第二个端点的同时系统弹出测量距离信息提示对话框，如图 9-75 所示。

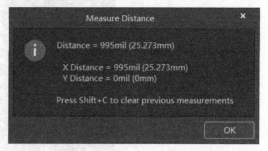

图 9-74　【报告】→【测量距离】菜单命令　　　　图 9-75　端点距离信息提示对话框

7. 元件封装相关报表——对象距离测量报表

对象距离测量报表可用于精确测量两个对象之间的距离。

1）执行【报告】→【测量】菜单命令，如图 9-76 所示。

2）此时光标变成"十"字形，单击选择待测距离的两个对象，在单击第二个对象的同时系统弹出测量距离信息提示对话框，如图 9-77 所示。

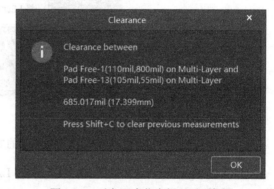

图 9-76　【报告】→【测量】菜单命令　　　　图 9-77　对象距离信息提示对话框

9.6.5　在原理图中直接更换元器件

【例 9-5】　如图 9-78 所示，将图中的 LED 替换为 LAMP。

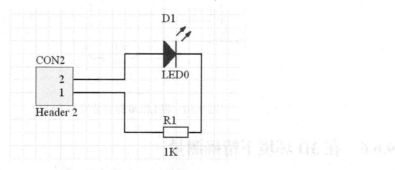

图 9-78　更换元器件的原理

1）双击 LED0 器件，此时系统弹出 LED0 器件的属性设置对话框，如图 9-79 所示。

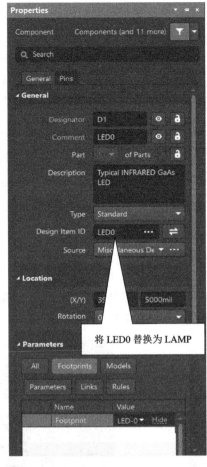

将 LED0 替换为 LAMP

图 9-79　LED0 器件的属性设置对话框

2）将【Design Item ID】中的 LED0 替换为 LAMP，单击【OK】即可实现器件的替换，如图 9-80 所示。

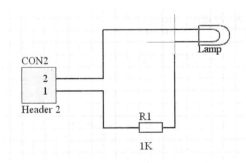

图 9-80　将 LED0 器件替换为 LAMP

9.6.6　在 3D 环境下精确测量

1）执行【文件】→【新的】→【项目】命令，并向此项目中添加原理图文件和 PCB 文件。绘制如图 9-81 所示的原理图，并命名为"稳压电路"。

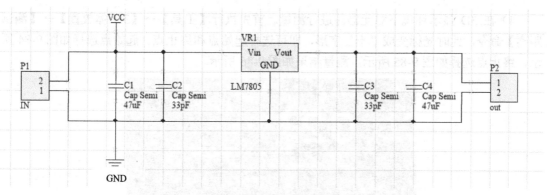

图 9-81　稳压电路原理图

2）将稳压电路原理图绘制完毕后，执行【设计】→【Update PCB document 稳压电路.PcbDoc】命令，经元器件布局、自动布线和定义板形状操作后，稳压电路 PCB 如图 9-82 所示。

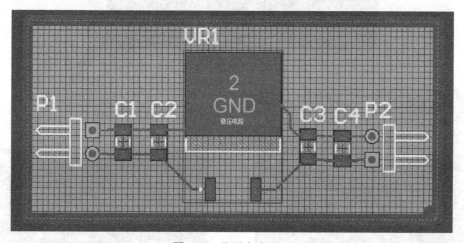

图 9-82　稳压电路 PCB

3）执行【视图】→【切换到 3 维模式】命令，或按数字键【3】，稳压电路 PCB 的 3D 显示如图 9-83 所示。

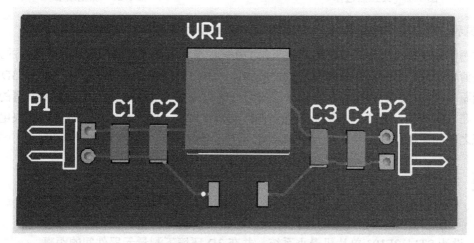

图 9-83　稳压电路 PCB 的 3D 显示

4）在 3D 显示环境下对元器件进行测量。首先执行【工具】→【3D 体放置】→【测试距离】命令，此时光标变成"十"字形，即可选择起始点和终止点。起始点选择如图 9-84 所示，终止点选择如图 9-85 所示，测量结果如图 9-86 所示。

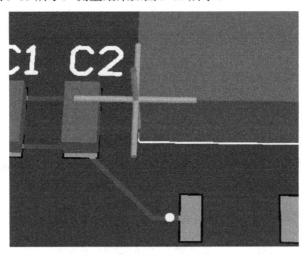

图 9-84 起始点选择

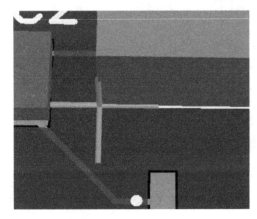

图 9-85 终止点选择

图 9-86 测量结果

> **提示：** 想要清除测量点相关信息，按【Shift+C】组合键即可实现。

本例以稳压模块上下两点作为起止点，可根据此方法测量视图内任意不同两点间的距离。

任何电子设计产品都要安装在机械物理实体之中。通过 Altium Designer 的原生 3D 可视化与间距检查功能，确保电路板在第一次安装时即可与外壳完美匹配，不再需要昂贵的设计返工。在 3D 编辑状态下，电路板与外壳的匹配情况可以实时展现，在几秒钟内解决电路板与外壳之间的碰撞冲突。

习题

1. 简述电路中包地和铺铜的意义。
2. 设计 STM32F103 单片机最小系统，并在 3D 环境下测量元器件间的距离。

第10章

PCB 的输出

内容提要:

1. PCB 报表输出。
2. 创建 Gerber 文件。
3. 创建钻孔文件。
4. 用户向 PCB 加工厂商提交的信息。
5. PCB 和原理图的交叉探针。
6. 智能 PDF 向导。

目标: 掌握 PCB 相关报表的创建,能够创建完整信息以便和制板厂商对接。

10.1 PCB 报表输出

10.1.1 电路板信息报表

电路板信息报表用于为用户提供电路板的完整信息,包括电路板尺寸、焊盘、导孔的数量以及零件标号等。

【例 10-1】 查看电路板信息报表。

1)执行【视图】→【面板】→【Properties】命令,或执行快捷方式,单击右下角的【Panels】按钮,选择【Properties】选项,如图 10-1 所示。在弹出的对话框的【Board Information】中可以看到系统的所有相关信息,如图 10-2 所示。

2)单击【Reports】按钮,此时系统将弹出如图 10-3 所示的【板级报告】对话框。

3)单击【全部开启】按钮,可选中所有项目;单击【全部关闭】按钮,则不选中任何项目。另外,用户可以选中【仅选择对象】复选框,只产生所选中对象的电路板信息报表。本例选中【全部开启】按钮,选中所有的项目,如图 10-4 所示。

4)单击【报告】按钮,系统会生成网页形式的电路板信息报表"Board Information Report",如图 10-5 所示。

5)执行【工具】→【优先选项】命令,打开【优选项】对话框。在该对话框中,选中【PCB Editor】→【Reports】,在【Board Information】区域中,进行如图 10-6 所示的设置。

6)设置完成后,再次生成报告,系统会同时生成文本格式的电路板信息报告,如图 10-7 所示。

图 10-1 【Properties】选项

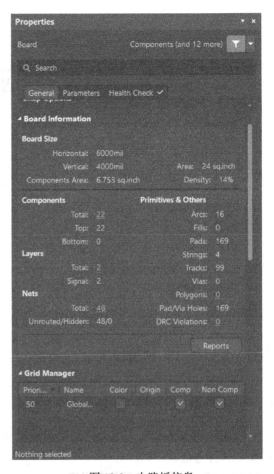

图 10-2 电路板信息

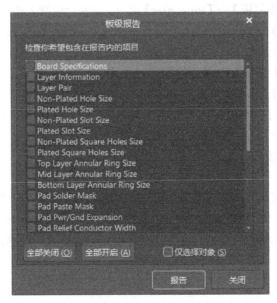

图 10-3 【板级报告】对话框

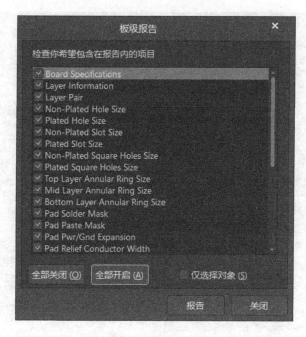

图 10-4　选中所有项目

Board Information Report

Date:	2023/5/20
Time:	20:23:52
Elapsed Time:	00:00:01
Filename:	E:\桌面\AD23\AD23书稿及工程文件\AD23工程文件\单片机系统（包括后续优化）\LED点阵驱动电路\LED点阵驱动电路.PcbDoc
Units:	○ mm ● mils

Contents

Contents

Board Specification

  General

Routing

  Routing Information

Layer Information

  Layer Information

  Drill Pairs

图 10-5　电路板信息报表（网页形式）

图 10-6　设置【Board Information】

287

```
1   Board Information Report
·   Filename     : E:\桌面AD23\AD23书稿工程文件AD23工程文件 单片系统（创译简化)\LED点阵电路\LED点阵电路.PcbDoc
·   Date         : 2023/5/20
·   Time         : 20:23:52
-   Time Elapsed : 00:00:01
·
·   General
·       Board Size, 6000milsx4000mils
·       Components on board, 22
10  count : 2
·
·   Routing Information
·       Routing completion, 0.00%
·       Connections, 81
-       Connections routed, 0
·       Connections remaining, 81
·   count : 4
·
·   Layer, Arcs, Pads, Vias, Tracks, Texts, Fills, Regions, ComponentBodies
20      Top Layer, 0, 0, 0, 0, 0, 0, 0, 0
·       Bottom Layer, 0, 0, 0, 0, 0, 0, 0, 0
·       Mechanical 1, 0, 0, 0, 0, 0, 0, 0, 1
·       Multi-Layer, 0, 169, 0, 0, 0, 0, 1, 0
·       Top Paste, 0, 0, 0, 0, 0, 0, 0, 0
-       Top Overlay, 16, 0, 0, 99, 48, 0, 0, 0
·       Top Solder, 0, 0, 0, 0, 0, 0, 0, 0
·       Bottom Solder, 0, 0, 0, 0, 0, 0, 0, 0
·       Bottom Overlay, 0, 0, 0, 0, 0, 0, 0, 0
·       Bottom Paste, 0, 0, 0, 0, 0, 0, 0, 0
30      Drill Guide, 0, 0, 0, 0, 0, 0, 0, 0
·       Keep-Out Layer, 0, 0, 0, 0, 0, 0, 0, 0
·       Drill Drawing, 0, 0, 0, 0, 0, 0, 0, 0
·   count : 13
·
-   Drill Pairs, Vias
·   count : 0
·
·   Layer, Sq.In., Sq.MM., Percent of layer
·       Top Layer, 0.355, 229.194, 1%
40      Bottom Layer, 0.355, 229.194, 1%
·   count : 2
·
·   Non-Plated Hole Size, Pads, Vias
·   count : 0
-
·   Plated Hole Size, Pads, Vias
·       22mils, 40, 0
·       23.622mils, 40, 0
·       25.591mils, 48, 0
50      27.559mils, 16, 0
```

图 10-7　文本格式的电路板信息报告

10.1.2　元器件报表

元器件报表用来整理电路或项目的零件，生成元件列表，以便用户查询。

【例 10-2】　查看元器件报表。

1）执行【报告】→【Bill of Materials】命令，系统会弹出【Bill of Materials For PCB Document】对话框，如图 10-8 所示。

2）在【Bill of Materials For PCB Document】对话框中右侧【Export Options】栏中文件格式的下拉列表中选择【MS Excel（*.xls，*.xlsx，*.xlsm）】，单击【Expert】按钮，元器件报

表以 Excel 表格格式保存，打开该文件，如图 10-9 所示。

图 10-8　【Bill of Materials For PCB Document】对话框

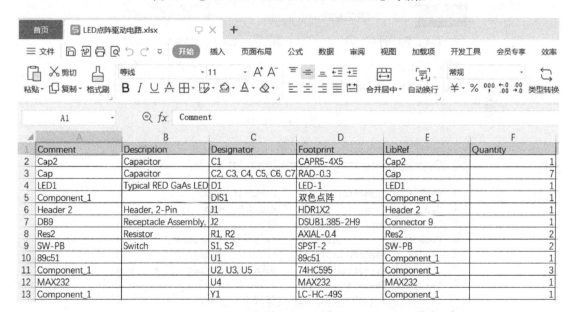

图 10-9　以 Excel 文件形式保存的元器件报表

3）在右侧【Export Options】栏中文件格式的下拉列表中选择【CSV（Comma Delimited）（*.csv）】，如图 10-10 所示，这是一种在程序之间转移表格数据的常用格式。系统会生成一个元件简单报告"LED 点阵驱动电路.csv"，如图 10-11 所示。

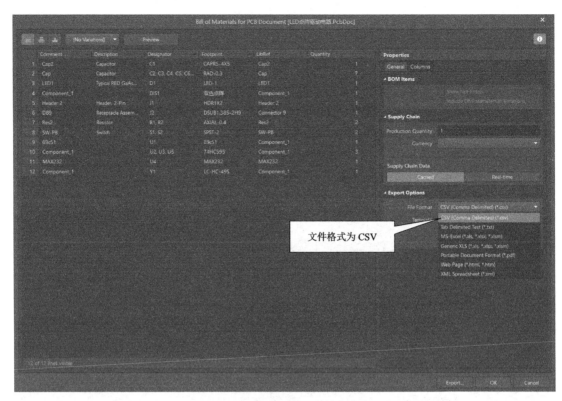

图 10-10 选择文件格式为 CSV

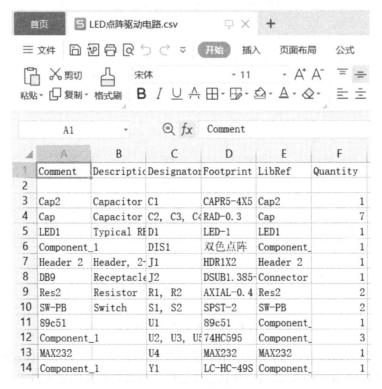

图 10-11 元器件简单报表

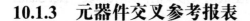

10.1.3 元器件交叉参考报表

元器件交叉参考报表主要用于将整个项目中的所有元器件按照所属的器件封装进行分组，同样相当于一份元器件清单。

【例 10-3】 查看元器件交叉参考报表。

1）执行【报告】→【项目报告】→【Component Cross Reference】命令，系统会弹出【Component Cross Reference Report For PCB Document】对话框，如图 10-12 所示。

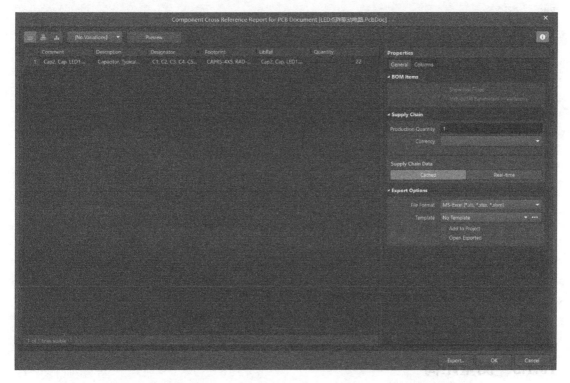

图 10-12 【Component Cross Reference Report For PCB Document】对话框

2）在【Component Cross Reference Report For PCB Document】对话框中，单击【Preview】按钮，即可打开元件报告的预览对话框，如图 10-13 所示。

Comment	Description	Designator	Footprint	LibRef	Quantity
Cap2, Cap, LED1, Component_1, Header 2, DB9, Res2, SW-PB, 89c51, MAX232	Capacitor, Typical RED GaAs LED, [NoValue], Header, 2-Pin, Receptacle Assembly, 9 Position, Right Angle, Resistor, Switch	C1, C2, C3, C4, C5, C6, C7, C8, D1, DIS1, J1, J2, R1, R2, S1, S2, U1, U2, U3, U4, U5, Y1	CAPR5-4X5, RAD-0.3, LED-1, 双色点阵, HDR1X2, DSUB1.385-2H9, AXIAL-0.4, SPST-2, 89c51, 74HC595, MAX232, LC-HC-49S	Cap2, Cap, LED1, Component_1, Header 2, Connector 9, Res2, SW-PB, MAX232	22

图 10-13 报告预览对话框

10.1.4 网络状态表

网络状态表用于给出 PCB 中各网络所在的工作层面及每一网络中的导线总长度。

执行【报告】→【网络表状态】命令，系统自动生成网页形式的网络状态表"Net Status Report"并显示在工作窗口中，如图 10-14 所示。

图 10-14　网络状态表报告

单击网络状态表中所列的任意网络，都可对照到 PCB 编辑窗口中，用于进行详细的检查。与 10.1.1 小节介绍的电路板信息报表一样，在【优选项】对话框中的【PCB Editor-Reports】界面中进行相应的设置后，也可以生成文本格式的网络状态表。

10.1.5　测量距离

该报表用于输出任意两点之间的距离。

执行【报告】→【测量距离】菜单命令，如图 10-15 所示。

图 10-15　【报告】→【测量距离】菜单命令

此时光标变为"十"字形，单击要测量的两个点，如图 10-16 所示。

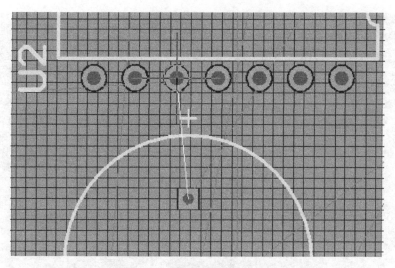

图 10-16　选择要测量的两个点

系统会弹出这两个点之间距离的信息提示框，如图 10-17 所示。

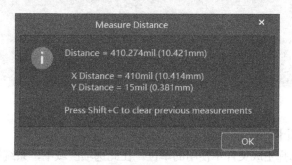

图 10-17　距离信息提示框

10.2　创建 Gerber 文件

光绘数据格式是以向量式光绘机的数据格式 Gerber 数据为基础发展起来的，并对向量式光绘机的数据格式进行了扩展，兼容了 HPGL（惠普绘图仪格式）、Autocad DXF 和 TIFF 等专用或通用图形数据格式。一些 CAD 和 CAM 开发厂商还对 Gerber 数据做了扩展。

Gerber 数据的正式名称为 Gerber RS-274 格式。向量式光绘机码盘上的每一种符号在 Gerber 数据中均有一相应的 D 码（D-CODE），这样，光绘机就能够通过 D 码来控制、选择码盘，绘制出相应的图形。将 D 码和 D 码所对应符号的形状，以及尺寸大小进行列表，即得到一 D 码表。此 D 码表就成为从 CAD 设计到光绘机利用此数据进行光绘的一个桥梁。用户在提供 Gerber 光绘数据的同时，必须提供相应的 D 码表。这样，光绘机就可以依据 D 码表确定应选用何种符号盘进行曝光，从而绘制出正确的图形。

打开已设计完成的 PCB 文件"LED 点阵驱动电路.PcbDoc"，执行【文件】→【制造输出】→【Gerber Files】命令，系统会打开【Gerber Setup】对话框，如图 10-18 所示。

该对话框包含 5 个选项卡，分别为【Units】、【Decimal】、【Outputs：FileName.Extension】、【Others】和【Gerber Options】。

图 10-18　【Gerber Setup】对话框

1．【Units】选项卡

使用此选项卡来选择生成文件中使用的单位。在此选项区域中，系统提供了两个单选按钮。

- 【Inches】单选按钮：启用此选项以使用英制单位，所有工作都以 mil（1mil = 1/1000in ≈ 0.0254mm）为单位。

- 【Millimeters】单选按钮：启用此选项以使用公制单位，所有工作都以 mm（毫米）为单位。

2．【Decimal】选项卡

使用此选项卡中的下拉菜单来指定 Gerber 文件中绘图坐标的数值精度。

如果在【Units】选项卡选择了【Inches】，那么在此选项区域中，便会提供 1mil、0.1mil、0.01mil 和 0.001mil 四种精度。需要注意的是，如果使用较高的数据精度，需检查电路板制造商是否支持该格式。仅当网格上的孔精度高于 1mil 时，才需要选择 0.1mil、0.01mil 和 0.001mil 3 种格式。

如果在【Units】选项卡选择了【Millimeters】，那么在此选项区域中，便会提供 0.01mm、0.001mm、0.0001mm 和 0.00001mm 4 种精度。

3．【Outputs：FileName.Extension】选项卡

使用此选项卡选择要生成的 Gerber 文件的命名选项。

- 【*.gbr】单选按钮：启用此选项以生成具有唯一文件名但扩展名相同（.gbr）的图层。

- 【filename.*（gtl，gbl，gto，...）】单选按钮：启用此选项以生成具有相同文件名但具有不同扩展名（.gtl，gbl，gto，...）的图层。

4．【Others】选项卡

- 【Include unconnected mid-layer pad】单选按钮：启用此选项以允许在 Gerber 图上的中间层中出现未连接的焊盘。
- 【Generate Reports】单选按钮：启用此选项以生成以下后缀名的文件：.apr / .EXTREP / .APR_LIB / .DRR / .LDP 等。
- 【Merge regions and pads inside Footprint】单选按钮：启用此选项以在生成 Gerber 输出时合并封装内的区域和焊盘。

5．【Gerber Options】选项卡

此选项卡包含【Layers to plot】和【Advanced】两个标签页。

- 【Layers to plot】标签页：允许用户配置当前 PCB 文档的 Gerber 输出中要绘制哪些图层数。其页面最下方【Plot Layers】下拉菜单的作用是使用下拉菜单访问一组命令，允许在需要绘制的图层区域中启用或禁用所有图层的绘制域。其下拉菜单中的 4 个选项含义如下：选中【Select All】选项后，选择以勾选【Plot】列中的所有框（将为所有选中的图层生成 Gerber 数据）；选中【Deselect All】选项后，选中以清除【Plot】列中的所有勾选框（不会生成 Gerber 数据）；选中【Select Used】选项后，选中以勾选列出的设计中使用的图层的【Plot】列中的所有框；选中【Edit Group】选项后，单击以打开【添加机械图层】对话框，在其中可选择添加到所选图层组中的所有绘制图层的机械图层。
- 【Advanced】标签页：此标签页包含【Aperture Tolerances】、【Leading/Trailing Zeroes】、【Plotter Type】和【Others】4 个选项区域，如图 10-19 所示。

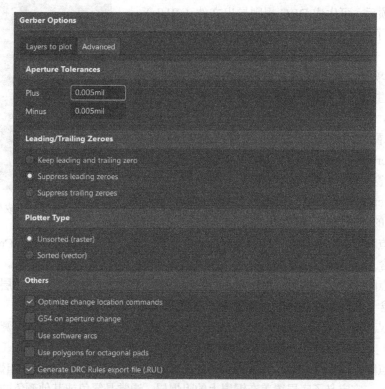

图 10-19 【Advanced】标签页

在【Aperture Tolerances】选项区域：选中【Plus】选项后，表示使用此框来定义孔径匹配的正公差；选中【Minus】选项后，使用此框来定义孔径匹配的负公差。

在【Leading/Trailing Zeroes】选项区域：选中【Keep leading and trailing zeroes】选项后，则生成的 Gerber 文件中会显示所有前导零和尾随零。选中【Suppress leading zeroes】选项后，则生成的 Gerber 文件中不会显示前导零；选中【Suppress trailing zeroes】选项后，则生成的 Gerber 文件中不会显示尾随零。

在【Plotter Type】选项区域：选中【Unsorted（raster）】选项后，表示在生成 Gerber 文件时，使用光栅方法对图像进行渲染；选中【Sorted（vector）】选项后，表示在生成 Gerber 文件时，使用矢量方法对图像进行渲染。

在【Others】选项区域：选中【Optimize change location commands】选项后，如果从一个对象到下一个对象的 X 或 Y 位置数据没有改变，则不包含 X 或 Y 位置数据。这可以优化生成的 Gerber 文件，减小文件大小，提高处理速度。选中【G54 on aperture change】选项后，在每次孔径改变时旋转绘图仪的孔径轮。这将帮助绘图仪在更换孔径时更有效地使用孔径，减少了生成的 Gerber 文件中不必要的 G54 命令。选中【Use software arcs】选项后，使用软件圆弧。软件圆弧是由多段直线近似组成的圆弧，适用于绘图仪不支持硬件圆弧的情况。选中【Use polygons for octagonal pads】选项后，对于凹角垫片，将使用多边形表示。这样可以更准确地在 Gerber 文件中表示凹角垫片的几何形状。选中【Generate DRC Rules export file（.RUL）】选项后，可生成 DRC 规则导出文件（.RUL），这个文件报告了生成 Gerber 数据的源 PCB 文档中详细的设计规则。

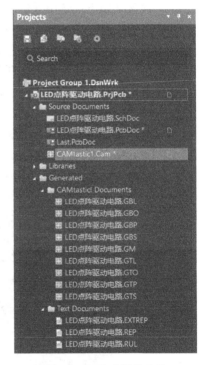

图 10-20　生成相关文件

所有的选项卡设置完成后，单击【Apply】按钮，系统即按照设置生成各个图层的 Gerber 文件，并加载到当前项目中。同时，系统启动 CAMtastic 编辑器，在【Projects】对话框中可以看到生成的相关文件，如图 10-20 所示，将所有生成的 Gerber 文件集成为 CAMtastic1.Cam 图形文件，并显示在编辑窗口中，如图 10-21 所示。

在【Projects】对话框中，列出了 CAMtastic1.Cam 图形文件所包含的各个层名，其各层含义如下。

- LED 点阵驱动电路.GBL：为 Bottom Layer 文件，代表电路板底层铜图（Copper Layer）。它包含了底部铜导电区域的所有几何图形和路径，用于创建电气连接。
- LED 点阵驱动电路.GBO：为 Bottom Overlay 文件，代表电路板底层丝印图层（Silkscreen）。它包含了底部组件的标记、文字和其他图形元素。
- LED 点阵驱动电路.GBP：为 Bottom Paste 文件，代表电路板底层焊膏图层（Solder Paste）。它定义了底部表面贴装元件的焊膏应用区域。
- LED 点阵驱动电路.GBS：为 Bottom Solder Mask 文件，代表电路板底层阻焊图层（Solder Mask）。它定义了底层覆盖在铜层上的阻焊层，通常是绿色或其他颜色的塑料材料。

- LED 点阵驱动电路.GM：为 Mechanical Layer 文件，表示电路板的机械图层。它包括了非电气部分的信息，如外形尺寸、辅助线、装配说明等。这些信息可以用于在制造过程中辅助定位元件或定义电路板的大小和形状。
- LED 点阵驱动电路.GTL：为 Top Layer 文件，代表电路板顶层铜图（Copper Layer）。它包括了顶层铜导电区域的所有几何图形和路径，用于创建电气连接。
- LED 点阵驱动电路.GTO：为 Top Overlay 文件，表示电路板顶层丝印图层（Silkscreen）。它包含了顶部组件的标记、文字和其他图形元素，有助于识别和定位元件。
- LED 点阵驱动电路.GTP：为 Top Paste 文件，代表电路板顶层焊膏图层（Solder Paste）。它定义了顶部表面贴装元件的焊膏应用区域。
- LED 点阵驱动电路.GTS：为 Top Solder Mask 文件，代表电路板顶层阻焊图层（Solder Mask）。它定义了顶层覆盖在铜层上的阻焊层。

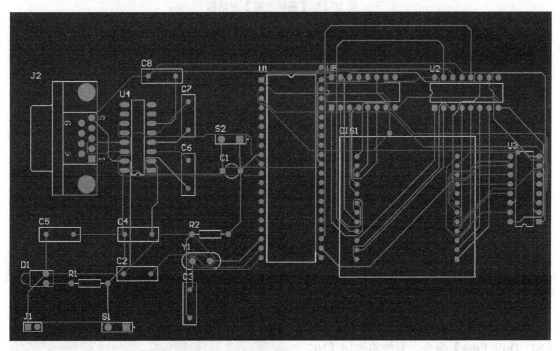

图 10-21　CAMtastic1.Cam 图形文件

在 CAMtastic1.Cam 编辑窗口，执行【表格】→【光圈】菜单命令，如图 10-22 所示，可打开光圈表，即 D 码表。在一个 D 码表中，一般应该包括 D 码、每个 D 码所对应码盘的外形和尺寸等，如图 10-23 所示。

每行定义了一个 D 码，包含 4 个参数。

第一列为 D 码序号，由字母 D 加一数字组成。

第二列为该 D 码代表的符号的外形说明，例如，【Round】表示该符号的外形为圆形，【Rectangle】表示该符号的外形为矩形。

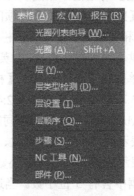

图 10-22　菜单命令【表格】→【光圈】

图 10-23 【编辑光圈】对话框

第三列定义了符号图形的 X 方向和 Y 方向的尺寸，单位为 mil。

第四列定义了符号图形的旋转度数，单位为度，一般采用默认设置。

在 Gerber RS-274 格式中除了使用 D 码定义了符号盘以外，D 码还用于光绘机的曝光控制。另外，还使用了一些其他命令用于光绘机的控制和运行。

10.3　创建钻孔文件

钻孔文件用于记录钻孔的尺寸和钻孔的位置。当用户的 PCB 数据要送入 NC 钻孔机进行自动钻孔操作时，用户需创建钻孔文件。

【例 10-4】　创建钻孔文件。

1）打开设计文件 LED 点阵驱动电路.PcbDoc，执行【文件】→【制造输出】→【NC Drill Files】命令，系统将弹出【NC Drill 设置】对话框，如图 10-24 所示。

在【NC Drill 格式】选项区域中包含【单位】和【格式】两个设置栏。【单位】栏中提供了两种单位选择，即英制和公制。当选中单位为【英寸】时，【格式】栏中提供了 3 项选择，即【2:3】、【2:4】、【2:5】，表示 Gerber 文件中使用的不同数据精度。【2:3】表示数据中含 2 位整数、3 位小数，【2:4】表示数据中含有 4 位小数，【2:5】表示数据中含有 5 位小数。当选中单位为【毫米】时，【格式】栏中提供了三项选择，

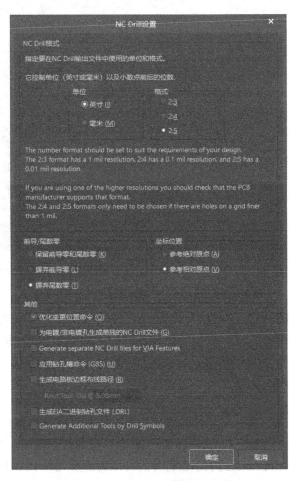

图 10-24 【NC Drill 设置】对话框

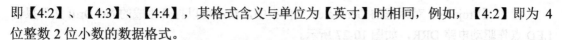

即【4:2】、【4:3】、【4:4】，其格式含义与单位为【英寸】时相同，例如，【4:2】即为 4 位整数 2 位小数的数据格式。

在【前导/尾数零】选项区域中，系统提供了 3 个单选按钮。

- 【保留前导零和尾数零】单选按钮：保留数据的前导零和后接零。
- 【摈弃前导零】单选按钮：删除前导零。
- 【摈弃尾数零】单选按钮：删除后接零。

在【坐标位置】选项区域中，系统提供了两个单选按钮：【参考绝对原点】和【参考相对原点】。

这里使用系统提供的默认设置。

2）单击【确定】按钮，即生成一个名称为 CAMtastic2.Cam 的图形文件，同时启动 CAMtastic 编辑器，弹出【导入钻孔数据】对话框，如图 10-25 所示。

图 10-25　【导入钻孔数据】对话框

3）单击【确定】按钮，所生成的 CAMtastic2.Cam 图形文件显示在编辑窗口中，如图 10-26 所示。在该环境下，用户可以进行与钻孔有关的各种校验、修正和编辑等工作。

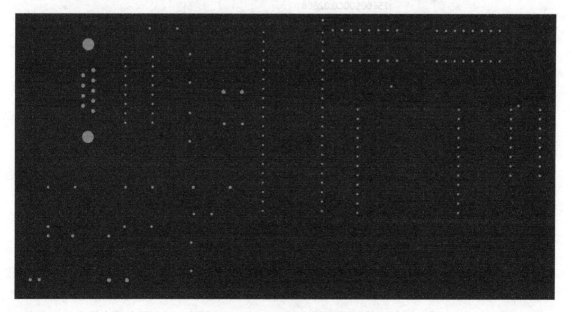

图 10-26　CAMtastic2.Cam 图形文件

4）在【Projects】对话框的 Generated 文件夹中，双击可以打开生成的 NC Drill 文件报告 LED 点阵驱动电路.DRR，如图 10-27 所示。

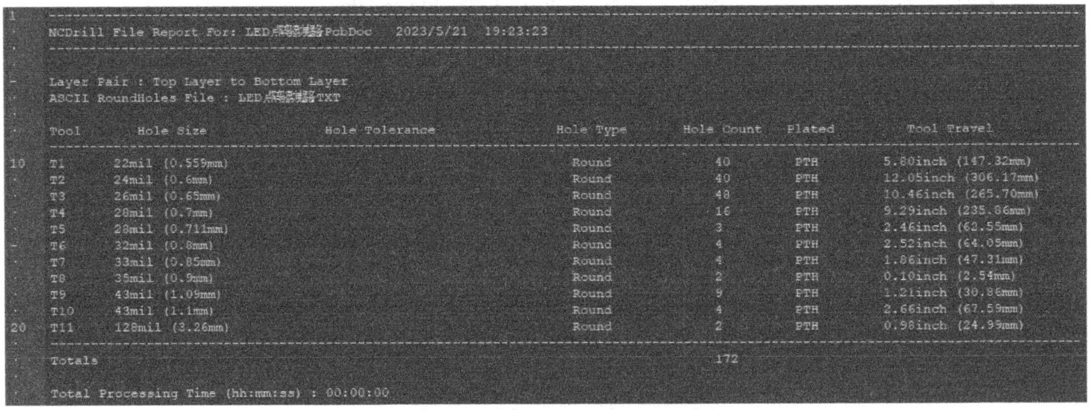

NCDrill File Report For: LED点阵驱动电路.PcbDoc   2023/5/21   19:23:23

Layer Pair : Top Layer to Bottom Layer
ASCII RoundHoles File : LED点阵驱动电路.TXT

Tool	Hole Size	Hole Tolerance	Hole Type	Hole Count	Plated	Tool Travel
T1	22mil (0.559mm)		Round	40	PTH	5.80inch (147.32mm)
T2	24mil (0.6mm)		Round	40	PTH	12.05inch (306.17mm)
T3	26mil (0.65mm)		Round	48	PTH	10.46inch (265.70mm)
T4	28mil (0.7mm)		Round	16	PTH	9.29inch (235.86mm)
T5	28mil (0.711mm)		Round	3	PTH	2.46inch (62.55mm)
T6	32mil (0.8mm)		Round	4	PTH	2.52inch (64.05mm)
T7	33mil (0.85mm)		Round	4	PTH	1.86inch (47.31mm)
T8	35mil (0.9mm)		Round	2	PTH	0.10inch (2.54mm)
T9	43mil (1.09mm)		Round	9	PTH	1.21inch (30.86mm)
T10	43mil (1.1mm)		Round	4	PTH	2.66inch (67.59mm)
T11	128mil (3.26mm)		Round	2	PTH	0.98inch (24.99mm)
Totals				172		

Total Processing Time (hh:mm:ss) : 00:00:00

图 10-27　NC Drill 文件报告 LED 点阵驱动电路.DRR

在钻头工具表中列出了钻孔的尺寸及数量等信息。按照保存路径，双击 LED 点阵驱动电路.TXT 文件，查看钻孔文件信息，如图 10-28 所示。

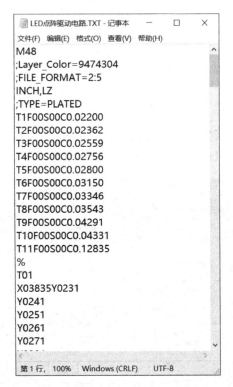

图 10-28　查看钻孔文件 LED 点阵驱动电路.TXT 文件

10.4　用户向 PCB 加工厂商提交的信息

当用户将设计完成的印制电路板信息提交给 PCB 加工厂商时，用户需向厂家提供以下文件。

1）Gerber 文件，这是 PCB 制造的主要文件，包含了所有层的信息，如线路、阻焊层、丝印层等。常见的 Gerber 文件扩展名有 .GTS（顶层阻焊）、.GBS（底层阻焊）、.GTO（顶层丝印）、.GBO（底层丝印）、.GML（机械层）等。

2）钻孔文件（Drill File），包含了所有钻孔尺寸和位置信息的文件，通常使用 Excellon 格式文件。文件扩展名为 .TXT 或 .DRL。

1. Gerber 文件的导出

1）将工作界面切换回 CAMtastic1.Cam，执行【文件】→【导出】→【Gerber】命令，系统会弹出【输出 Gerber】对话框，如图 10-29 所示。

2）这里采用系统默认设置，单击【确定】按钮会弹出【Write Gerber(s)】对话框，如图 10-30 所示。

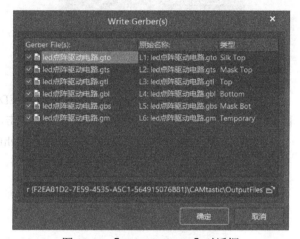

图 10-29　【输出 Gerber】对话框　　　　　图 10-30　【Write Gerber(s)】对话框

3）在该对话框中，选中所有待输出文件，并在对话框最下方选择文件保存路径，这里选择保存在桌面。

4）单击【确定】按钮，则所有的导出文件都被保存在桌面上了。

2. 钻孔数据文件的导出

到钻孔数据文件的保存目录下，找到要提供给制造商的文件 LED 点阵驱动电路.TXT 和 LED 点阵驱动电路.DRR，将其复制粘贴到要保存的路径下即可。

10.5　PCB 和原理图的交叉探针

Altium Designer 系统在原理图编辑器和 PCB 编辑器中提供了交叉探针功能，用户可以将 PCB 编辑环境中的封装形式与原理图中的元器件图形进行相互对照，实现图元的快速查找与定位。

系统提供了两种交叉探针模式：连续（Continuous）模式和跳转（Jump to）模式。

- 连续交叉探针模式：在该模式下，可以连续探测对应文件内的图元。
- 跳转交叉探针模式：在该模式下，只可对单一图元进行对应文件的跳转。

下面介绍这两种交叉探针模式的操作方式。

【例 10-5】　使用交叉探针功能。

1）打开项目文件"LED 点阵驱动电路.PrjPcb"，然后双击打开原理图文件"LED 点阵驱动电路.SchDoc"和 PCB 文件"LED 点阵驱动电路.PcbDoc",如图 10-31 所示。

2）在 PCB 文件 LED 点阵驱动电路.PcbDoc 中，执行【工具】→【交叉探针】命令，此时光标变成"十"字形，移动光标到需要查看的元器件上，单击选取，如选取 C6，如图 10-32 所示。

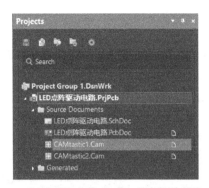

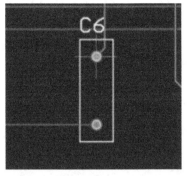

图 10-31　打开项目文件"LED 点阵驱动电路.PrjPcb"　　　　图 10-32　单击选取待查看的元器件

系统会快速地切换到对应的原理图文件"LED 点阵驱动电路.SchDoc"，之后又快速切换回 PCB 文件。此时仍处于交叉探针命令下，右击，退出交叉探针命令。

3）单击原理图文件"LED 点阵驱动电路.SchDoc"，可以看到被单击选取的元器件处于高亮显示状态，而其他元器件则呈灰色屏蔽状态，如图 10-33 所示。

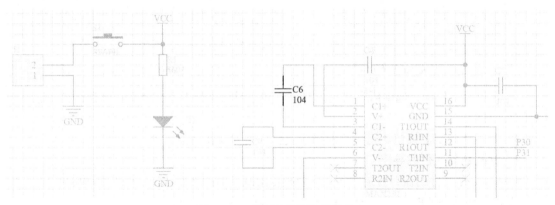

图 10-33　高亮显示选取元器件

这种是连续交叉探针模式，在该模式下，图元的高亮显示不是累积的，系统只是保留最后一次探测图元的高亮显示。

返回 PCB 文件，再次执行【交叉探针】命令，按住【Ctrl】键的同时用"十"字光标单击选取待查看的元器件，系统会自动跳转到原理图文件"LED 点阵驱动电路.SchDoc"，选中元器件呈高亮状态显示，而其他的元器件呈灰色屏蔽状态。

10.6　智能 PDF 向导

Altium Designer 系统提供了强大的智能 PDF 向导，用于创建原理图和 PCB 数据视图文件，实现了设计数据的共享。

【例 10-6】 导出 PDF 文件。

1）在原理图编辑环境或 PCB 编辑环境中，执行【文件】→【智能 PDF】命令，打开【智能 PDF】向导，如图 10-34 所示。

图 10-34　【智能 PDF】向导

2）单击【Next】按钮，进入【选择导出目标】界面，该界面用于设置是将当前项目输出为 PDF 形式，还是只将当前文档输出为 PDF 形式，并对输出文件进行命名和设置保存路径，如图 10-35 所示。

图 10-35　选择导出目标

3）单击【Next】按钮，进入【导出项目文件】界面，该界面用于选择项目中的设计文件，如图 10-36 所示。

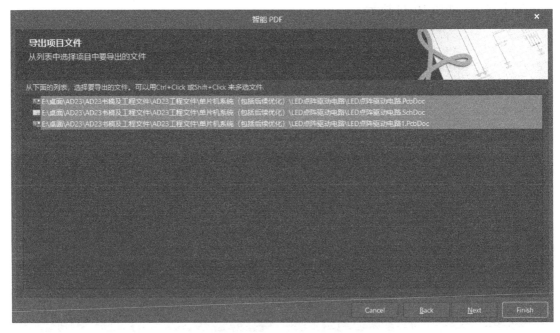

图 10-36　导出项目文件

4）单击【Next】按钮，进入【导出 BOM 表】界面，该界面用于对项目的导出 BOM 表进行设置，如图 10-37 所示。

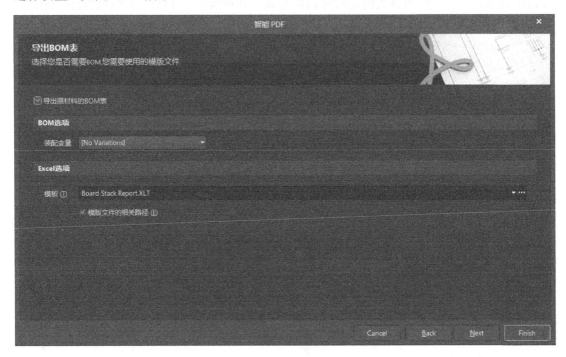

图 10-37　导出 BOM 表

5）单击【Next】按钮，进入【PCB 打印设置】界面，该界面用于对项目中 PCB 文件的打印输出进行必要的设置，如图 10-38 所示。

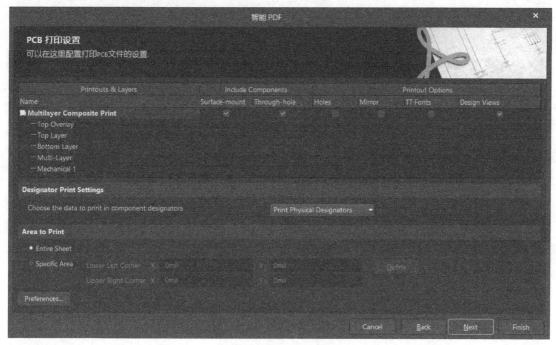

图 10-38　PCB 打印设置

6）单击【Next】按钮，进入【添加打印设置】界面，该界面用于对生成的 PDF 进行附加设定，包括图元的放缩、原理图和 PCB 的输出颜色、附加书签的生成等，如图 10-39 所示。

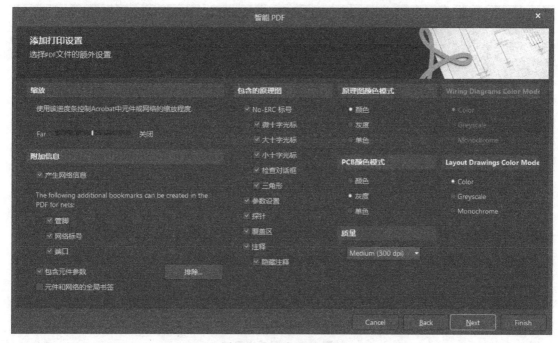

图 10-39　添加打印设置

7）单击【Next】按钮，进入【结构设置】界面，该界面用于设置将原理图从逻辑图纸扩展为物理图纸，如图 10-40 所示。

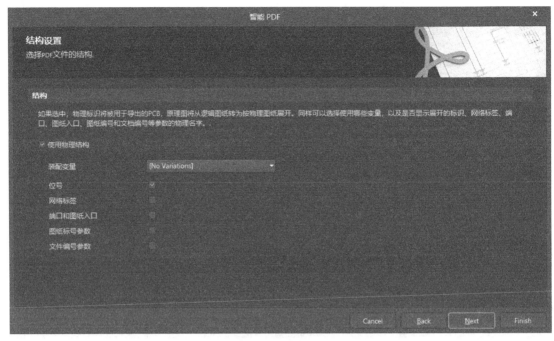

图 10-40 结构设置

8）单击【Next】按钮，进入【最后步骤】界面，该界面对是否生成 PDF 文件后打开该文件及批量文件进行设置，如图 10-41 所示。

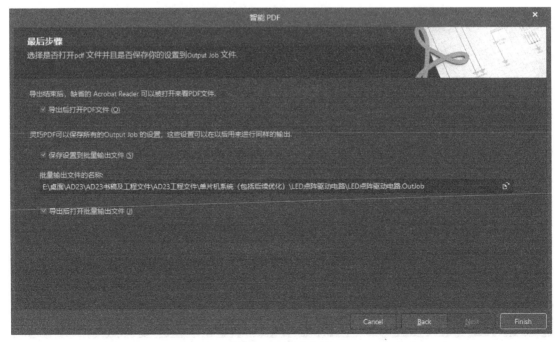

图 10-41 最后步骤

9）单击【Finish】按钮，即生成了相应的 PDF 文档并打开该文件。结果如图 10-42 所示。

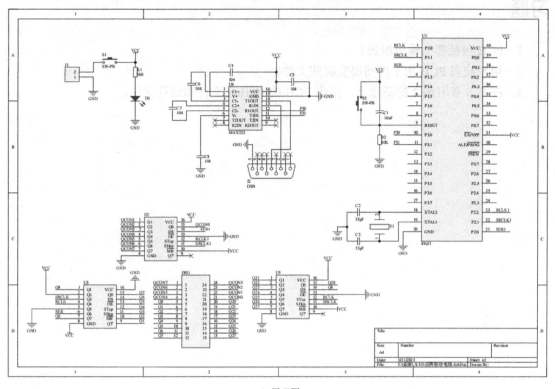

a）原理图

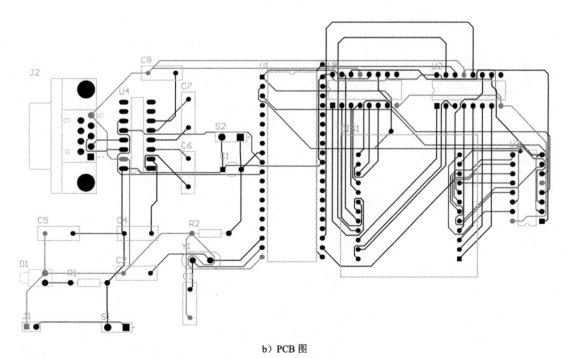

b）PCB 图

图 10-42　PDF 文档显示

习题

1. PCB 包括哪些输出报表？
2. 用户应向 PCB 加工厂商提交哪些文件？
3. 在第 8 章习题 2 的基础上，给出 PCB 的 Gerber 文件和钻孔文件。

参 考 文 献

[1] 周润景, 李志, 张大山. Altium Designer 原理图与 PCB 设计[M]. 3 版. 北京：电子工业出版社, 2015.

[2] 周润景. Protel 99SE 电路设计及应用[M]. 北京：机械工业出版社, 2012.

[3] 李瑞, 闫聪聪. Altium Designer 14 电路设计基础与实例教程[M]. 北京：机械工业出版社, 2015.

[4] 王巧芝. Altium Designer 电路设计标准教程[M]. 北京：中国铁道出版社, 2012.

[5] 谷树忠, 倪虹霞, 张磊. Altium Designer 教程：原理图、PCB 设计与仿真[M]. 2 版. 北京：电子工业出版社, 2014.

[6] 薛楠, 刘杰. Protel DXP 2004 原理图与 PCB 设计实用教程[M]. 2 版. 北京：机械工业出版社, 2017.

[7] CAD/CAM/CAE 技术联盟. Altium Designer 16 电路设计与仿真从入门到精通[M]. 北京：清华大学出版社, 2017.

[8] 边立健, 李敏涛, 胡允达. Altium Designer（Protel）原理图与 PCB 设计精讲教程[M]. 北京：清华大学出版社, 2017.

[9] 叶建波, 陈志栋, 李翠凤. Altium Designer 15 电路设计与制板技术[M]. 北京：清华大学出版社, 2016.

[10] 黄智伟, 黄国玉. Altium Designer 原理图与 PCB 设计[M]. 北京：人民邮电出版社, 2016.